Müller · Leitner · Dilg
Physik

Leistungskurs 4. Semester
Kernphysik

Oldenbourg

Das Papier ist aus chlorfrei gebleichtem Zellstoff hergestellt, ist säurefrei und recyclingfähig.

© 1997 R. Oldenbourg Verlag GmbH, München

Das Werk und seine Teile sind urheberrechtlich geschützt. Jede Verwertung in anderen als den gesetzlich zugelassenen Fällen bedarf deshalb der schriftlichen Einwilligung des Verlags.

7. Auflage 1999 R E
Druck 03 02 01 00 99
Die letzte Zahl bezeichnet das Jahr des Drucks.
Umschlagkonzept: Mendell & Oberer, München
Umschlag: Walter Rupprecht-Freigang
Lektorat: Dr. Willibald Pricha
Herstellung: Fredi Grosser
Satz und Druck: Tutte Druckerei GmbH, Salzweg-Passau
Bindung: R. Oldenbourg, Graph. Betriebe GmbH, München

ISBN 3-486-**02990**-8

Inhalt

Vorwort — 7
Überblick über die geschichtliche Entwicklung der Kernphysik* — 9

1. Grundlegende Eigenschaften der Atomkerne — 13
1.1 Kernladung — 13
1.2 Kernradien — 13
1.2.1 Elastische Alpha-Teilchen-Streuung an Atomkernen — 13
1.2.2 Elastische Streuung hochenergetischer Elektronen an Atomkernen — 14
1.2.3 Elastische Streuung hochenergetischer Neutronen an Atomkernen — 16
1.3 Kernmassen* — 17
1.3.1 Massenspektrometer nach Thomson (Parabelmethode)* — 17
1.3.2 Massenspektrometer nach Aston* — 19
1.4 Isotopie — 21
1.5 Kernaufbau aus Protonen und Neutronen — 22
1.6 Kernkräfte — 23

2. Nachweis diskreter Energiestufen im Atomkern — 26
2.1 Unelastische Protonenstreuung an Kernen — 27
2.2 Quantenhafte Emission von Energie durch Kerne: Gamma-Übergänge — 31
2.3 Kernresonanz – Absorption* — 34

3. Massendefekt und Kernbindungsenergie — 35
3.1 Massendefekt — 35
3.2 Bindungsenergie — 35

4. Nachweis und Messung radioaktiver Strahlung — 39
4.1 Nachweismethoden — 41
4.1.1 Die Ionisationskammer — 41
4.1.2 Das Zählrohr — 44
4.1.3 Das fotografische Verfahren* — 47
4.1.4 Die Nebelkammer — 47
4.1.5 Die Blasenkammer* — 48
4.1.6 Der Szintillationszähler* — 49
4.2 Nulleffekt und Zählstatistik bei kernphysikalischen Messungen* — 50
4.3 Messungen von γ-Energien* — 52
4.3.1 Messmethoden* — 52
4.3.2 Absorptionsmechanismen bei γ-Strahlung — 54

5. Komponenten der natürlichen radioaktiven Strahlung — 59
5.1 Teilchenladung – Definition der α-, β- und γ-Komponente — 59
5.2 Identifizierung der Teilchenart — 63
5.3 Verschiebungssätze – Zerfallsreihen — 66

6.	**Reichweite radioaktiver Strahlung in Luft – das Abstandsgesetz für γ- und β-Strahlung**	**70**
6.1	Das Abstandsgesetz für γ- und β-Strahlung	71
6.2	Zusammenhang zwischen Energie und Reichweite bei α-Strahlung	73
6.3	Zusammenhang zwischen Energie und Reichweite bei β-Strahlung	74
7.	**Das Absorptionsgesetz**	**75**
7.1	Das Absorptionsgesetz für γ-Strahlung	75
7.2	Absorption von β-Strahlung	77
8.	**Biologische Wirkungen radioaktiver Strahlung – Dosimetrie**	**80**
8.1	Aktivitäts- und Dosiseinheiten	80
8.2	Natürliche radioaktive Strahlung	81
8.3	Künstliche Strahlenbelastung	82
8.4	Die Wirkung radioaktiver Strahlung auf den Menschen	84
8.5	Schutzmaßnahmen	89
9.	**Radioaktiver Zerfall**	**90**
9.1	Das Gesetz des radioaktiven Zerfalls	90
9.2	Altersbestimmung mithilfe radioaktiver Nuklide	98
9.3	Anwendung radioaktiver Nuklide in der Medizin und anderen Gebieten	101
10.	**Freie Neutronen**	**105**
10.1	Abbremsung von Neutronen (Moderation)	107
10.2	Erzeugung von freien Neutronen	109
10.3	Nachweis von Neutronen	109
11.	**Kernreaktionen – Künstlich radioaktive Nuklide**	**111**
11.1	Teilchenbeschleuniger*	111
11.1.1	Gleichspannungs-Linearbeschleuniger*	111
11.1.2	Tandembeschleuniger*	112
11.1.3	Hochfrequenz-Linearbeschleuniger*	113
11.1.4	Zirkularbeschleuniger*	117
11.2	Kernreaktionen – Überblick über die wichtigsten Reaktionstypen*	121
11.3	Künstlich radioaktive Nuklide – Nuklidkarte	125
11.4	Energiebilanz bei Kernreaktionen – der Q-Wert	127
12.	**Einfache Modellvorstellung der radioaktiven Zerfälle**	**133**
12.1	Alpha-Zerfall	133
12.2	Beta-Zerfälle	141
12.2.1	Das β-Spektrum	141
12.2.2	Probleme bei der Deutung des kontinuierlichen β^--Spektrums – Die Neutrinohypothese	146
12.2.3	Überblick über die drei Beta-Zerfallsarten	148
12.3	Teilchen – Antiteilchen	157

13.	**Grundlagen der Kernenergietechnik**	159
13.1	Kernspaltung	159
13.1.1	Experimentelle Befunde über den Spaltungsprozess	161
13.1.2	Grundlagen der Reaktorphysik	165
13.1.3	Reaktorsicherheit, Entsorgung, Wiederaufbereitung	176
13.2	Die Kernfusion	181
14.	**Ausblick auf die Elementarteilchenphysik**	187
14.1	Die Grundkräfte der Natur	187
14.2	Kräfte durch Austausch von Teilchen	188
14.3	Der Elementarteilchen-»Zoo«	190
14.4	Die Urbausteine der Materie	193

Anhang 1: Lösungen der Aufgaben — 200
Anhang 2: Referatsthemen — 234

Register — 237

Vorwort

Das vorliegende Buch für das vierte Semester des Leistungskurses Physik behandelt in bewusst straffer Form und einprägsamer bildlicher Darstellung die Lerninhalte des derzeit in Bayern gültigen Lehrplanes.

Dem Lehrer bleibt dabei die wünschenswerte Freiheit in der Gestaltung des Unterrichts erhalten – der Schüler findet das für ihn Wesentliche so dargestellt, dass er die Lernziele erreichen kann. Darüber hinaus wird dem Schüler durch Hinweis auf geeignete Literatur die Möglichkeit geboten, seine Kenntnisse noch zu vertiefen.

Kleinere geeignete Abschnitte des Lehrstoffes werden in Form von Aufgaben gestellt um den Schüler zur Eigentätigkeit anzuregen. Ausführliche Lösungen hierzu sind in einem Anhang aufgenommen. Darüber hinaus findet der Leser im Lehrbuch zahlreiche für den Leistungskurs geeignete Aufgaben zur Lernzielkontrolle, deren Lösungen teilweise in einem Anhang beigegeben sind. Die beschriebenen Versuche sind im Allgemeinen nicht an bestimmte Gerätetypen gebunden. Experimente, die für ein Praktikum geeignet sind, werden so ausführlich beschrieben, dass sie der Schüler selbstständig vorbereiten und durchführen kann. Die mit einem Stern (*) gekennzeichneten Kapitel gehören nicht zum Pflichtstoff des in Bayern gültigen Lehrplanes. Sie können bei Zeitknappheit ohne weiteres übergangen werden. Hierbei handelt es sich meist um Wiederholungen und Zusammenfassungen von Inhalten, die schon in früheren Halbjahren behandelt wurden, aber thematisch zur Kernphysik gehören (Massenspektrometer, Beschleuniger) oder in engem Bezug stehen (Energietermschema, Messung von Gamma-Energien, Foto- und Compton-Effekt). Außerdem werden in einigen Abschnitten wesentliche Schritte in der Entwicklungsgeschichte der Kernphysik knapp dargestellt (Entdeckung der Radioaktivität, des Neutrons und der Kernspaltung). Einige dieser Kapitel eignen sich für ein Referat bzw. für die Facharbeit.

Das Symbol ■ weist auf geeignete Unterrichtsfilme hin.

Die Verfasser

Überblick über die geschichtliche Entwicklung der Kernphysik*

Im Anschluss an die Entdeckung der Röntgenstrahlung (1895) suchten Physiker in verschiedenen Laboratorien Europas nach Strahlen mit ähnlichen Eigenschaften. In diesem Zusammenhang entdeckte der französische Mineraloge **Bequerel** (1896), dass von allen Uran-Verbindungen – unabhängig von ihrem chemischen, mechanischen oder thermischen Zustand – spontan eine unsichtbare Strahlung ausgeht, die fotografische Platten schwärzt und lichtundurchlässige Körper zu durchdringen vermag. Die gleiche Art Strahlung wurde später bei Thorium-Proben gefunden. Die grundlegenden chemischen und physikalischen Untersuchungen dieser **natürlichen Radioaktivität** des Thoriums und Urans erstreckten sich bis etwa 1910:

1896 **Bequerel** entdeckt die »Uranstrahlen«

1897 Bequerel und andere weisen nach, dass die elektrische Leitfähigkeit von Luft unter dem Einfluss radioaktiver Strahlung zunimmt.

1898 **Marie** und **Pierre Curie** erkennen nach einer Serie mühevoller Experimente, dass die radioaktive Strahlung hauptsächlich von nur in Spuren auftretenden Begleitelementen des Urans ausgeht: Entdeckung und Abtrennung der Elemente **Polonium** und **Radium**.

1899 **Rutherford** unterscheidet drei Komponenten radioaktiver Strahlung und führt die Bezeichnungen α-, β-, γ-**Strahlung** ein.
Elster und **Geitel** versuchen die Radioaktivität als **Elementumwandlung** zu deuten.

1903 **Rutherford** und **Soddy** weisen diese Hypothese experimentell nach und stellen eine erste Theorie des radioaktiven Zerfalls auf.

1901/ **Kaufmann** und **Bucherer** identifizieren die β-Teilchen durch Messung ihrer
1909 spezifischen Ladung als schnelle Elektronen (vgl. 2. Sem.).

1908 **Rutherford** und **Royds** identifizieren das α-Teilchen als He^{++}-Ion.

1913 **Russel** und **Soddy** fassen die beim radioaktiven Zerfällen auftretenden Elementumwandlungen in den sog. **Verschiebungssätzen** zusammen. Soddy führt den Begriff der **Isotopie** ein.
Gleichzeitig bauen **Aston** und **J. J. Thomson** das erste Massenspektrometer und weisen die Isotopie auch bei den stabilen Elementen nach.

Mit der quantitativen Analyse der Streuung von α-Teilchen an Materie (**Geiger** und **Marsden**, 1909; vgl. 3. Sem., S. 169) wurde radioaktive Strahlung erstmals als experimentelles Hilfsmittel zur Untersuchung des **Aufbaus der Atome** eingesetzt. Dieser Versuch führte zum **Atommodell von Rutherford** (1911), nach dem das Atom aus einem positiv geladenen **Atomkern** und der negativ geladenen Elektronenhülle besteht. In den folgenden Jahrzehnten stand die Verbesserung des Atommodells (**Bohr**, 1913; **Sommerfeld**, 1916; vgl. 3. Sem.) und der Ausbau der Quantenmechanik zu einer umfassenden Theorie (**Heisenberg**, **Schrödinger** u.a., ab 1925) im Vordergrund. Die eigentliche **Kernphysik** begann erst mit der systematischen Untersuchung von **Kernreaktionen.** Darunter versteht man Experimente, bei denen Atomkerne durch Beschuss mit geeigneten Teilchen in andere Atomkerne umgewandelt werden. Obwohl die ersten Kernreaktionen schon 1919 von

Rutherford beobachtet und richtig interpretiert worden waren, setzte der große Aufschwung der Kernphysik erst in den 30er Jahren ein, bedingt durch vier Entwicklungslinien: den Bau der ersten leistungsfähigen Teilchenbeschleuniger; die Entdeckung des Neutrons; die künstliche Erzeugung radioaktiver Stoffe auf breiter Front; und schließlich die Entdeckung der Kernspaltung. Die Hauptstationen dieses »klassischen« Jahrzehnts der Kernphysik waren:

1930/ **Cockroft** und **Walton** bzw. **Lawrence** bauen den ersten Van-de-Graaff-
1931 Beschleuniger bzw. das erste Zyklotron und erzeugen damit als Erste protoneninduzierte Kernreaktionen.

1930 **Bothe** und **Becker** entdecken beim Beschuss von Beryllium mit α-Teilchen eine sehr durchdringende Strahlung mit neuartigen Eigenschaften.

1932 Weitere Untersuchungen der »Beryllium-Strahlung« durch **I. Curie** und **Joliot**. **Chadwick** kann alle experimentellen Befunde durch die Annahme neutraler Teilchen erklären, die etwa die gleiche Masse wie Protonen besitzen: **Entdeckung des Neutrons**. Das Neutron erweist sich als sehr nützliches Hilfsmittel um neue Kernreaktionen zu erzeugen.

1932 **Anderson** entdeckt das **Positron** e^+ (positiv geladenes Teilchen mit gleicher Masse wie das Elektron).

1934 **I. Curie** und **Joliot** erzeugen **künstlich radioaktive Stoffe** durch Beschuss zahlreicher stabiler Elemente mit α-Teilchen. Dabei beobachten sie erstmals Kernzerfälle durch Aussendung von Positronen (der e^+-Zerfall wird zu den β-Zerfällen gezählt).

1937 **Alvarez** entdeckt eine dritte Art des β-Zerfalls, bei dem ein Hüllenelektron vom Atomkern »eingefangen« wird (sog. **Elektroneneinfang**).
Alle damals bekannten Erscheinungen der β-Zerfälle werden umfassend beschrieben durch eine Theorie von **Fermi**, die sich auf die **Neutrino**-Hypothese von **Pauli** stützt.

1935/ **Fermi** und Mitarbeiter zeigen, dass schnelle Neutronen in wasserstoff-
1938 haltigen Materialien durch Stöße mit den Protonen rasch abgebremst werden **(Moderation)**. So erzeugte langsame Neutronen sind besonders geeignet um gewisse Kernreaktionen mit hoher Ausbeute in Gang zu setzen.

1938 **Hahn** und **Straßmann** entdecken die **Kernspaltung**: Isotope des Urans werden nach Anlagerung langsamer Neutronen in zwei Bruchteile zerspalten. **Joliot** und Mitarbeiter stellen fest, dass bei der Spaltung eines Urankerns, die durch *ein* Neutron ausgelöst wird, i. Allg. *mehrere* Neutronen entstehen.

Damit war die Möglichkeit gegeben, die bei der Spaltung freigesetzte Kernenergie durch eine Kettenreaktion zur Energiegewinnung im großen Maßstab zu benutzen. An der Realisierung dieses Projekts wurde während des Kriegs in mehreren Ländern z. T. mit großem Aufwand gearbeitet. Diese Arbeiten führten in den USA zur Entwicklung des ersten **Kernreaktors** durch **Fermi** u. a. (1942) und später zur Zündung der ersten Atombombe.

Die Entwicklung nach dem 2. Weltkrieg ist gekennzeichnet durch verschiedene Entwicklungslinien:

- Im Bereich der reinen **Kernphysik** führten zunehmend verfeinerte Methoden der Kernspektroskopie zu umfassenderem Datenmaterial und so zu fortgeschrittenen Theorien der Kernstruktur, der Kernreaktionen und der fundamentalen Wechselwirkungen. Durch Entwicklung immer leistungsfähigerer Hochenergie-Teilchenbeschleuniger konnten bisher mehr als 200 neue Elementarteilchen entdeckt werden, was – etwa seit 1955 – zur Abtrennung des Arbeitsgebiets **Hochenergie- bzw. Teilchenphysik** von der eigentlichen Kernphysik führte.
- Als besonders fruchtbar erwies sich die **Anwendung kernphysikalischer Methoden** in anderen Bereichen wie Chemie und Biologie (Leitisotope, Aktivierungsanalyse), Medizin (Diagnostik und Therapie mit künstlich radioaktiven Substanzen), Technik (zerstörungsfreie Materialuntersuchung), Festkörper- und Atomphysik (Strukturuntersuchung mit Neutronen, Mößbauereffekt) bis hin zur Geologie und Archäologie (Altersbestimmung).
- Die **Kernenergietechnik** (vgl. Kap. 13) wurde zu einem Thema, das – heute mehr denn je – auch unter Nicht-Physikern größtes Interesse erregt. Nachdem die Beherrschbarkeit der kontrollierten Kernspaltung durch Fermis »Uran-Meiler« (1942) im Prinzip nachgewiesen war, wurden in den folgenden Jahrzehnten fortgeschrittene Konzepte von Leistungs- und Brutreaktoren entwickelt. Etwa seit Mitte der 60er Jahre werden in den USA Kernkraftwerke voll wettbewerbsfähig neben konventionellen Kraftwerken betrieben. Ihrem uneingeschränkten Einsatz stehen heute vor allem noch politische Gründe entgegen, wobei im Vordergrund Sicherheitsfragen und Probleme des Spaltstoffkreislaufs, der Wiederaufarbeitung und der Endlagerung der radioaktiven Abfälle stehen.

Neben der Kernspaltung stellen auch **Fusionsreaktionen** eine Energiequelle von größter Bedeutung dar. Solche Reaktionen bestimmen z. B. den Energiehaushalt der Sonne und der Sterne. Auf der Erde treten sie (unkontrolliert) in der Wasserstoffbombe auf, während die **kontrollierte Kernfusion** bisher noch nicht gelungen und weiterhin Gegenstand großangelegter Forschungsprojekte ist (Plasmaphysik; vgl. Abschnitt 13.2).

1. Grundlegende Eigenschaften der Atomkerne

Voraussetzung für die Aufstellung leistungsfähiger Atommodelle (vgl. 3. Sem.) waren experimentell gesicherte Aussagen über die wichtigsten Eigenschaften des Atomkerns: Ladung, Größe und Masse.

1.1 Kernladung

> Der Atomkern trägt eine positive Ladung vom Betrag $Z \cdot e$, wobei Z die Ordnungszahl des Atoms im Periodensystem ist.

Dieser Befund stützt sich auf zwei unabhängige Experimente, die zu Anfang dieses Jahrhunderts durchgeführt und schon im 3. Semester behandelt wurden:

a) die genaue Analyse der Alpha-Teilchen-Streudaten im Rutherford-Experiment durch **Chadwick** (3. Sem., Kap. 16.3).

b) die systematische Untersuchung der Wellenlängen der charakteristischen Röntgenlinien in Abhängigkeit von der Ordnungszahl durch **Moseley** (3. Sem., Kap. 20.2).

1.2 Kernradien

1.2.1 Elastische Alpha-Teilchen-Streuung an Atomkernen

Der Rutherford-Versuch lieferte auch quantitative Abschätzungen für die Größe der Atomkerne, $r_k \approx 10^{-14}$ m. Rutherford und Mitarbeiter verwendeten bei ihren ersten Streuexperimenten α-Teilchen mit kinetischen Energien um 6 MeV und schwere Kerne (Au) als Streuzentren. Da unter diesen Bedingungen die reine Coulomb-Streuung beobachtet wurde, konnte noch keine Annäherung der α-Teilchen bis in den Bereich der Kernkräfte erfolgt sein. Erst wenn wesentlich leichtere Kerne beschossen werden oder wenn die α-Teilchen Energien über 20 MeV haben, treten im Experiment deutliche Abweichungen von Rutherfords Coulomb-Streuformel auf, die eine wirkliche Messung des Kernradius ermöglichen.

> **1. Aufgabe:**
> Berechnen Sie, wie weit sich ein α-Teilchen dem Kernmittelpunkt höchstens nähern kann, wenn man annimmt, dass der Kern ruht, dass nur Coulombkräfte wirken und wenn
> a) $E_{kin} = 6{,}0$ MeV und $Z = 79$ (Au), b) $E_{kin} = 6{,}0$ MeV und $Z = 11$ (Na),
> c) $E_{kin} = 30$ MeV und $Z = 79$, d) $E_{kin} = 30$ MeV und $Z = 11$ beträgt.
> e) Die Kernradien betragen tatsächlich $r_k(Au) \approx 8 \cdot 10^{-15}$ m, $r_k(Na) \approx 4 \cdot 10^{-15}$ m. In welchen der Fälle a) bis d) sind Abweichungen von der Coulombstreuung zu erwarten? In welchen Winkelbereichen treten diese vor allem auf?

In den folgenden Jahrzehnten wurden zahlreiche Versuche mit α-Strahlung höherer Energie durchgeführt, die künstlich in Beschleunigern erzeugt wurde. Zu jeder Einschussenergie und zu jedem Streuwinkel lässt sich mit der klassischen

Coulomb-Streutheorie der kleinste Abstand r der Hyperbelbahn vom Kernmittelpunkt berechnen.
Eine Zusammenfassung verschiedener Experimente an Au zeigt das nebenstehende Diagramm*. In diesen Versuchen wurde jeweils die Streurate von α-Teilchen an Au-Kernen gemessen, d.h. die Zahl der gestreuten Teilchen pro Zeiteinheit in einem engen Winkelbereich um den Streuwinkel. Die experimentellen Streuraten bei verschiedenen Winkeln (kleinsten Abständen vom Streuzentrum) werden jeweils mit berechneten Raten für reine Coulomb-Streuung verglichen.
Für $r > 12 \cdot 10^{-15}$ m liegt reine Coulomb-Streuung vor. Also kann man aus diesen Experimenten den Schluss ziehen, dass die Summe

$$r_k(\text{Au}) + r_k(\text{He}) \approx 12 \cdot 10^{-15} \text{ m}$$

beträgt.

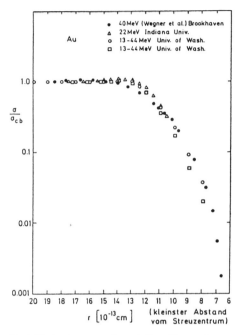

Verhältnis der experimentellen Streurate zur berechneten Rate für reine Coulomb-Streuung als Funktion des kleinsten Abstands der Kernmittelpunkte

1.2.2 Elastische Streuung hochenergetischer Elektronen an Atomkernen

Die Untersuchung der Kernstruktur durch Elektronenstreuung wurde von Hofstadter 1953 eingeleitet: Ein Elektronenbeschleuniger (Linearbeschleuniger von Stanford) erzeugt einen intensiven Elektronenstrahl zwischen 250 MeV und einigen GeV. Die Elektronen werden am Target** gestreut. Die Intensität der vollkommen elastisch gestreuten Elektronen wird als Funktion des Streuwinkels ϑ gemessen.

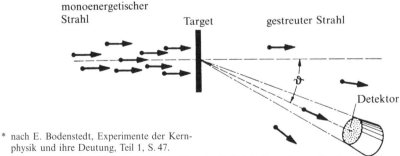

* nach E. Bodenstedt, Experimente der Kernphysik und ihre Deutung, Teil 1, S. 47.
** Target (engl.: Ziel, Schießscheibe): in der Kernphysik übliche Bezeichnung für ein meist dünnes Materiestück (Folie, Flüssigkeits- oder Gasschicht), das mit einem Strahl hochenergetischer Teilchen beschossen wird.

Abhängig von ϑ treten Maxima und Minima der Intensität auf, hervorgerufen durch die Beugung der **Elektronenwelle** mit extrem kurzer De-Broglie-Wellenlänge an der positiven Ladungsverteilung des Kerns (Analogie: Lichtstreuung an Objekten, deren Größe mit der Lichtwellenlänge vergleichbar ist.) Aus der Beugungserscheinung lässt sich auf die Verteilung der Ladungsdichte im Kern schließen, d. h. auf die Protonendichteverteilung im Kern.

Nebenstehende Abbildung zeigt die Winkelverteilung von 500 MeV-Elektronen, die an einem Bleikern bzw. an einem Sauerstoffkern gestreut wurden. Für den Winkel, unter dem das erste Beugungsminimum auftritt, liefert die Theorie näherungsweise

$$\sin \vartheta = 0{,}61 \cdot \frac{\lambda}{r}$$

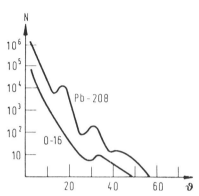

r: Radius des Kerns
λ: De-Broglie-Wellenlänge der Elektronen

2. Aufgabe

a) Zeigen Sie zunächst, dass für die relativistische De-Broglie-Wellenlänge eines Teilchens gilt:

$$\lambda = \frac{h \cdot c}{\sqrt{E_k (E_k + 2 m_o \cdot c^2)}}$$

E_k: kinetische Energie

b) Berechnen Sie die De-Broglie-Wellenlänge des 500 MeV-Elektrons.

c) Ermitteln Sie nun den Radius des Bleikernes und des Sauerstoffkerns.

Die detaillierte Analyse des Hofstadter-Experiments* für verschiedene Kerne ergab das nebenstehende Bild. Auf der Ordinate ist direkt die Dichte der positiven elektrischen Ladung in C (= As) pro cm³ aufgetragen.

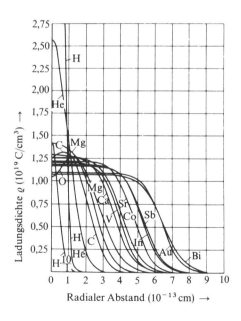

---

* Robert Hofstadter, geb. 1915 (New York), Nobelpreis 1961

1.2.3 Elastische Streuung hochenergetischer Neutronen an Atomkernen

Auch aus der Streuverteilung schneller Neutronen* ($E_{kin} \approx 10$ MeV bis 20 MeV) an Atomkernen können Kernradien experimentell ermittelt werden. Die folgende Abbildung zeigt das Ergebnis solcher Messungen.

3. Aufgabe
a) Zeigen Sie, dass die De-Broglie-Wellenlänge für 15 MeV-Neutronen von derselben Größenordnung ist wie die der Elektronen im Hofstadter-Experiment.
b) Durch welche Näherungsformel kann r in Abhängigkeit von der Massezahl A des Kernes angegeben werden?
c) Berechnen Sie mithilfe dieser Formel die Radien des Blei- und Sauerstoffkerns und vergleichen Sie mit den Ergebnissen von 2c).

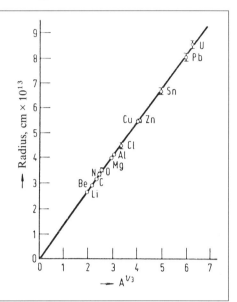

Hinweis:
Neutronen erfahren bei Annäherung an den Kern keine Coulombwechselwirkung, sondern unterliegen ausschließlich den Kernkräften mit den Kernneutronen und Kernprotonen des Zielkerns. Die letzte Methode ergibt deshalb Werte für die Kernradien, die charakteristisch sind für die Nukleonendichteverteilung (d. h. die Massenverteilung) im Atomkern.

Die oben angeführten Experimente ergaben, je nach Untersuchungsmethode, nur geringfügig unterschiedliche Kernradien. Dies zeigt, dass die räumliche Verteilung der Protonen und der Neutronen im Kern im Wesentlichen übereinstimmt. Alle experimentellen Daten lassen sich gut in der folgenden Faustregel zusammenfassen:

$$r_k = r_0 \cdot \sqrt[3]{A},$$

wobei A die **Massenzahl** des Kerns und $r_0 \approx 1{,}4 \cdot 10^{-15}$ m der Protonenradius ist.

* zur Erzeugung und zum Nachweis freier Neutronen siehe Abschnitt **10.2** und **10.3**

1.3 Kernmassen* (Wiederholung/1. Semester)

Gleichzeitig mit den grundlegenden Untersuchungen zur Kerngröße und Kernladung wurden durch **J.J. Thomson*** und **Aston**** (1919) die ersten leistungsfähigen Spektrometer zur Bestimmung von relativen Atommassen gebaut.

1.3.1 Massenspektrometer nach Thomson (Parabelmethode)*

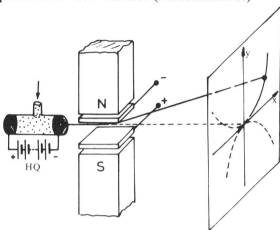

In einem Gasentladungsrohr werden positive Ionen der zu untersuchenden Substanz erzeugt. Von den auf die Kathode hin beschleunigten positiven Ionen fliegen einige durch ein Loch in dieser Kathode und bilden den so genannten Kanalstrahl. Von den Kanalstrahlen wird ein feines Parallelbündel ausgeblendet. Dieses tritt in einen Raum, in dem ein elektrisches und magnetisches Feld herrscht. Die Feldlinien beider Felder laufen parallel.

> **1. Aufgabe: Ablenkung der Ionen durch das elektrische Feld** (nicht-relativistische Rechnung).
> Berechnen Sie mithilfe der in der Skizze angegebenen Daten die Ablenkung y_0 in Abhängigkeit von den gegebenen Größen.
>
>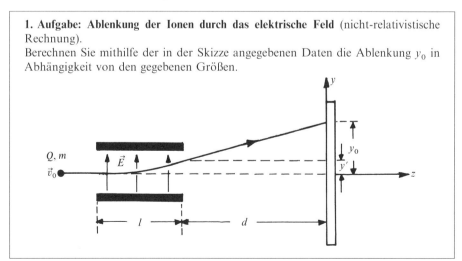

* brit. Physiker, 1856–1940, Nobelpreis für Physik 1906
** brit. Chemiker, 1877–1945, Nobelpreis für Chemie 1922

2. Aufgabe: Ablenkung durch das magnetische Feld (nicht-relativistische Rechnung).
a) Warum darf die Berechnung der Ablenkung im elektrischen Feld ohne Berücksichtigung des Magnetfeldes erfolgen und umgekehrt?
b) Berechnen Sie die Ablenkung x_0 in Abhängigkeit von den in der Skizze gegebenen Größen. Setzen Sie dabei voraus, dass $x' \ll r$ ist.

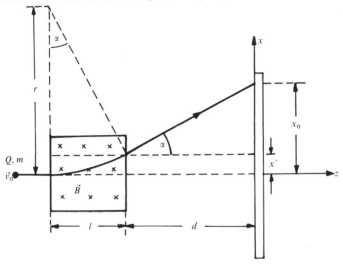

Ergebnis von Aufgabe 1: $y_0 = \dfrac{Q}{m \cdot v_0^2} \cdot C_2$ mit $C_2 = E \cdot l \cdot \left(\dfrac{l}{2} + d\right)$

Ergebnis von Aufgabe 2: $x_0 = \dfrac{Q}{m \cdot v_0} \cdot C_1$ mit $C_1 = B \cdot l \cdot \left(\dfrac{l}{2} + d\right)$

Eliminiert man v_0 aus den obigen Gleichungen, so ergibt sich

$$\boxed{y_0 = \dfrac{m}{Q} \cdot C \cdot x_0^2}$$ mit $C = \dfrac{C_2}{C_1^2}$

Für eine gegebene Versuchsanordnung ist C eine Konstante, da es nur von den Feldgrößen und den Abmessungen der Felder abhängt. Daraus ergibt sich, dass Teilchen mit gleichem $\dfrac{Q}{m}$ jeweils auf einem Parabelast liegen.

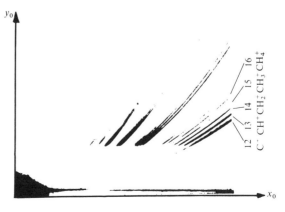

1.3.2 Massenspektrometer nach Aston*

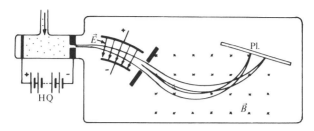

Die Ablenkung der Kanalstrahlen im elektrischen Feld hängt von der Geschwindigkeit der Ionen und ihrer spezifischen Ladung ab. Durch geeignete Dimensionierung des nachfolgenden Magnetfeldes kann erreicht werden, dass Teilchen unterschiedlicher Geschwindigkeit (Unterschied in Betrag und Richtung) aber gleicher spezifischer Ladung in einem Punkt der Fotoplatte zusammentreffen.

Beispiel:
Versuchsdaten für Ionen mit $A_r \approx 20$, aufgenommen mit einem modernen, hochauflösenden Massenspektrometer

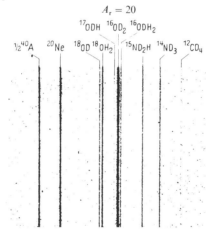

---

3. Aufgabe:

a) Als Auflösung eines Massenspektrometers bezeichnet man die Größe $\frac{m}{\Delta m}$, wobei Δm die kleinste gerade noch beobachtbare Massendifferenz ist. Schätzen Sie die Auflösung des obigen Massenspektrometers ab unter der Annahme, dass Δm ein Zehntel der Massendifferenz von $^{18}OH_2$ und ^{18}OD ist (vgl. obiges Diagramm). Entnehmen Sie die für die Berechnung nötigen relativen Atommassen der Formelsammlung.

b) Erklären Sie das Auftreten einer ^{40}Ar-Linie im obigen Spektrum.

c) Welche anderen Linien von schwereren Ionen könnten (im Prinzip) in diesem Spektrum noch auftreten?

4. Aufgabe: (Reifeprüfung in Baden-Württemberg 1988)

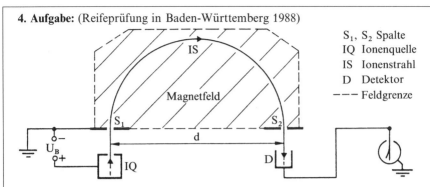

S₁, S₂ Spalte
IQ Ionenquelle
IS Ionenstrahl
D Detektor
— — — Feldgrenze

Die Ionenquelle des oben skizzierten Massenspektrometers liefert O_2^+-Ionen mit der spezifischen Ladung $e/m_1 = 3{,}015 \cdot 10^6$ As/kg. Diese werden durch die Spannung $U_{B1} = 2{,}00$ kV beschleunigt und treten durch den engen Spalt S_1 in ein homogenes Magnetfeld ein. In diesem durchlaufen sie halbkreisförmige Bahnkurven parallel zur Zeichenebene und gelangen durch den engen Spalt S_2 aus dem Feld heraus und in einen Detektor D. Dieser besteht aus einem kleinen Faradaybecher mit angeschlossenem elektrostatischem Voltmeter. Die feste Entfernung der Spaltmitten voneinander beträgt $\overline{S_1 S_2} = d = 120$ mm. Die ganze Anordnung befindet sich im Vakuum.

a) Berechnen Sie die Geschwindigkeit v_0 der Ionen hinter dem Spalt S_1.

b) Ermitteln Sie die Flussdichte $\vec{B}$ nach Betrag und Richtung.

c) Durch den konstanten Strom der in D eintreffenden Ionen, die dort ihre Ladung ganz abgeben, nimmt die Spannung am Voltmeter im Zeitabschnitt $\Delta t = 60$ s um $\Delta U = 2{,}40$ V zu. Die Kapazität des Detektors beträgt $C = 3{,}0$ pF. Berechnen Sie die Stromstärke I des Ionenstroms.

d) Nun wird die Ionenquelle auf die Abgabe von Ne^+-Ionen umgestellt. Der Detektor spricht wieder voll an, wenn bei unveränderter Flussdichte $\vec{B}$ die Beschleunigungsspannung auf $U_{B2} = 3{,}2$ kV eingestellt wird. Die Masse eines O_2^+-Ions beträgt $m_1 = 32{,}0$ u. Berechnen Sie die Masse eines Ne^+-Ions in u.

e) Tatsächlich bestehen die Ne^+-Ionen aus einem Gemisch der beiden Isotope mit den Massen $m_1 = 20$ u und $m_2 = 22$ u.
Stellen Sie eine einfache Beziehung zwischen Bahnradius r und Teilchenmasse m her und skizzieren und beschriften Sie die Bahnkurven der genannten Isotope im Magnetfeld mit den Spaltmitten S_1 und S_2 für $U_{B2} = 3{,}2$ kV. Das nicht in D registrierte Isotop trifft die Ebene des Spalts S_2 in A. Berechnen Sie die Strecke $a = \overline{AS_2}$ in mm.

f) Ionen der gleichen Masse sollen bei Eintritt in das Magnetfeld aus dem Spalt S_1 keinen Einzelstrahl, sondern ein divergierendes Bündel mit dem halben Öffnungswinkel $\alpha = 15°$ bilden. Der mittlere Strahl geht dabei zunächst durch die Mitte des Spalts S_2. Fertigen Sie eine Zeichnung des Bündels im Maßstab 1:1, indem Sie zuerst die Mittelpunkte der halbkreisförmigen Bahnkurven konstruieren und zeigen Sie damit, dass das Bündel bei S_2 nahezu wieder konvergiert. Ermitteln Sie dort aus der Zeichnung seine Breite Δx in mm.

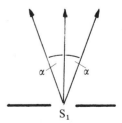

g) Bei konstanter Beschleunigungsspannung sollen enge Bündel beider Ne$^+$-Isotope mit der Breite $\Delta x = 1$ mm durch Verändern der Flussdichte B nacheinander über den Spalt S_2 mit der Spaltbreite $b = 1$ mm geführt werden.
(Häufigkeiten der Isotope: ^{20}Ne$^+$: 91 %; ^{22}Ne$^+$: 9 %).
Skizzieren Sie für den Detektorempfang ein beschriftetes Schaubild und geben Sie eine kurze Begründung dafür.

1.4 Isotopie

Mit den Verfahren der Massenspektroskopie konnten die relativen Atommassen aller stabilen Elemente systematisch und mit hoher Präzision (8 bis 10 gültige Ziffern) untersucht werden. Die absoluten Atommassen werden daher üblicherweise als Vielfache der **atomaren Masseneinheit 1 u** angegeben (vgl. 3. Sem., Kap. 2.2):

$$1\, \text{u} := \frac{1}{12} m_a(^{12}\text{C}) = \frac{1\,\text{kg}}{N_A} = 1{,}660277 \cdot 10^{-27}\,\text{kg}.$$

Die wesentlichen experimentellen Befunde über die Atommassen sind:

1. Die meisten Elemente sind Mischungen aus Atomen mit unterschiedlichen Massen. Solche **chemisch gleichartige Atome mit gleicher Kernladungszahl Z (= Ordnungszahl) aber unterschiedlicher Massenzahl A nennt man Isotope**.
Nur 20 der 83 stabilen Elemente von H bis Bi sind monoisotop, d. h. enthalten ausschließlich Atome einer Massenzahl. Dabei handelt es sich, mit nur einer Ausnahme (Be), stets um Elemente mit ungerader Ordnungszahl. Alle Elemente mit geradem Z (außer Be) enthalten mehrere Isotope.
2. Die Massenzahlen aller Isotope sind nahezu ganze Zahlen (vgl. Tabelle der Nuklid- und Atommassen für $Z \leq 20$ in der Formelsammlung), im Unterschied zu vielen Atommassen der Elemente, wie man sie im Periodensystem findet.

Beispiel:
Natürliches Bor enthält die Isotope ^{10}B und ^{11}B mit den Isotopenhäufigkeiten 19,6 % bzw. 80,4 %, jeweils in Prozenten der Atomzahlen.

$A_r(\text{B}) = 10{,}811$ (Periodensystem)
$A_r(^{10}\text{B}) = 10{,}0129389$
$A_r(^{11}\text{B}) = 11{,}0093051$ (Tabelle der Atommassen, F. S.)

1. Aufgabe:
Wie berechnet man die Atommasse des Elements aus den Atommassen der Isotope? Führen Sie die Berechnung für Bor durch. Wodurch ist die Genauigkeit begrenzt?

Hinweis: Verfahren zur Isotopentrennung sind
a) die Massenspektrographie,
b) das Diffusionsverfahren,
c) die Thermodiffusion in Trennrohren,
d) die Gas-Zentrifuge.

Literatur: W. Hanle u.a.; Isotopentechnik, Thiemig Taschenbücher Band 11

Beachte Film FWU: Isotopentrennung 360040

1.5 Kernaufbau aus Protonen und Neutronen

In den Anfängen der Atomphysik waren zwei Elementarteilchen bekannt, die als Bausteine für den Kern in Frage kommen konnten. Es waren dies der Kern des Wasserstoffatoms, das Proton und das Elektron.
Um die Unterschiede zwischen der Kernladungszahl Z und der Massenzahl (A_r) z. B. bei Helium erklären zu können, nahm man zunächst an, dass sich die Kerne höherer Ordnungszahl aus Protonen und Elektronen zusammensetzen. Damit konnte die nahezu Ganzzahligkeit der relativen Atommassen (bei nicht zu hohen Ansprüchen an die Genauigkeit) erklärt werden, da die Masse des Elektrons nur etwa $\frac{1}{2000}$ der Masse des Protons beträgt und der Kern des Wasserstoffes ungefähr die relative Masse 1 hat. Für den Aufenthalt von Elektronen im Kern würden noch zwei weitere Gründe sprechen:

a) Die Elektronen könnten als negativ geladene Teilchen am ehesten noch die coulombsche Abstoßung der Protonen verhindern.

b) Bei radioaktiven Zerfällen wurden Elektronen beobachtet, die wegen ihrer hohen Energie keinesfalls aus der Hülle stammen können.

Die Existenz von Elektronen im Kern erweist sich jedoch wegen der Gültigkeit der Heisenberg'schen Unschärferelation als unmöglich. Dies soll die folgende Abschätzung zeigen:
Die beobachteten Elektronenenergien bei der β-Strahlung (bis 5 MeV und mehr) zeigen, dass man relativistisch rechnen muss, da Elektronen dieser Energie Geschwindigkeiten besitzen, die der Lichtgeschwindigkeit sehr nahe kommen. Für Elektronen gilt:

$$c^2 \cdot p^2 = E^2 - m_0^2 c^4$$
$$c^2 \cdot p^2 = (E - m_0 c^2) \cdot (E + m_0 c^2)$$
$$c^2 \cdot p^2 = E_{kin} \cdot (E_{kin} + 2 m_0 c^2)$$

Aufgrund der hohen kinetischen Energie der β-Teilchen darf man näherungsweise $E_{kin} + 2 m_0 c^2$ durch E_{kin} ersetzen, sodass gilt:

$$E_{kin} \approx c \cdot p$$

Nimmt man einen Kerndurchmesser von $d_k \approx 10^{-14}$ m an, so ergibt sich für das »Kernelektron« eine Ortsunschärfe $\Delta x \approx 10^{-14}$ m. Die Ortsunschärfe bedingt eine Impulsunschärfe für die nach Heisenberg gilt:

$$\Delta p_x \approx \frac{h}{\Delta x}$$

Die Impulsunschärfe darf mit $2 \cdot p_x$ angesetzt werden. Es gilt dann:

$$p_x \approx \frac{h}{2 \cdot \Delta x}; \; p_x \approx 3{,}3 \cdot 10^{-20} \frac{Js}{m}$$

Mit diesem Wert des Impulses erhält man für E_{kin}

$$E_{kin} \approx 3{,}3 \cdot 10^{-20} \cdot 3 \cdot 10^8 \, J \approx 62 \, MeV$$

Aus anderen Versuchsergebnissen weiß man, dass die Bindungsenergie der Kernteilchen im Mittel 8 MeV beträgt. Elektronen der oben berechneten Energie würden den Kern sofort verlassen, es gäbe keine stabilen Kerne.

Bei der Analyse von Kernreaktionen, die durch α-Teilchen ausgelöst wurden, fand **Chadwick** 1932 eine neuartige Strahlung aus neutralen Teilchen, die etwa die gleiche Masse wie Protonen hatten (vgl. Kap. 10). Nach Chadwicks **Entdeckung des freien Neutrons** schlugen unabhängig voneinander **Heisenberg** und **Iwanenko** das heute noch gültige Modell vor, nach dem der Atomkern nur aus Protonen und Neutronen besteht.

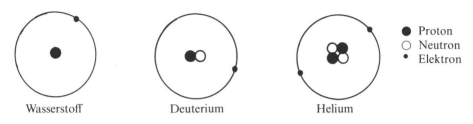

Wasserstoff   Deuterium   Helium

● Proton
○ Neutron
· Elektron

Kennzeichnung von Isotopen

Ein Isotop ist demnach eindeutig charakterisiert durch Angabe seiner **Protonenzahl** Z (zugleich die Ordnungszahl im Periodensystem) und seiner **Neutronenzahl** N. In der Literatur verwendet man die Schreibweise

$$\text{Isotop } {}^A_Z X$$

wobei X das chemische Symbol und A die gesamte **Nukleonenzahl** des Kerns, $N + Z$, bedeutet.

Beispiel: ${}^{35}_{17}\text{Cl}$; $A = 35$; $Z = 17$; $N = 35 - 17 = 18$

Da die Information über die Ordnungszahl bereits im chemischen Symbol X steckt, benützt man auch häufig die Kurzschreibweise:

$$\text{Isotop } {}^A X$$

Beispiel: ${}^{235}\text{U}$; $Z(\text{U}) = 92$; $N = 235 - 92 = 143$

1.6 Kernkräfte

Bei der elastischen Streuung energiereicher α-Teilchen (Abschnitt 1.2.1) weicht die im Experiment beobachtete Winkelverteilung von der nach der Rutherford'schen Theorie berechneten ab. Dies kann man auf die Wirkung der so genannten **Kernkräfte** zurückführen, die sich bei kleinem Abstand zwischen Targetkern und Geschoss den Coulombkräften überlagern. Dieselben Kernkräfte sind verantwortlich für den Zusammenhalt der Nukleonen in den Atomkernen. Die wesentlichen, aus Experimenten bekannten Eigenschaften der Kernkräfte seien im Folgenden kurz, ohne Begründung im Einzelnen, mitgeteilt:

1. Die Kernkräfte sind **anziehend**; andernfalls wäre der Aufbau des Kerns aus den Nukleonen wegen der abstoßenden Coulombkräfte zwischen den Protonen nicht erklärbar.
2. Die Kernkräfte sind **kurzreichweitig**; d. h. sie wirken zwischen 2 Nukleonen nur, wenn ihr Abstand kleiner als ca. $1,5 \cdot 10^{-15}$ m ist. Für die Abhängigkeit der Kernkraft von r ist bis heute keine einfache Gesetzmäßigkeit gefunden worden. Wegen der endlichen Reichweite liegt kein Potenzgesetz (r^{-n}) vor.
3. Die Kernkräfte sind »**stark**« in dem Sinn, dass sie innerhalb ihrer Reichweite die Coulombkraft überwiegen. Nach heutiger Kenntnis ist die Kernkraft zwischen zwei Protonen im Abstand von 10^{-15} m etwa 35-mal so stark wie die elektrische Abstoßungskraft.
4. Die Kernkräfte sind **ladungsunabhängig**; d. h. sie sind für die nn-, np- und pp-Wechselwirkung identisch (zumindest in guter Näherung).
5. Die Kernkräfte besitzen »**Sättigungscharakter**«. Er zeigt sich darin, dass die in einem Kern gebundenen Nukleonen trotz der zwischen ihnen wirkenden »starken« und anziehenden Kräfte sich nicht auf ein immer kleineres Volumen zusammenziehen. Vielmehr ist in allen Kernen das Volumen pro Nukleon praktisch konstant. Das heißt, dass das gesamte Kernvolumen proportional zur Nukleonenzahl $A = N + Z$ ist: $V_K \sim A$. Bei Annahme eines kugelförmigen Kerns vom Radius r_K ($V_K \sim r_K^3$) folgt daraus; $r_K \sim \sqrt[3]{A}$, in Übereinstimmung mit den experimentellen Befunden über Kernradien (Abschnitt 1.2):

$$\boxed{r_K \approx 1,4 \cdot 10^{-15} \, \text{m} \cdot \sqrt[3]{A}}$$

1. Aufgabe:
Wegen der Sättigung der Kernkräfte hat die »Kernmaterie« in allen Atomkernen praktisch dieselbe Dichte. Berechnen Sie ihren Wert!
(Hinweis: Makroskopische Körper mit dieser Dichte existieren, nach heutiger Meinung der Astrophysiker, als sog. »Neutronensterne«.)

Das Potentialtopf-Modell des Atomkerns

Die Gesamtwirkung aller Kernkräfte auf ein Nukleon – entweder auf ein im Kern gebundenes oder auf ein äußeres Geschossteilchen – wird oft durch ein so genanntes **Kernpotential** (»kollektives Potential«) beschrieben. Weil die Kernkräfte anziehend sind, muss die Annäherung eines Nukleons an den Targetkern stets mit einer Abnahme seiner potentiellen Energie verbunden sein.

Das Kernpotential lässt sich für viele Fälle vereinfacht als so genannter Potentialtopf darstellen. Bildlich gesprochen befinden sich die gebundenen Nukleonen in diesem Potentialtopf.

Aus der Untersuchung der Energie von Teilchen, die vom Kern ausgesandt werden, weiß man, dass sich die Nukleonen im Kern auf diskreten Energieniveaus befinden. Dies zeigt qualitativ die nebenstehende Skizze.

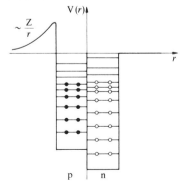

Sie gibt die Potentialverhältnisse für Protonen und Neutronen im Kern und seiner Umgebung an.

Im Kerninneren wird das Potential, das für ein Nukleon maßgebend ist, durch das Zusammenwirken aller anderen Nukleonen bestimmt.

Aufgrund der Coulombabstoßung der Protonen liegt ihr tiefstmögliches Niveau über dem tiefstmöglichen Niveau der Neutronen. Da die obersten Niveaus, die mit Protonen bzw. Neutronen besetzt sind, etwa die gleichen Potentialwerte* haben, übersteigt bei Kernen i.A. die Neutronenzahl die Protonenzahl. Beim Verlassen des Kernes ist für Protonen im Gegensatz zu den Neutronen der Coulombwall zu berücksichtigen. Abschätzungen über die Tiefe des Potentialtopfes ergeben Werte von 30–40 MeV.

Das vorgestellte Kernmodell wird als **Schalenmodell oder Einteilchen-Modell des Kerns** bezeichnet. Es ist in der Lage, viele experimentelle Befunde hinreichend zu erklären. Es gibt jedoch auch experimentelle Befunde, die durch eines der zahlreichen anderen Kernmodelle beschrieben werden. Ein universelles Kernmodell ist bis heute nicht angebbar.

---

* Wären die Potentiale der obersten Neutronen bzw. Protonen wesentlich verschieden, so würde das Gesamtsystem durch Umwandlung von Nukleonen (Proton ⇆ Neutron) in einen energetisch günstigeren Zustand übergehen.

2. Nachweis diskreter Energiestufen im Atomkern

Rückblick: Energietermschemata der Elektronenhülle*

Richtungweisend für die Entwicklung der Atommodelle war die Erkenntnis, dass die Energie eines Atoms nur diskrete Werte annehmen kann. Jedem Energiewert entspricht ein bestimmter Quantenzustand der Elektronenhülle (»Bahn« bzw. »Orbital«), gekennzeichnet durch charakteristische Werte von Quantenzahlen. Beim Wechsel des Atoms von einem Zustand (Energie E_i) in einen anderen (Energie E_k) wird der frei werdende bzw. aufzuwendende Energiebetrag, $|E_i - E_k|$, vom Atom abgegeben bzw. aufgenommen.

Diese grundlegende Vorstellung über den Aufbau der Atome, von **Niels Bohr** 1913 in seinen zwei berühmten Postulaten formuliert, stützt sich auf die folgenden experimentellen Befunde (vgl. 3. Halbjahr):

- quantenhafte Emission elektromagnetischer Strahlung (Linienspektren der Licht- und Röntgenstrahl-Emission),
- quantenhafte Absorption elektromagnetischer Strahlung (Resonanz-Absorption und Fluoreszenz von Licht, Absorptionskanten bei Röntgenstrahlung),
- Anregung diskreter Energieniveaus des Atoms durch Elektronenstoß (Franck-Hertz-Versuch).

Eine Weiterentwicklung des Franck-Hertz-Versuchs, der im Allgemeinen nur den Energiewert des ersten angeregten Niveaus liefert, stellt das folgende Versuchsprinzip dar. Aus dem Energiespektrum von Elektronen, die nur **einmal** unelastisch gestreut wurden, kann man direkt auf das Energietermschema des Atoms (mehrere Anregungsenergien und die Ionisationsgrenze) schließen.

1. Aufgabe: (Leistungskurs-Abitur 1976, III, Teilaufgabe 4a, b)

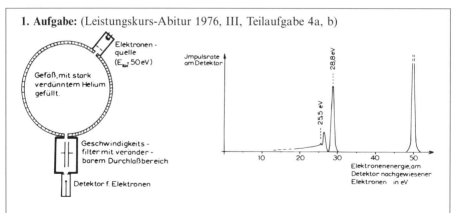

In dem Gefäß G befindet sich Helium-Gas, das mit Elektronen der kinetischen Energie 50 eV beschossen wird. Durch die starke Verdünnung des Gases kann erreicht werden, dass ein Elektron nicht mehrfach mit einem He-Atom stößt. Mithilfe des Geschwindigkeitsfilters, dessen Durchlassbereich kontinuierlich verändert werden kann, stellt man das skizzierte Energiespektrum der gestreuten Elektronen fest.

> a) Wie lässt sich das Auftreten scharfer Maxima erklären?
> Deuten Sie das Zustandekommen des Maximums bei 50 eV. Auf welchen Vorgang lässt sich das Maximum bei 28,8 eV zurückführen?
> b) Die Grenze der beobachteten Maxima liegt bei etwa 25,5 eV; daran schließt sich ein Kontinuum an. Welcher Zusammenhang besteht zwischen dieser Grenzenergie und der ersten Ionisierungsenergie von He?
> Wie kann man sich das Zustandekommen des anschließenden Kontinuums erklären?

Analog zu solchen Versuchen kann man kernphysikalische Experimente durchführen, die zeigen, dass auch die Kerne selbst diskrete Energiestufen besitzen. Weil die Anregungsenergien der Kerne etwa 10^4 bis 10^5-mal höher liegen als die der Hülle, muss die Einschussenergie der Stoßteilchen natürlich entsprechend höher sein. Als Teilchen verwendet man zweckmäßigerweise Protonen oder Neutronen (evtl. auch leichte Kerne wie ^{2}H, ^{3}H, ^{4}He), die mit den Kernen in starke Wechselwirkung treten, wogegen ihre Coulombwechselwirkung mit der Elektronenhülle bedeutungslos ist.

2.1 Unelastische Protonenstreuung an Kernen

Als Beispiel betrachten wir ein Experiment von **Bockelman**, **Browne**, **Buechner** und **Sperduto***, in dem die Streuung von Protonen an ^{14}N untersucht wurde.

a) Versuchsprinzip

Ein gebündelter Strahl von Protonen mit einer kinetischen Energie $E_1 = 6{,}92$ MeV trifft auf einen dünnen Film aus Nylon (Hauptbestandteile C, N, O), der als ^{14}N-Probe dient. Von diesem Target gehen gestreute Protonen in alle Richtungen aus. Nur die unter $\vartheta = 90°$ gestreuten Protonen werden in einen 180°-Magnetspektrographen eingelassen und dort analysiert.

Im Experiment wurden verschiedene Gruppen von Protonen gefunden, deren Impulse sich jeweils aus der Beziehung

$$\frac{mv^2}{r} = evB, \quad \text{also:} \quad mv = e \cdot (B \cdot r)$$

berechnen lassen. Das Produkt $B \cdot r$ ist also ein direktes Maß für den Impuls des unter 90° an ^{14}N gestreuten Protons.

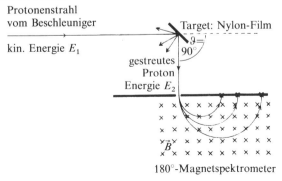

* beschrieben in: R.D. Evans, The Atomic Nucleus, 1955; Ch. 13

b) Versuchsergebnis

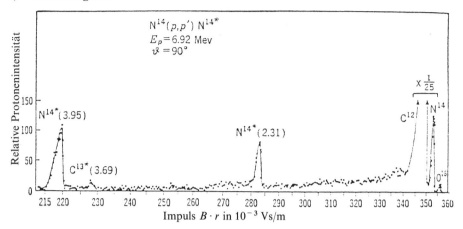

Das Diagramm zeigt das gemessene **Impuls-Spektrum**, d. h. die Protonenintensität als Funktion von $B \cdot r$ in 10^{-3} Tm (1 Tm = 1 Vs/m). Neben drei Linien, die von Protonenstreuung an ^{14}N-Kernen herrühren, finden sich einige weitere Linien, die ^{12}C-, ^{13}C- und ^{16}O-Kernen im Target zuzuordnen sind*.

Im Folgenden betrachten wir ausschließlich die ^{14}N-Linien. Aus den experimentellen Werten für $B \cdot r$ von 353, 283 und 219, jeweils in 10^{-3} Tm, berechnet man die kinetischen Energien der im Messbereich liegenden Protonengruppen zu 5,97 MeV, 3,84 MeV und 2,30 MeV.

> **2. Aufgabe:**
> Überprüfen Sie dies für den größten und den kleinsten Energiewert durch Rechnung!

Das **Energie-Spektrum** der unter 90° an ^{14}N gestreuten Protonen sieht also schematisch folgendermaßen aus:

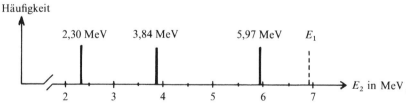

c) Deutung der Linie mit höchster Energie

Anders als beim Elektronenstoß an Atomen liegt hier auch die Linie höchster Energie deutlich unterhalb der Einschussenergie. Wie eine einfache Rechnung zeigt, kommt diese Linie dennoch durch **elastische** Protonenstreuung zustande. Während nämlich beim elastischen Elektronenstoß die Energieübertragung auf das Atom unmessbar klein ist (Massenverhältnis $m_e : m\,(\text{He}) \approx 1 : 7000$!), muss

---
* dies lässt sich im Experiment durch die unterschiedliche Änderung der Impulswerte bei einer Veränderung der Protonen-Einschussenergie nachweisen.

beim elastischen Protonenstoß die auf den ^{14}N-Kern übertragene Rückstoßenergie berücksichtigt werden ($m_p : m(^{14}N) \approx 1 : 14$).

Modellrechnung für die elastische Streuung (nichtrelativistisch)
$$^{14}N + p \to ^{14}N + p; \quad \text{oder kurz:} \quad ^{14}N(p; p)^{14}N$$
Annahme: ^{14}N ruht vor dem Stoß. \qquad Impulsdiagramm:

Bezeichnungen:
E_1, E_2, E_k: kinetische Energien
des einfallenden Protons,
des gestreuten Protons,
des ^{14}N-Kerns nach dem Stoß.
$\vec{p}_1, \vec{p}_2, \vec{p}_k$: die entsprechenden Impulse.

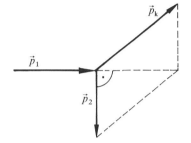

Problem: geg. die Einschussenergie $E_1 = 6{,}92$ MeV; \qquad ges.: E_2

Energieerhaltung: \hfill $E_1 = E_2 + E_k$ \quad (1)

Impulserhaltung vektoriell: \hfill $\vec{p}_1 = \vec{p}_2 + \vec{p}_k$

Hieraus, für die Impulsbeträge ($\vartheta = 90°$; Pythagoras!): $p_k^2 = p_1^2 + p_2^2$ \quad (2)

Weiter gelten die Energie-Impuls-Beziehungen \hfill $E_1 = \dfrac{m_p}{2} v_1^2 = \dfrac{p_1^2}{2m_p}$ \quad (3)
(nicht-relativistisch)
$$E_2 = \frac{p_2^2}{2m_p} \quad (4)$$
$$E_k = \frac{p_k^2}{2m_k} \quad (5)$$

Einsetzen von (1) und (2) in (5) liefert
$$E_1 - E_2 = \frac{p_1^2 + p_2^2}{2m_k}.$$

Hieraus folgt, mit (3) und (4)
$$E_1 - E_2 = \frac{2m_p E_1 + 2m_p E_2}{2m_k}.$$

Auflösen der letzten Gleichung nach E_2 ergibt
$$E_2 = \frac{m_k - m_p}{m_k + m_p} \cdot E_1,$$

und mit den vorliegenden Größen
$$E_2 = \frac{13{,}0 \, \text{u}}{15{,}0 \, \text{u}} \cdot 6{,}92 \, \text{MeV} = 5{,}99 \, \text{MeV},$$

in guter Übereinstimmung mit dem Messwert für die höchste Energie, 5,97 MeV.

d) Auswertung der anderen Protonengruppen

Bei diesen Streuprozessen tritt ein Verlust an kinetischer Energie des Gesamtsystems auf, verbunden mit der Anregung des Kerns in einen höheren Energiezustand. Bei der **unelastischen Streuung**

$$^{14}N + p \rightarrow {}^{14}N^* + p'; \quad \text{oder kurz:} \quad ^{14}N(p; p')^{14}N^*$$

wird an den Kern also sowohl kinetische Energie E_k – wegen der Impulserhaltung – als auch Energie für die innere Anregung, E^*, übertragen.

Modellrechnung für die unelastische Streuung Impulsdiagramm:
Bezeichnungen wie oben!

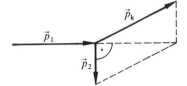

Energieerhaltung: $\quad E_1 = E_2 + E_k + E^* \quad$ (6)

Die Impuls- und Energie-Impuls-Beziehungen (2) bis (5) gelten bei nichtrelativistischer Rechnung unverändert weiter.

Aus der Einschussenergie E_1 und dem Messwert E_2 lässt sich nun die jeweils zugehörige Anregungsenergie berechnen:

$$E^* = E_1 - E_2 - E_k = E_1 - E_2 - \frac{p_k^2}{2m_k} =$$

$$= E_1 - E_2 - \frac{p_1^2 + p_2^2}{2m_k} = E_1 - E_2 - \frac{m_p}{m_k}(E_1 + E_2).$$

$$E^* = E_1\left(1 - \frac{m_p}{m_k}\right) - E_2\left(1 + \frac{m_p}{m_k}\right) \approx \frac{13}{14}E_1 - \frac{15}{14}E_2.$$

Mit den experimentellen Werten folgt

aus $E_1 = 6{,}92$ MeV und $E_2 = 3{,}84$ MeV: $\quad E^* = 2{,}31$ MeV;
aus $E_1 = 6{,}92$ MeV und $E_2 = 2{,}30$ MeV: $\quad E^* = 3{,}96$ MeV.

Hiermit lässt sich das nebenstehende **Kernniveauschema für ^{14}N** aufstellen (bis 4 MeV):

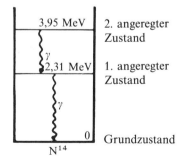

3. Aufgabe:
Die vier ersten Energieniveaus des Kerns ^{78}Se sind im nebenstehenden Schema dargestellt.
Beim Beschuss von ^{78}Se mit Neutronen der Energie $E_1 = 4{,}00$ MeV werden unter $90°$ gegen die Einfallsrichtung die elastisch und unelastisch gestreuten Neutronen beobachtet.

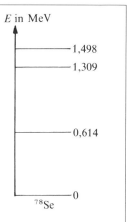

a) Berechnen Sie die kinetischen Energien für die vier Neutronengruppen, die nach dem angegebenen Termschema zu erwarten sind. Skizzieren Sie schematisch den hochenergetischen Teil des Energiespektrums der unter $90°$ gestreuten Neutronen.

b) Vergleichen Sie die Differenzen der in a) berechneten Energien mit den Energiedifferenzen im Termschema von ^{78}Se.
Erklären Sie, warum die Verhältnisse hier schon weitgehend dem Fall der Elektronenstreuung an Atomen (1. Aufgabe!) entsprechen.

2.2 Quantenhafte Emission von Energie durch Kerne: Gamma-Übergänge

Atome, deren Hülle in einen angeregten Zustand versetzt wurde, senden beim Übergang in den Grundzustand Licht- oder Röntgenstrahlung aus. Hierbei findet man die für die Energie-**Differenzen** der Hülle charakteristischen Linien, unabhängig davon, auf welche Weise die Anregung erfolgt war: durch vorausgehende Lichtabsorption oder durch unelastischen Stoß.

Entsprechend erfolgt der Übergang eines angeregten Kerns in einen niederenergetischeren Zustand unter Emission sehr kurzwelliger elektromagnetischer Quantenstrahlung, der sog. **Gamma-Strahlung**. Auch aus den gemessenen γ-Energien* kann man somit – analog zur Lichtoptik – auf die Energieniveaus im Kern schließen.

Eine unabhängige Bestätigung des ^{14}N-Kernniveauschemas in 2.1 liefert z. B. die Beobachtung, dass angeregte ^{14}N*-Kerne γ-Strahlen der Energien 1,64 MeV und 2,31 MeV emittieren.

Wie bei der Hülle gibt es auch für den Atomkern verschiedene Möglichkeiten der Anregung:
– durch unelastische Stöße von Nukleonen oder anderen Kernen,
– durch vorausgehende α- oder β-Zerfälle (Abschnitte 5 bzw. 12),
– durch vorausgehende Kernreaktionen oder Kernspaltungen (Abschnitt 11.2),
– durch Absorption eines **geeigneten** γ-Quants (sog. Kernresonanzabsorption, vgl. hierzu jedoch Abschnitt 2.3!).

---
* Methoden zur γ-Energiemessung siehe Abschnitt 4.3

Beispiel:
Beim β-Zerfall von $^{175}_{70}$Yb entsteht der angeregte Zwischenkern $^{175}_{71}$Lu*, der unter Gamma-Emission in den Grundzustand übergeht.

$$^{175}_{70}\text{Yb} \rightarrow {}^{175}_{71}\text{Lu}^* + \beta^-$$
$$^{175}_{71}\text{Lu}^* \rightarrow {}^{175}_{71}\text{Lu} + \gamma$$

Bei dieser Kernreaktion beobachtet man die folgenden Gamma-Energien:

E_γ in keV: 113,81   137,65   144,85   251,46   282,57   396,1

Um von den beobachteten Gamma-Energien zu einem Termschema zu gelangen, verwendet man wie beim Termschema der Hülle das **Ritz'sche Kombinationsprinzip** (3. Sem., S. 181).

Dieses besagt: Man kann die Frequenz einer jeden Spektrallinie (außer der hochfrequentesten) aus der Differenz der Frequenzen zweier anderer Spektrallinien berechnen:

Beispiel: $f_{kl} = f_{ki} = f_{li}$

Multipliziert man obige Gleichung mit der Planck'schen Konstanten h, so gilt:

$h \cdot f_{kl} = h \cdot f_{ki} - h \cdot f_{li}$

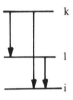

was zur folgenden Aussage führt:
Die Fotonenenergie E_{kl} ergibt sich als Differenz der Fotonenenergien E_{ki} und E_{li}.

Hinweis:
Während eine tatsächlich vorkommende Fotonenenergie (mit Ausnahme der größten) stets als Differenz zweier anderer vorkommender Fotonenenergien berechnet werden kann, liefert umgekehrt nicht jede Differenz zweier vorkommender Fotonenenergien eine mögliche neue Fotonenenergie.
Das Ritz'sche Kombinationsprinzip kann nun auch auf die Fotonenenergie der Kern-Gamma-Strahlung angewandt werden.

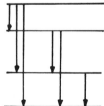

Die 6 bei $^{175}_{70}$Yb beobachteten Gamma-Energien setzen mindestens 4 Kernniveaus voraus. Trifft es zu, dass die beobachteten Energien aus Übergängen benachbarter Niveaus stammen, so müssen sich alle Energien bis auf die größte als Differenz von angegebenen Energiewerten darstellen lassen.

---

1. Aufgabe:
Zeigen Sie, dass jeder beobachtete Energiewert (bis auf 396,1 keV) als Differenz der angegebenen Energiewerte darstellbar ist.

Damit ergibt sich der folgende Ausschnitt aus dem Energieniveauschema des Kerns $^{175}_{71}$Lu:

Beachten Sie, dass diese Niveaus nur angeben, welche Energiezustände der Kern gegen seinen Grundzustand (energetisch niedrigster Zustand) einnehmen kann. Die Anregung des Kerns darf man sich in diesem Fall nicht so vorstellen, dass ein Nukleon auf ein höheres Niveau gehoben wird, vielmehr wird der Kern als Ganzes angeregt.

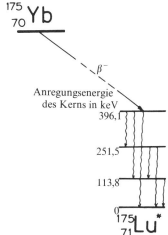

Energiebilanz für den Gamma-Übergang: K* → K + γ

$$E_K^* = E_K + E_\gamma$$

E_K: Kinetische Energie des Rückstoßkerns
E_K^*: Anregungsenergie

Die Anregungsenergie des Kerns geht beim Gamma-Übergang zum Teil in kinetische Energie des Rückstoßkernes, zum Teil in die Energie des Gamma-Quants über.

Abschätzung der kinetischen Energie E_K des Rückstoßkerns

Annahmen: 1. Die kinetische Energie des angeregten Kerns ist null.
2. Der Rückstoß des Kernes ist so klein, dass man nichtrelativistisch rechnen kann.

Impulssatz: $\vec{0} = \vec{p}_K + \vec{p}_\gamma$ bzw. $|\vec{p}_K| = |\vec{p}_\gamma|$

also: $m_K v_K = \dfrac{E_\gamma}{c}$ und $v_K = \dfrac{E_\gamma}{m_K c}$

Damit folgt: $E_K = \dfrac{m_K}{2} v_K^2 = \dfrac{m_K}{2} \cdot \dfrac{E_\gamma^2}{m_K^2 c^2} = \dfrac{1}{2} \cdot \dfrac{E_\gamma^2}{E_{Ko}}$

Eine größenordnungsmäßige Abschätzung mit $E_\gamma \approx 0{,}1\ldots 10$ MeV und $E_{Ko} \approx 10^4 \ldots 10^5$ MeV ergibt für die Energie E_K Werte im Bereich $0{,}1$ eV ... 10 keV. Die Energie E_γ ist wegen des unvermeidlichen Rückstoßes des Kerns (Impulserhaltung) also *geringfügig kleiner* als die Anregungsenergie E_K^*.

---

2. Aufgabe:
^{175}Lu besitzt u.a. die Anregungsenergie 396,1 keV. Berechnen Sie die Energie des emittierten Gamma-Quants
a) ohne Berücksichtigung des Rückstoßes → E'_γ
b) mit Berücksichtigung des Rückstoßes → E_γ
c) Berechnen Sie $E'_\gamma - E_\gamma$.

2.3 Kernresonanz – Absorption*

Wie bei der Resonanzabsorption in der Hülle schon besprochen wurde, kann die von einem Atom emittierte Strahlung vom gleichartigen Atom wieder absorbiert werden. Diese Resonanzabsorption findet auch dann noch statt, wenn sich die Frequenz der emittierten Strahlung geringfügig ändert, da die Energieniveaus im Atom eine, wenn auch geringe, natürliche Breite besitzen.

Bei der Emission von Fotonen in der Hülle ist die Energieabgabe an das Atom noch so klein, daß Resonanzabsorption noch stattfinden kann. Dagegen ist bei der Emission von Gamma-Quanten der Energieübertrag an den Kern so groß, daß trotz endlicher Breite der Kernniveaus im Allgemeinen keine Absorption in gleichartigen Kernen auftritt.

Erst **R. Mössbauer*** entdeckte 1957, daß die Kernresonanz-Absorption und -Fluoreszenz nur dann mit erheblicher Wahrscheinlichkeit auftritt, wenn die beteiligten Kerne bei sehr tiefen Temperaturen in einem Kristallgitter eingebaut sind. In diesem Fall kann die Emission und Absorption von Gamma-Strahlung ohne Verletzung des Impulssatzes nahezu rückstoßfrei erfolgen, weil der Rückstoß des Gamma-Quants auf den ganzen Kristall und nicht nur auf ein Atom übertragen wird. (Sog. **rückstoßfreie Kernresonanz-Absorption und -Fluoreszenz** oder **Mössbauer-Effekt**).

Der Mössbauer-Effekt ist für zahlreiche physikalische Anwendungen von größter Bedeutung, weil er Energie-, Frequenz- und Zeitmessungen mit einer relativen Genauigkeit von 10^{-15} möglich macht.

Literaturhinweis: Mössbauereffekt (Grimsehl IV, Seite 193 ff)

---

1. Aufgabe:
Ein in der Hülle angeregtes Na-Atom habe die Anregungsenergie 2,109 eV. Berechnen Sie die Energie des emittierten Fotons

a) ohne Berücksichtigung des Rückstoßes vom Natriumatom → E'_F

b) mit Berücksichtigung des Rückstoßes → E_F

c) Berechnen Sie $E'_F - E_F$

---

2. Aufgabe:
Bei ^{57}Fe liegt ein angeregter Zustand um 14,4 keV über dem Grundzustand.

a) Berechnen Sie die Rückstoßenergie eines freien ^{57}Fe-Kerns bei der γ-Emission (Übergang in den Grundzustand).

b) Begründen Sie, warum die ausgesandte γ-Strahlung von einem ^{57}Fe-Kern nicht absorbiert werden kann.

c) Baut man den aussendenden Kern und den empfangenden Kern in je ein gut gekühltes Kristallgitter ein, so ist Resonanzabsorption zu beobachten. Geben Sie hierfür eine Erklärung.

d) Bewegt man den Kristall, in den die γ-emittierenden Fe-Kerne eingebaut sind, auf den »Empfangskristall« mit der Geschwindigkeit v zu, so findet wieder keine Resonanzabsorption statt. Erklären Sie dies!

---

* Rudolf Mössbauer, geb. 1929 (München), Nobelpreis 1961

3. Massendefekt und Kernbindungsenergie

3.1 Massendefekt

Die Ruhemasse des Protons kann massenspektroskopisch sehr genau bestimmt werden. Sie beträgt $m_p = 1{,}00727661$ u bzw. $m_p \cdot c^2 = 938{,}259$ MeV.
Eine Bestimmung der Masse des Neutrons ist auf diesem Wege nicht möglich, da es nicht geladen ist. Die Massenbestimmung des Neutrons über Rückstoßkerne (vgl. Entdeckung des Neutrons durch Chadwick) ist zu ungenau. Eine sehr genaue Massenangabe für das Neutron erhält man aus speziellen Kernreaktionen (vgl. 11.4, 3. Aufgabe). Dabei ergibt sich für die Ruhemasse des Neutrons $m_n = 1{,}0086652$ u bzw. $m_n \cdot c^2 = 939{,}553$ MeV.

Vergleicht man die experimentell bestimmte Masse m_k eines Kernes mit der Summe der Massen seiner Nukleonen ($Z \cdot m_p + N \cdot m_n$), so stellt man fest, dass stets gilt:

$$m_k < Z \cdot m_p + N \cdot m_n; \qquad Z: \text{Protonenzahl} \\ N: \text{Neutronenzahl}$$

Den Unterschied bezeichnet man als **Massendefekt**.

> Definition des Massendefekts: $\Delta m = (Z \cdot m_p + N \cdot m_n) - m_k$

Beispiel: Massendefekt bei ^{4}He
$$m_{^4He} = 4{,}0015064 \text{ u}$$
$$2m_p + 2m_n = 4{,}0318840 \text{ u}$$
$$\Delta m = (2m_p + 2m_n) - m_{^4He} = 0{,}0303776 \text{ u}$$

---
1. Aufgabe:
Berechnen Sie den Massendefekt der Kerne ^{9}Be, ^{60}Ni und ^{235}U.
(Nuklidmassen: $m_{^{60}Ni} = 59{,}915422$ u; $m_{^{235}U} = 234{,}99346$ u)

3.2 Bindungsenergie

Nach Einstein entspricht der Energieänderung eines Systems auch eine Massenänderung: $\Delta E = \Delta m c^2$. Hiermit lässt sich der Massendefekt erklären:
Beim Zusammenbau einzelner Nukleonen zu einem Kern wird aufgrund der anziehenden Kernkräfte insgesamt Energie frei. Dies bedingt, dass die Masse des Kernes kleiner als die Summe der Massen der einzelnen Nukleonen ist.*

Ordnet man dem Zustand, bei dem die einzelnen Nukleonen eines Kernes noch nicht in Wechselwirkung stehen, die potentielle Energie $E_a (E_a = 0)$ und dem aus den Nukleonen gebildeten Kern die Energie E_e zu, so gilt:

$$\Delta E = E_e - E_a < 0$$

---
* Es kann aber durchaus vorkommen, dass beim Zusammenbau eines *Kerns* mit einem Nukleon (bzw. eines Kerns mit einem Kern) die Masse des Reaktionsproduktes größer ist als die Massensumme der *Ausgangsprodukte*, vgl. 11.4.

Den Betrag der Energieabnahme, die bei der Bindung der Nukleonen eintritt, bezeichnet man als **Bindungsenergie B** des Kerns:

$$\text{Definition der Bindungsenergie: } B = \Delta m \cdot c^2$$

Damit gilt:
$$m_k = Z \cdot m_p + N \cdot m_n - \frac{B}{c^2}$$

Hinweis:
Der Massendefekt und damit die Bindungsenergie eines Kerns kann aus den Nuklidmassen, die in der Formelsammlung angegeben sind, bestimmt werden. Die in dieser Tabelle angegebenen Atommassen ergeben sich aus den Nuklidmassen durch Addition der entsprechenden Elektronenmassen. Die Bindungsenergie der Elektronen an den Kern wird dabei vernachlässigt, da sie wesentlich kleiner als die Bindungsenergie der Nukleonen ist.

Neben der gesamten Bindungsenergie B eines Kerns verwendet man auch häufig den Begriff der **mittleren Bindungsenergie pro Nukleon**, $\frac{B}{A}$.

> **2. Aufgabe:**
> Berechnen Sie für die Nuklide der Aufgabe 1 die Bindungsenergie sowie die mittlere Bindungsenergie pro Nukleon.

In der folgenden Abbildung ist die mittlere Bindungsenergie pro Nukleon und in der nächsten Abbildung die mittlere Energie eines Nukleons in Abhängigkeit von der Nukleonenzahl des Kerns dargestellt.

Beide Energien sind betragsgleich. Da es sich beim Zusammenbau der Nukleonen zu einem Kern um einen exothermen Vorgang handelt, zählen wir die **Bindungsenergie**, also die bei der Bindung frei werdende Energie, **positiv**.

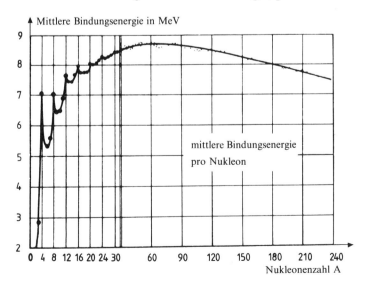

Dagegen ist die **Energie eines gebundenen Nukleons negativ**, da man dem freien ungebundenen Nukleon willkürlich die Energie null zuordnet.

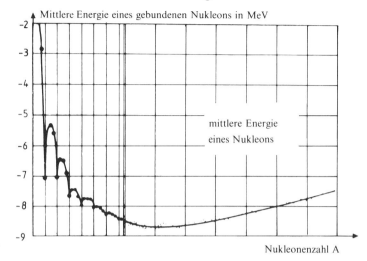

Die Bindungsenergie pro Nukleon schwankt bei kleinen Massezahlen stark. Sie weist bei ^{4}He ein deutliches relatives Maximum auf. Hieraus wird die große Stabilität des ^{4}He-Kernes verständlich. Ähnliche Stabilität zeigen die Kerne ^{12}C, ^{16}O, ^{20}Ne. Bei $A \approx 60$ erreicht die Bindungsenergie pro Nukleon ihren größten Wert (Bindungsenergie pro Nukleon hat dort ein Maximum). Den flachen Verlauf der Bindungsenergie pro Nukleon bei größeren Massezahlen und die langsame Abnahme ihres Betrages zu hohen Massezahlen hin kann man sich wie folgt erklären:

Wegen der kurzen Reichweite der Kernkräfte tritt ein neu hinzukommendes Nukleon nur mit Nukleonen seiner nächsten Umgebung in Wechselwirkung. Dadurch nimmt die gesamte Bindungsenergie beim Einbau eines Nukleons unabhängig von A immer um etwa den gleichen Wert zu. Die mittlere Bindungsenergie pro Nukleon bleibt in diesem Bereich daher nahezu konstant. Für $A > 60$ nimmt die Bindungsenergie pro Nukleon wieder leicht ab, da mit wachsendem A die langreichweitigen Coulombkräfte einen immer stärkeren Einfluss haben.

Aus dem Verlauf der Bindungsenergie pro Nukleon kann man auch verstehen, warum die Fusion leichter Kerne bzw. die Spaltung schwerer Kerne stark exotherm verläuft:
Beim Verschmelzen von 4 Wasserstoffkernen zu einem ^{4}He-Kern wird die Energie von ca. $4 \cdot 7\,\text{MeV} = 28\,\text{MeV}$ frei.
Bei der Spaltung von schweren Kernen (Bindungsenergie pro Nukleon ca. 7,5 MeV) entstehen zwei mittelschwere Kerne (Bindungsenergie pro Nukleon ca. 8,5 MeV). Bei $A \approx 230$ wird also ungefähr eine Energie von 200 MeV frei.

> **Merke:**
> Der Betrag der mittleren Bindungsenergie gibt an, wie stark ein Nukleon an den Kern gebunden ist. Führt eine Kernreaktion von einem Kern mit kleinem Betrag von $\frac{B}{A}$ zu einem Kern mit großem Betrag von $\frac{B}{A}$, so ist die Reaktion exotherm.

Hinweis:
Die Bindungsenergie pro Nukleon ist nicht mit der Bindungsenergie eines einzelnen Nukleons an den Kern zu verwechseln. Machen Sie sich das an folgender Aufgabe klar.

> **3. Aufgabe:**
> a) Berechnen Sie die mittlere Bindungsenergie pro Nukleon bei ^{16}O.
> b) Berechnen Sie die Bindungsenergie des zuletzt gebundenen Protons.

> **4. Aufgabe:** Leistungskurs-Abitur 1973, IV, Teilaufgabe 1a.
> Erläutern Sie den Begriff der Bindungsenergie eines Atomkerns. Für $^{7}_{3}Li$ ist die Bindungsenergie zu bestimmen.

> **5. Aufgabe:** Leistungskurs-Abitur 1976, IV, Teilaufgabe 2b, d
> b) Bestrahlt man $^{12}_{6}C$ mit energiereichen γ-Quanten, so emittiert der Kern ein Proton (Kernfotoeffekt). Stellen Sie die Reaktionsgleichung auf.
> d) Um den Kernfotoeffekt von b) auslösen zu können, muss die Energie der γ-Quanten größer als die Bindungsenergie des zuletzt gebundenen Protons im Kern sein. Berechnen Sie diese Bindungsenergie.

4. Nachweis und Messung radioaktiver Strahlung

Die Entdeckung der Radioaktivität*

Wir haben schon mehrfach gesehen, wie zufällige Beobachtungen zu weit reichenden Entdeckungen führten und völlig neuartige Forschungsgebiete eröffneten. So war es auch mit der Radioaktivität, einer Erscheinung, deren Name heute wohl zu den bekanntesten auf der Welt zählt. Mit der Entdeckung der Röntgenstrahlung (Röntgen 1895) wurde das Interesse der Physiker verstärkt auf ein Phänomen gelenkt, das anscheinend eng mit dieser Strahlung zusammenhing.

Viele von Röntgenstrahlung getroffene Körper fluoreszieren, wie wir das auch schon beim Nachweis der kurzwelligen ultravioletten Strahlung kennen gelernt haben.* Man beobachtete, dass selbst die Glaswand der Röntgenröhre in schwachem Fluoreszenzlicht aufleuchtete. Aus dieser Beobachtung entstand die Vermutung, dass das fluoreszierende Glas Ausgangsort der Röntgenstrahlung sei.

Henri Becquerel, 1852–1908
Nobelpreis 1903

Sollte etwa mit der Aussendung von Fluoreszenzlicht gleichzeitig auch die Aussendung von Röntgenstrahlung verbunden sein?
Diese Frage war der Ausgangspunkt für Untersuchungen durch Henri Becquerel. Er verwendete u. a. als fluoreszierendes Material eine Uranverbindung. Zur Untersuchung legte er eine Probe davon auf eine lichtdicht verpackte Fotoplatte und bestrahlte sie zur Fluoreszenzanregung mit Sonnenlicht. Tatsächlich zeigte die Platte nach der Entwicklung die Umrisse des fluoreszierenden Körpers. Es hatte also eine

Die Abbildung zeigt die erste von »Becquerel-Strahlen« geschwärzte Fotoplatte. Sie wurde am 26. 2. 1896 unter Urankaliumsulfat gelegt.

---

* Fluoreszenz: Eigenschaft mancher Körper, durch zugeführte Strahlungsenergie zum Leuchten angeregt zu werden.

unsichtbare Strahlung das schwarze Papier durchdrungen. War dies der Beweis für den angenommenen Entstehungsmechanismus der Röntgenstrahlung?
Wenige Tage nach diesem Versuch trat ein entscheidender Zufall ein. Da mehrere Tage keine Sonne schien, blieb ein Uranpräparat auf einer Fotoplatte in einer Schublade liegen. Becquerel entwickelte diese Platte in der Erwartung, dass sie wohl kaum eine Schwärzung aufweisen dürfte. Zur Überraschung war sie jedoch stark geschwärzt und zeigte die Umrisse des Präparates. Er begriff sofort, dass er etwas Wichtiges entdeckt hatte.
Diese »Becquerel-Strahlen« fanden anfangs nicht das gleiche Interesse wie die kurz vorher entdeckten Röntgenstrahlen. Becquerel untersuchte die Erscheinung zunächst allein weiter. So fand er schließlich auch, dass diese Strahlen Gase ionisieren, also leitend machen und damit auch ein Elektroskop entladen können. Aus der Schnelligkeit der Entladung konnte er auf die »Aktivität« der Probe schließen. Seine Untersuchungen blieben jedoch auf Uranverbindungen beschränkt, da es ihm mehr um die Erforschung der Strahlung selbst als ihrer Ursachen ging.
Der nächste entscheidende Schritt gelang etwa zwei Jahre später dem Ehepaar Marie und Pierre Curie in Paris. Sie fanden heraus, dass die Strahlung nicht nur von Uranverbindungen ausgeht, und konnten unter schwierigsten äußeren Bedingungen den Ursprung der Strahlung aufspüren. Auf chemischem Weg isolierten sie aus Rückständen, die bei der Urangewinnung in Bergwer-

Marie Curie, 1867–1934
Nobelpreis 1903 für Physik
Nobelpreis 1911 für Chemie

Pierre Curie, 1859–1906
Nobelpreis 1903

ken anfielen, in winzigen Mengen die stark strahlenden Elemente **Radium** (das Strahlende) und **Polonium** (benannt nach der Heimat von Madame Curie). Sie nannten das Phänomen dieser Strahlenaussendung – ohne äußere Ursache – **Radioaktivität**.

Wie sorglos man zu dieser Zeit noch mit der weitgehend unerforschten Radioaktivität umging, zeigen die folgenden Sätze aus den Erinnerungen von Marie Curie: »Eine unserer beliebtesten Zerstreuungen in dieser Zeit waren die allabendlichen Besuche in unserem Labor. Überall sahen wir dabei die schwach leuchtenden Umrisse der Gläser und Tüten, in denen unsere Präparate aufbewahrt waren. Dies war ein wirklich herrlicher Anblick. Die glühenden Röhrchen sahen wie winzige Zauberlichter aus.«

Henri Becquerel, Marie und Pierre Curie erhielten 1903 den Nobelpreis für Physik, 1911 bekam Marie Curie zusätzlich noch den Nobelpreis für Chemie.

4.1 Nachweismethoden

Die Strahlung radioaktiver Präparate bewirkt:

a) Schwärzung von Fotoplatten **b)** Ionisierung
c) Szintillation bei gewissen Substanzen

Die Nachweisgeräte für radioaktive Strahlung nützen meist eine dieser Wirkungen aus. An ein gutes Nachweisgerät sind folgenden Forderungen zu stellen:

a) gute Energieauflösung **b)** hohes zeitliches Auflösungsvermögen
c) gutes räumliches Auflösungsvermögen **d)** hohe Nachweiswahrscheinlichkeit

4.1.1 Die Ionisationskammer

1. Versuch: Zunahme der Leitfähigkeit von Luft unter dem Einfluss radioaktiver Strahlung

a) Aufladen des Kondensators **b) Einbringen des Präparats**

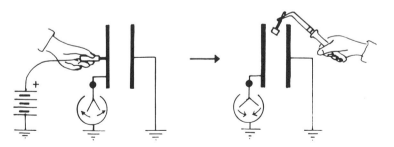

Versuchsdaten:
$U \approx 4\,\text{kV}$; als Präparat verwendet man einen α-Strahler (z. B. $^{241}_{95}\text{Am}$ oder $^{226}_{88}\text{Ra}$).

■ **Beachte Film FWU:** Die Entdeckung der Radioaktivität 320591

Die radioaktive Strahlung ionisiert die Luft zwischen den Platten des geladenen Kondensators. Der Kondensator entlädt sich. Lässt man die radioaktive Strahlung nur eine begrenzte Zeit einwirken, so ist die Spannungsänderung am Kondensator ein Maß für die Zahl der erzeugten Ionen während der Einwirkungsdauer.

2. Versuch: Nachweis des Ionisationsstroms

Bei nebenstehender Anordnung fließt wegen der Ionisation der Luft durch die Strahlung ein Dauerstrom. Das Messgerät zeigt den Mittelwert des Ionisationsstromes an.

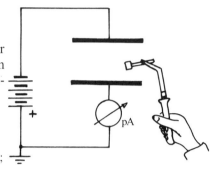

Versuchsdaten:
$U \approx 200$ V; Messverstärker im Bereich $30 \cdot 10^{-10}$ A; α-Strahler.

In der Praxis werden zum Nachweis der Ionisationswirkung so genannte Ionisationskammern verwendet.

3. Versuch: Ionisationskammer

Die Außenelektrode (zylindrisches Gefäß) ist gegen die Innenelektrode, die auch das Präparat trägt, isoliert (siehe Skizze).

HQ: Hochspannungsquelle
MV: Stromempfindl. Messverstärker

a) **Messung des Ionisationsstroms in Abhängigkeit von der Spannung an der Kammer** (bei konstanter Deckelhöhe h)

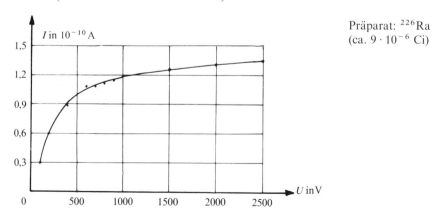

Präparat: ^{226}Ra (ca. $9 \cdot 10^{-6}$ Ci)

Deutung:
Bei kleinen Spannungen zwischen Innenelektrode und Wand ist der aufgrund der Ionisation durch radioaktive Strahlung fließende Ionisationsstrom kein Maß für die Zahl der erzeugten Ionen (es tritt teilweise Rekombination ein). Bei größeren Feldstärken gelangen alle von der radioaktiven Strahlung erzeugten Ionen an die Elektroden. Der Ionisationsstrom nimmt einen Sättigungswert an, der in einem Teilbereich unabhängig von der Spannung zwischen den Elektroden ist und nur von der radioaktiven Strahlung abhängt.

Merke:
Der Sättigungsstrom ist ein direktes Maß für die von der radioaktiven Strahlung im Luftvolumen der Ionisationskammer je s erzeugte Ladung ΔQ (sog. **Primär-Ionisation**):

$$\Delta Q = I_s \cdot 1\,\mathrm{s}$$

---

1. Aufgabe:
Wie viele Ionenpaare (genauer: Ion-Elektron-Paare) wurden im obigen Versuch pro s erzeugt? (Annahme: Es entstehen nur einwertige Ionen)

---

b) Messung des Ionisationsstroms in Abhängigkeit von der Deckelhöhe h

Die Durchführung des Versuchs a) ergibt bei verschiedenen Deckelhöhen unterschiedliche U-I-Kurven. Im folgenden Diagramm ist die Sättigungsstromstärke I_s in Abhängigkeit von der Deckelhöhe h dargestellt (bei U konstant).

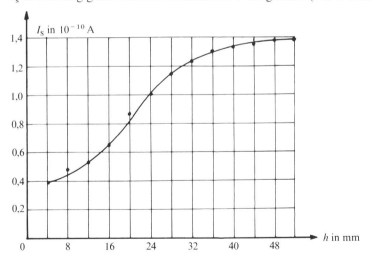

■ **Beachte Film FWU:** Ionisationskammer 360033

Literatur: Curie: Untersuchungen über radioaktive Substanzen; Physikunterricht 3/1970

2. Aufgabe:

a) In welchem Bereich ändert sich I_s mit h nicht mehr nennenswert?
b) Versuchen Sie den nahezu linearen Anstieg der Kurve im Bereich zwischen 12 mm $< h <$ 28 mm zu deuten.
c) In welchem Raumbereich der Kammer erzeugt das Präparat folglich keine messbare Primärionisation?

4.1.2 Das Zählrohr

In der Regel ist ein Zählrohr als Zylinderkondensator ausgeführt. Der Raum zwischen Zähldraht und Zylindermantel ist meist mit Edelgas (z. B. Argon bei $p = 100$ mbar) gefüllt. Die radioaktive Strahlung tritt bei einem Endfensterzählrohr durch ein dünnes Fenster (Glimmer) oder bei anderen Zählrohren durch die sehr dünne Zählrohrwand (z. B. aus Glas) in den Kondensator.

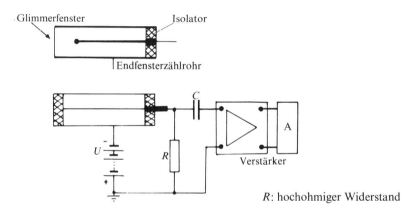

R: hochohmiger Widerstand

Je nach der angelegten Hochspannung zwischen den Elektroden unterscheidet man bei einem Zählrohr verschiedene Betriebsbereiche.

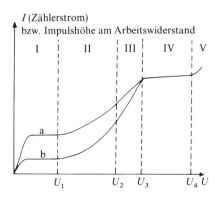

a: stark ionisierende Strahlung
b: schwach ionisierende Strahlung

Zählrohr als Ionisationskammer (Bereich I)

Bei Spannungen $U < U_1$ sind die Verhältnisse beim Zählrohr ähnlich wie bei der Ionisationskammer. Die primär durch die radioaktive Strahlung gebildeten Ladungsträger nehmen auf ihrem Weg zu den Elektroden zwar Energie auf, diese reicht aber nicht zur Ionisierung des Füllgases aus.

Proportionalzähler (Bereich II)

Im Bereich $U_1 < U < U_2$ (abhängig von den Abmessungen des Zählrohres und der Art des Füllgases) wird die Feldstärke in der Umgebung des Zähldrahtes sehr groß. Die durch die Strahlung gebildeten Ladungsträger erreichen im Feld so hohe Geschwindigkeiten, dass sie durch Stöße mit den Atomen des Füllgases weitere Ionen erzeugen. Die Zahl der primär gebildeten N_0 Elektronen hängt von der auftreffenden Strahlenart, sowie von der Energie der Teilchen dieser Strahlenart ab. Jedes durch die radioaktive Strahlung primär gebildete Elektron erzeugt im Allgemeinen eine Elektronenlawine mit a Elektronen (a heißt Verstärkungsfaktor und kann Werte bis zu etwa 10^5 erreichen). Es bewegen sich also N_0 Elektronenlawinen auf den Zähldraht zu, sodass insgesamt $a \cdot N_0$ Elektronen dort ankommen. Im Bereich $U_1 < U < U_2$ ist a eine Konstante, sodass die Zahl der insgesamt gebildeten Elektronen zur Zahl der primär gebildeten Elektronen proportional ist (Proportionalitätsbereich).

Am hochohmigen Arbeitswiderstand tritt aufgrund der abfließenden Ladung ein Spannungsstoß auf, der ca. 10^{-6} s dauert. Die zur Zählrohrwand fließenden positiven Ionen tragen wegen ihrer geringen Beweglichkeit zum Spannungsimpuls am Arbeitswiderstand nichts bei.

Beachte:
Zur Erzeugung großer Verstärkungsfaktoren braucht man hohe Feldstärken, die wegen des radialsymmetrischen Feldes in der Umgebung des Zähldrahtes auftreten. Im Allgemeinen gibt man dem Zähldraht ein positives Potential gegenüber dem Gehäuse. In diesem Fall gelangen die leicht beweglichen Elektronen sehr rasch in das Gebiet hoher Feldstärken und lösen Elektronenlawinen aus. Wäre der Zählrohrdraht negativ gegenüber der Wand geladen, so würde es erheblich länger dauern, bis die wenig beweglichen positiven Ionen in das Gebiet hoher Feldstärke gelangen.

Aus der Höhe des Spannungsstoßes kann man Rückschlüsse auf die registrierte Strahlung ziehen.

Bereich III ist ein Übergangsgebiet zum so genannten Auslösebereich (wird weiter nicht behandelt).

Geiger-Müller-Auslösezählrohr (Bereich IV)

Steigert man die Spannung am Zählrohr weiter, so entstehen neben den Sekundärelektronen auch noch Fotonen, welche im gesamten Gasraum und an der Zählrohrwand neue Elektronen durch Fotoeffekt auslösen. Im Gegensatz zum Proportional-Bereich, wo die Entladung auf das Gebiet um die primäre Ionisation beschränkt ist, wird im Auslösebereich das ganze Zählrohr von der Entladung erfasst. Die gebildete Ladungsmenge ist in diesem Bereich unabhängig von der Primärionisation, d. h. jedes radioaktive Teilchen löst eine Glimmentladung aus.

In diesem Bereich gestattet das Zählrohr nur die Registrierung von Teilchenzahlen. Dazu ist jedoch notwendig, dass die Glimmentladung möglichst bald erlischt, da die Impulsdauer die maximale Zählrate bestimmt.

Das **Löschen der Glimmentladung** wird erreicht:

a) Durch eine positive Raumladung um den Zähldraht (gebildet durch die wenig beweglichen positiven Ionen). Sie schwächt die Feldstärke um den Zählrohrdraht.

b) Durch einen sehr hohen Zählrohrwiderstand ($R \approx 10^9$ Ohm). Die am Zählrohr anliegende Spannung verringert sich mit zunehmendem Strom durch den Arbeitswiderstand und wird schließlich so klein, dass die Glimmentladung abreißt. Für eine bestimmte Zeit (Totzeit) ist das Zählrohr nicht mehr im Auslösebereich. Die Totzeit ist beendet, wenn das als Zylinderkondensator aufzufassende Zählrohr über den Widerstand R so weit aufgeladen ist, dass $U > U_3$ ist. Die Ladezeit und damit die Totzeit ist umso größer, je größer das Produkt aus R und C ist.

c) Durch Zusatz organischer Substanzen (z. B. Alkohol) wird die Zahl der Fotonen begrenzt, da diese von den organischen Zusätzen absorbiert werden. Im Allgemeinen wird die absorbierte Energie in den Molekülen in Schwingungsenergie umgesetzt, sodass keine neuen Ladungsträger durch Fotoeffekt entstehen können.

Hinweis:
Die meisten der im Schulunterricht verwendeten Zählrohre werden im Auslösebereich betrieben.

---

3. Aufgabe:
Beschreiben Sie den Aufbau und die Wirkungsweise des Zählrohrs in den verschiedenen Arbeitsbereichen (inkl. Löschmechanismen im Auslösebereich).

---

4. Aufgabe: Leistungskurs-Abitur 1974, V, Teilaufgabe 1a, b
Der Nachweis und die Messung radioaktiver Strahlung erfolgt häufig mithilfe eines Geiger-Müller-Zählrohrs.

a) Geben Sie den schematischen Aufbau und die Schaltung eines solchen Zählrohrs an.

b) Beschreiben Sie die prinzipielle Wirkungsweise des Geräts bei Verwendung im Proportionalbereich und im Auslösebereich.

---

5. Aufgabe:

a) Die Totzeit eines Zählrohres sei ca. 10^{-3} s; der Entladewiderstand hat den Wert $10^8 \, \Omega$. Schätzen Sie hiermit die Größenordnung der Kapazität des Zählrohres ab.

b) Ein hoher Zählrohrwiderstand erleichtert das Löschen der Glimmentladung. Warum ist es trotzdem nicht sinnvoll, wesentlich über den Wert $R \approx 10^9 \, \Omega$ hinauszugehen?

6. Aufgabe:

a) Ein Zählrohr wird im Proportionalbereich betrieben (Verstärkungsfaktor $a = 10^5$). Der Zählrohrwiderstand sei $10^7\,\Omega$, die mittlere Impulsdauer sei $\Delta t = 10^{-3}$ s. Schätzen Sie die mittlere Spannung (Impulshöhe) die am Zählrohrwiderstand entsteht ab, wenn

α) ein α-Teilchen auf seinem Weg im Zählrohrgas $12 \cdot 10^4$ Elektronen erzeugt.

β) ein β-Teilchen nur $\frac{1}{100}$ der Elektronen des α-Teilchens erzeugt.

b) Vergleichen Sie die Impulshöhen für den Fall, dass das Zählrohr im Auslösebereich betrieben wird.

4.1.3 Das fotografische Verfahren*

Energiereiche radioaktive Strahlung kann ebenso wie Licht in fotografischen Emulsionen eine Schwärzung hervorrufen. Die in eine Gelatineschicht eingelagerten Silber-Bromid-Kristallite werden durch die Einwirkung der Strahlung in geringen Mengen zu metallischem Silber (latentes Bild). Bei der Entwicklung wird das gesamte Silber des nun entwicklungsfähigen Kristallits in metallisches Silber übergeführt (sichtbares Bild). Aus der Korndichte der Spur und ihrer Länge kann man Rückschlüsse auf Masse und Energie der Strahlung ziehen. Die für den Nachweis der radioaktiven Strahlung besonders geeigneten Fotoplatten bezeichnet man als Kernspurplatten.

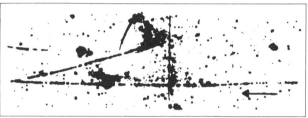

Ein Proton, das in Pfeilrichtung einfällt wird an einem Silber- oder Bromkern um ca. 165° gestreut.

Vorteil des fotografischen Verfahrens: gute räumliche Auflösung. Nachteil: Erst nach Entwicklung der Platte kann festgestellt werden, ob Mikroereignisse erfasst wurden.

4.1.4 Die Nebelkammer

Die Wilson'sche Nebelkammer dient zum Sichtbarmachen der Bahnen von ionisierenden Teilchen. Sie ist eine Expansionskammer, bei der mit einer Pumpe der Druck erniedrigt werden kann. Das in der Kammer befindliche Gasgemisch aus Wasser und Spiritus (Verhältnis 1:1) wird durch rasche Expansion abgekühlt und somit übersättigt*. Dies verursacht eine Kondensation des Dampfes in Form

---

* Ein bestimmtes Luftvolumen kann nur eine begrenzte Menge Wasser in gasförmigem Zustand aufnehmen. Es wird umso mehr Wasser aufgenommen, je höher die Temperatur ist. Ist die maximale Menge Wasserdampf aufgenommen, so beträgt die Luftfeuchtigkeit 100% (ca. 20 g Wasser bei 20 °C in 1 m³). Bei Abkühlung feuchter Luft nimmt die relat. Luftfeuchtigkeit zu und erreicht schließlich 100%. Bei weiterer Abkühlung scheidet sich bei Anwesenheit von Kondensationskeimen Wasser in flüssiger Form ab, sodass die relative Luftfeuchtigkeit von 100% erhalten bleibt (vgl. Nebelbildung, Kondensationsstreifen bei Flugzeugen).

kleiner Nebeltröpfchen, die durch Kondensationskeime, insbesondere Ionen begünstigt wird. Die durch radioaktive Strahlung ionisierten Gasmoleküle stellen also Kondensationskeime dar, die Bahnen der ionisierenden Teilchen werden im Augenblick der Expansion als Nebelspuren sichtbar.

4. Versuch: Demonstration von Teilchenspuren in der Nebelkammer
(zweckmäßig mit einem α-Strahler, z. B. ^{241}Am)

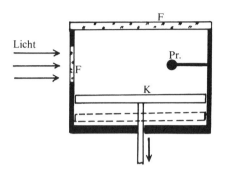

F: Fenster aus Plexiglas
Pr: radioaktives Präparat
K: verschiebbarer Kolben

7. Aufgabe:
In einem Glasgefäß befindet sich reine Luft, die Innenseite des Gefäßes ist mit Wasser benetzt. Das Luftvolumen wird durch rasches Verschieben des Kolbens K expandiert. Anschließend wird der Versuch wiederholt, jedoch leitet man vor der Expansion Rauch in das Gefäß. Wie unterscheiden sich die Versuchsergebnisse? Begründung.

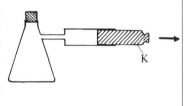

4.1.5 Die Blasenkammer*

Bei der so genannten Blasenkammer besteht die Füllung aus einer überhitzten Flüssigkeit, die wegen des hohen Druckes nicht siedet (vgl. Dampftopf-Prinzip). Durch plötzliche Drucksenkung entstehen Dampfblasen. Sie bilden sich vorwiegend an Keimen, wie sie ionisierte Teilchen darstellen. Da die Teilchendichte in Flüssigkeiten erheblich größer als in Gasen ist, werden energiereiche Teilchen stärker abgebremst. Während in der Nebelkammer u. U. nur ein Bruchteil der Bahn eines ionisierenden Teilchens erfasst wird, kann in der Blasenkammer meist die gesamte Bahn dargestellt werden.

Nebenstehendes Bild zeigt die Entstehung eines Elektron-Positron-Paares in einer mit flüssigem Wasserstoff gefüllten Blasenkammer (mit B-Feld).
An der oberen markierten Stelle des Bildes entsteht ein so genanntes Triplet. Neben dem neu entstandenen Elektron-Positron-Paar sieht man noch die Spur eines gestoßenen Elektrons. An der weiter unten markierten Stelle sieht man die Entstehung eines Elektron-Positron-Paares mit hoher kinetischer Energie.

8. Aufgabe:
Wie erklären Sie das Zustandekommen von Spiralbahnen mit immer kleiner werdendem Radius?

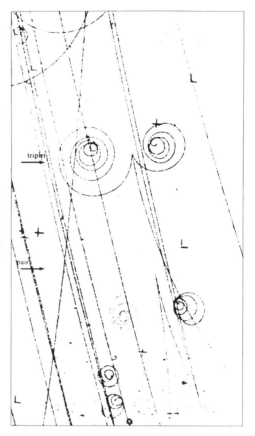

4.1.6 Der Szintillationszähler*

Radioaktive Strahlung ruft bei einigen Stoffen (z. B. ZnS, NaJ usw.) Lichtemission (**Szintillation**) hervor. Dies kann man gut mit einem so genannten Spintariskop beobachten:

Hinweis:
Damit die schwachen Lichtblitze mit dem Auge beobachtet werden können, muss sich der Experimentator längere Zeit (ca. 15 Minuten) im Dunkeln aufhalten (Adaption des Auges).

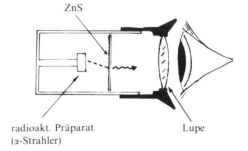

Folgen die Lichtblitze in Abständen, die kleiner als eine Sekunde sind, so ist eine subjektive Unterscheidung nicht mehr möglich. In solchen Fällen verwendet man einen so genannten Szintillationszähler. Er besteht aus dem eigentlichen Szintillator, in dem ein Teil der Energie der einfallenden Strahlung in Fluoreszenzstrahlung (sichtbares Licht oder UV) umgewandelt wird und einer Fotozelle mit nachfolgendem Sekundärelektronenvervielfacher (Multiplier).

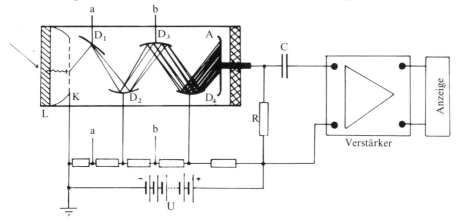

Das Licht aus dem Szintillationskristall (L) löst an der Fotokathode (K) des Multipliers Elektronen aus, die im elektrischen Feld zwischen Kathode und 1. Dynode (D_1) beschleunigt werden und an der 1. Dynode Sekundärelektronen auslösen, welche zur 2. Dynode (D_2) beschleunigt werden und dort weitere Elektronen auslösen usw. Bei einem zehnstufigen Dynodensystem beträgt die Elektronenvervielfachung je nach Spannung zwischen den Dynoden $10^6 - 10^{10}$. Die zeitliche Auflösung beträgt ca. $10^{-6} - 10^{-8}$ s.

4.2 Nulleffekt und Zählstatistik bei kernphysikalischen Messungen*

4.2.1 Der Nulleffekt*

Beim Betrieb eines Zählrohres (bei uns im Auslösebereich) stellt man fest, dass auch ohne Anwesenheit eines radioaktiven Präparates Zählimpulse auftreten (Nulleffekt). Die nachgewiesene Strahlung durchdringt nahezu ungeschwächt eine mehrere Zentimeter dicke Bleischicht. Daraus kann geschlossen werden, dass es sich um eine sehr energiereiche Strahlung handelt. Diese Strahlung wird als »Höhenstrahlung« bezeichnet. Durch Versuche konnte nachgewiesen werden, dass ihre Intensität mit wachsender Höhe über der Erdoberfläche zunimmt.

4.2.2 Zählstatistik*

Die in kernphysikalischen Messgeräten registrierten Impulse sind stets durch **zufällige Mikroereignisse** verursacht. Daher führt die Wiederholung solcher Messungen – auch bei gleichem Zeitintervall und sonst gleichen Bedingungen – im Allgemeinen zu unterschiedlichen Messraten.

Beispiel:
Stabdiagramm der Verteilung der Messraten in einer Versuchsreihe mit $N = 100$ Messungen unter gleichen Bedingungen.

Mittelwert der Messraten $\bar{n} = \dfrac{1}{N} \sum\limits_i n_i \cdot z(n_i) = 50{,}01$

Als ein sinnvolles Maß für die statistische Unsicherheit der Einzelmessung liefert die Theorie der Poissonverteilung die sog. **Standardabweichung** σ:

$$\sigma = \sqrt{\bar{n}} = 7{,}07$$

$z(n_i) =$ Zahl der Messungen mit dem Ergebnis n_i

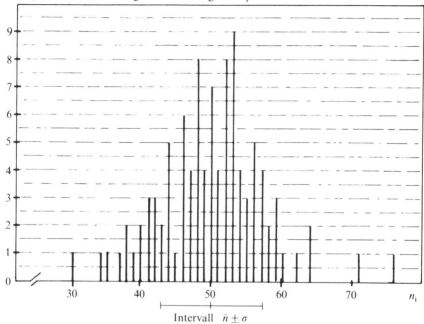

σ stellt allerdings keinen Maximalfehler dar. Nach der Theorie liegen im

Intervall $[\bar{n} - \sigma; \ \bar{n} + \sigma]$ ca. 68 % aller Messwerte
Intervall $[\bar{n} - 2\sigma; \ \bar{n} + 2\sigma]$ ca. 95 % aller Messwerte
Intervall $[\bar{n} - 3\sigma; \ \bar{n} + 3\sigma]$ ca. 99 % aller Messwerte

Wird in einem Experiment aus Zeitgründen nur **eine** Messung mit dem Ergebnis n_1 durchgeführt, so schätzt man den zufälligen Fehler dieser Einzelmessung nach der Beziehung

$$\sigma \approx \sqrt{n_1}$$

1. Aufgabe:
In einem Versuch werden in 6 min 3748 Impulse gezählt.
a) Wie lautet das Ergebnis mit 1σ-Fehler?
b) Wie lautet das Ergebnis mit einem geschätzten »Maximalfehler« (3σ-Fehler)?
c) Wie groß ist nach diesem Versuch die Impulsrate pro min (mit »Maximalfehler«)?

2. Aufgabe:
Wie groß ist die Impulsrate bei einem Versuch zu wählen, damit
a) die Standardabweichung 10% bzw. 1% bzw. 0,1% des Mittelwerts beträgt?
b) nahezu alle (ca. 99%) der zu erwartenden Messwerte weniger als 1% vom Mittelwert abweichen?

4.3 Messung von γ-Energien*

4.3.1 Messmethoden*

Während die Energie geladener Teilchen aus der Ablenkung in elektrischen bzw. magnetischen Feldern bei bekanntem $\frac{q}{m_0}$ bestimmt werden kann, scheidet dieses Verfahren für die γ-Strahlung aus.

Auch das **Bragg'sche Verfahren** lässt sich nur für sehr »weiche« γ-Strahlung (energiearme γ-Quanten) anwenden. Dies zeigt die folgende Abschätzung:
Weiche γ-Strahlung besitzt etwa eine Quantenenergie von 100 keV. Für die Wellenlänge der Strahlung ergibt sich daraus:

$$\lambda = \frac{h \cdot c}{E}; \quad \lambda = \frac{6{,}63 \cdot 10^{-34} \cdot 3 \cdot 10^8}{100 \cdot 10^3 \cdot 1{,}6 \cdot 10^{-19}} \frac{\text{J} \cdot \text{s} \cdot \text{m}}{\text{s} \cdot \text{J}} = 1{,}24 \cdot 10^{-11} \text{ m}$$

Da die Netzebenenabstände etwa 10^{-10} m betragen, ergibt sich für den Glanzwinkel des Maximums 1. Ordnung

$$\sin \alpha = \frac{\lambda}{2d}; \quad \sin \alpha \approx \frac{1{,}24 \cdot 10^{-11}}{2 \cdot 10^{-10}} \approx 0{,}06$$

Daraus folgt: $\alpha \approx 3°$
Für »härtere« γ-Strahlung sinkt der Wert von α auf praktisch nicht messbare Glanzwinkel ab.

Die Energie härterer γ-Strahlung wird daher über die Wirkung, die diese Strahlung in Materie hervorruft, bestimmt. In der Praxis benutzt man zur Messung dieser Wirkung einen **Szintillationszähler**. Dieser hat gegenüber dem Geiger-Müller-Zählrohr den Vorteil der wesentlich höheren Ansprechwahrscheinlichkeit (Geiger-Müller-Zählrohr ca. 0,1%, Szintillationszähler nahezu 100%).
Ein Szintillationszähler besteht aus dem eigentlichen Szintillationskristall (z.B. NaJ-Kristall mit Tl aktiviert), in dem die Energie der γ-Quanten zum Teil in niederenergetische Lichtquanten umgesetzt wird. Diese Lichtquanten lösen im Sekundärelektronenvervielfacher (SEV) einen Fotoeffekt aus. Durch Vervielfachung der primär erzeugten Elektronen im SEV entstehen an seinem Arbeits-

widerstand Spannungsstöße*. Jedes γ-Quant löst einen Spannungsstoß aus. Die Spannungsstöße ergeben – geordnet nach ihrer Höhe – ein Spektrum aus dem auf die Energie der γ-Quanten geschlossen werden kann.

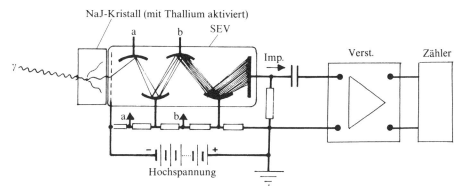

Prinzipieller Aufbau eines Szintillationszählers

1. Aufgabe:
Warum wird die Ansprechwahrscheinlichkeit eines Szintillationszählers für γ-Strahlung größer sein als die eines Zählrohres?

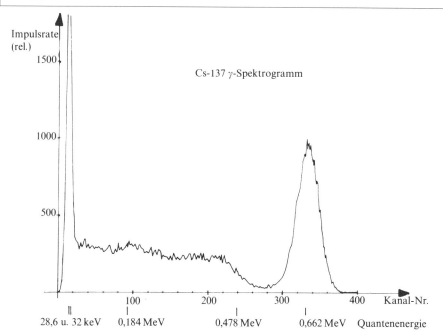

* Die Energie der erzeugten Lichtquanten, die zur Fotokathode des SEV gehen, beträgt ca. 1 % der Energie des absorbierten γ-Quants. Von diesen Lichtquanten löst etwa jedes fünfte ein Fotoelektron aus. Ein Fotoelektron erzeugt im SEV ca. 10^7 Sekundärelektronen.

4.3.2 Absorptionsmechanismen bei γ-Strahlung – Deutung des Impulshöhenspektrums

Die Absorption der γ-Strahlung in Materie erfolgt im Wesentlichen in drei Prozessen.

a) Fotoeffekt (Wiederholung/3. Halbjahr)
Wie beim sichtbaren Licht können auch γ-Quanten ihre Energie an ein Hüllenelektron abgeben. Der Fotoeffekt findet vorzugsweise an kernnahen Elektronen statt. Er ist nur in Gegenwart eines dritten Partners möglich. Dies zeigt die folgende Rechnung:

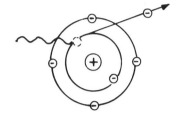

Annahme: Es ist kein dritter Stoßpartner vorhanden. Es gibt ein Bezugssystem, in dem das Elektron vor dem Stoß ruht. In diesem System gilt:

Impulserhaltungssatz: $\quad p_\gamma = p'_e$ (1) $\quad p'_e$ ist der Impuls des Elektrons nach dem Stoß.

Energieerhaltungssatz: $\quad m_{oe} \cdot c^2 + E_\gamma = m_e \cdot c^2$ (2)

Da $E_\gamma = p_\gamma \cdot c$ ist, gilt wegen (1): $\quad E_\gamma = p'_e \cdot c$

Mit (2) folgt dann: $\quad p'_e \cdot c = m_e c^2 - m_{eo} c^2$

oder: $\quad (p'_e c)^2 = (m_e c^2 - m_{eo} c^2)^2$

Dies ist jedoch ein Widerspruch zur relativistischen Energie-Impuls-Beziehung:

$$(p'_e \cdot c)^2 = (m_e c^2)^2 - (m_{eo} c^2)^2$$

Ein schwerer dritter Stoßpartner gleicht im Wesentlichen die Impulsbilanz aus, ohne viel Energie aufzunehmen. Dies soll das folgende Zahlenbeispiel zeigen:
Der dritte Stoßpartner sei ein Proton. Seine Masse ist ca. 2000-mal größer als die des Elektrons. Unter der Annahme, dass beide Partner gleich große Impulsbeträge aufnehmen, folgt, dass der leichtere Partner einen um den Faktor 2000 größeren Energiebetrag aufnimmt als der schwerere Partner.
Die bevorzugte Auslösung der Fotoelektronen aus der K-Schale wurde durch den folgenden Versuch festgestellt (siehe Schpolski: Atomphysik II Seite 482):
Die durch den Fotoeffekt ausgelösten Elektronen ließen sich in Gruppen unterschiedlicher Energie einteilen. Dabei waren die Elektronen mit niedrigster Energie am zahlreichsten. Die Elektronenenergien unterschieden sich von der Quantenenergie der γ-Strahlung um die Ablösearbeit aus der K-, L-, ...-Schale. Da die Ablösung aus der K-Schale den größten Energiebetrag erfordert und Elektronen mit der geringsten Energie am häufigsten auftreten, kann geschlossen werden, dass der Fotoeffekt bevorzugt in der K-Schale auftritt. Die angeregten Atome senden daraufhin bei Auffüllung der K-Schale charakteristische Röntgenstrahlung aus.

> **2. Aufgabe:**
> Zeigen Sie mithilfe des Moseley'schen Gesetzes, dass die Linie bei 28,6 keV im Impulsspektrum durch die charakteristische Strahlung von angeregten Barium-Atomen bedingt ist. **Hinweis:** Der Szintillationskristall war ein mit Tl aktivierter NaJ-Kristall.

Der Fotopeak im Impulsspektrum (er wird aus den größten vorkommenden Spannungsimpulsen gebildet) entsteht, wenn die Quantenenergie im größtmöglichen Maße zur Bildung von Fotoelektronen im SEV zur Verfügung steht. Bei einer in Energien geeichten Abszisse findet man also an der Stelle des Fotopeaks die Energie der nachgewiesenen γ-Quanten (die Eichung der Abszisse in Energien wurde mit Eichstrahlern **bekannter** Quantenenergie unter Festlegung ihrer Fotopeaks vorgenommen).

Die Wahrscheinlichkeit für das Eintreten des Fotoeffektes nimmt mit steigender Ordnungszahl zu und mit steigender Quantenenergie ab. Bis zu 0,5 MeV dominiert der Fotoeffekt gegenüber anderen noch zu besprechenden Effekten.

b) Comptoneffekt (Wiederholung/3. Halbjahr)
Beim Comptoneffekt gibt das γ-Quant seine Energie nur zum Teil an ein »quasifreies« Elektron ab. Der verbleibende Energiebetrag tritt in einem γ-Quant der Streustrahlung auf. Die maximale Energieabgabe an das Elektron erfolgt bei Rückstreuung ($\vartheta = 180°$) der Streustrahlung.

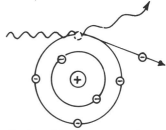

Wird das gestreute γ-Quant im Szintillationskristall absorbiert, so entsteht am Ausgang des SEV ein Spannungsimpuls der zum Fotopeak gehört. Beachten Sie dabei, dass außer der Energie des gestreuten γ-Quants auch die Energie des Comptonelektrons und damit die gesamte Energie des ursprünglichen γ-Quants zur Bildung von Lichtquanten beiträgt.

Entweicht das gestreute γ-Quant aus dem Szintillationskristall, so trägt nur die Energie des Comptonelektrons zur Bildung von Lichtquanten bei, d. h. der Spannungsimpuls am Arbeitswiderstand des SEV wird kleiner.

---
3. Aufgabe:
Berechnen Sie den maximalen Energiebetrag, den ein Comptonelektron bei einer primären γ-Strahlung mit der Quantenenergie 662 keV erhalten kann.

Die Comptonelektronen mit der maximalen Energie von 0,478 MeV bilden im Impulsspektrum die so genannte **Comptonkante**.

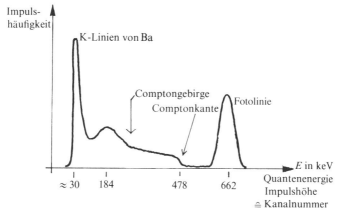

Schematische Darstellung eines γ-Spektrums von Cs-137 mit NaJ(Tl)Szintillator

Die Comptonelektronen mit geringer Energie (kontinuierliches Energiespektrum) bilden das so genannte **Comptongebirge**.
Die Wahrscheinlichkeit für das Eintreten des Comptoneffektes nimmt mit wachsender Ordnungszahl zu. Der Comptoneffekt dominiert gegenüber anderen Effekten im Bereich zwischen 0,5 MeV und 5 MeV.

c) Paarbildung

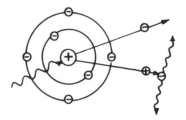

Ist die Energie des γ-Quants größer als die doppelte Ruheenergie eines Elektrons ($E_\gamma > 1{,}02$ MeV), so ist es im Coulombfeld eines Kerns möglich, dass als Äquivalent für die Energie des γ-Quants ein Elektron-Positron-Paar ($m_{oe} = m_{op}$) entsteht. Der Energiebetrag $E_\gamma - 2m_{oe} \cdot c^2$ wird im Wesentlichen dem Elektron-Positron-Paar als kinetische Energie mitgegeben. Den Restbetrag erhält das Teilchen, in dessen Feld die Paarbildung stattfindet.

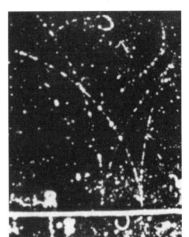

Experimenteller Nachweis der Paarbildung durch eine Nebelkammeraufnahme der Teilchenspuren des Elektrons und des Positrons (B-Feld senkrecht zur Zeichenebene; die γ-Strahlung fällt von unten ein).
Hinweis: Auch im Feld eines Elektrons ist Paarbildung möglich (sog. »Triplett«, vgl. Blasenkammeraufnahme in S. 4.1.5). Das γ-Quant muss jedoch in diesem Fall eine höhere Energie als $2 \cdot m_{eo} \cdot c^2$ haben.

Nebelkammeraufnahme der Erzeugung zweier Elektron-Positron-Paare durch γ-Strahlung von 17,6 MeV.

Begründung für die **Notwendigkeit eines dritten Stoßpartners** bei der Paarbildung:

Annahme: Es existiert kein dritter Stoßpartner

1. Methode:

Energieerhaltungssatz: $\qquad E_\gamma = E'_e + E'_p \quad (1)$

Impulserhaltungssatz: $\qquad \vec{p}_\gamma = \vec{p}'_e + \vec{p}'_e \quad (2)$

Abschätzung: $\qquad p_\gamma \leq p'_e + p'_p \quad (3)$

aus (1) folgt: $\qquad p_\gamma \cdot c = E'_e + E'_p$

daraus folgt: $\qquad p_\gamma = \dfrac{E'_e}{c} + \dfrac{E'_p}{c} \quad (4)$

wegen (3) und (4) gilt: $\qquad \dfrac{E'_e}{c} + \dfrac{E'_p}{c} \leq p'_e + p'_p \quad (5)$

Setzt man die relativistische Energie-Impuls-Beziehung $\frac{E}{c} = \sqrt{p^2 + m_0^2 c^2}$ in (5) ein, so ergibt sich: $\sqrt{p_e'^2 + m_{oe}^2 \cdot c^2} + \sqrt{p_p'^2 + m_{op}^2 \cdot c^2} \leqq p_e' + p_p'$

Diese Ungleichung stellt jedoch einen Widerspruch dar.

2. Methode (wesentlich eleganter)
Es lässt sich ein Bezugssystem angeben, in dem der Gesamtimpuls von Elektron und Positron null ist. Betrachtet man von diesem System aus die Paarbildung, so ist der Gesamtimpuls vor diesem Prozess $p_\gamma \neq 0$. (Das γ-Quant hat in jedem Bezugssystem die Lichtgeschwindigkeit.) Nach der Paarbildung ist in dem gewählten Bezugssystem der Gesamtimpuls null. Dies ist ein Widerspruch zum Impulserhaltungssatz.

4. Aufgabe:
Führen Sie eine analoge Überlegung zu Methode 2 bei Anwesenheit eines Teilchens durch. Zeigen Sie, dass hier kein Widerspruch zum Impulserhaltungssatz auftritt.

Das bei der Paarbildung entstandene Positron vereinigt sich nach kurzer Zeit mit einem Elektron. Dabei werden Elektron und Positron vernichtet (**Paarvernichtung**) und es entstehen 2 oder mehr γ-Quanten.

5. Aufgabe:
Begründen Sie, warum die Paarvernichtung (unter Abwesenheit eines dritten Partners) nur stattfindet, wenn mindestens zwei γ-Quanten gebildet werden.

d) Energieabhängigkeit der drei Absorptionsprozesse für γ-Strahlung

Die Wahrscheinlichkeit für den Paarbildungsprozess nimmt mit wachsender Ordnungszahl und mit wachsender Energie zu. Ab 5 MeV überwiegt der Paarbildungsprozess gegenüber dem Compton- und Fotoeffekt.
In der folgenden Abbildung (S. 58) ist der Absorptionskoeffizient α für γ-Strahlung in Blei in Abhängigkeit von der Energie dargestellt. Er ist durch die Beziehung $\alpha = n \cdot \sigma$ mit dem Absorptions-Wirkungsquerschnitt σ verknüpft (n: Atomzahldichte in Pb; vgl. 3. Sem., S. 167). Der Graph zeigt außerdem die partiellen Absorptionskoeffizienten für die drei möglichen Prozesse. Auf der Abszisse ist das Verhältnis der γ-Quantenenergie zur Ruheenergie eines Elektrons bzw. die Wellenlänge der γ-Strahlung aufgetragen.

6. Aufgabe: Szintillationszähler mit NaJ-Kristall
a) Fertigen Sie eine Skizze seines Gesamtaufbaus.
b) Beim Nachweis von γ-Strahlung sind die Absorptionsprozesse mit J-Atomen entscheidend, während die mit Na-Atomen kaum eine Rolle spielen. Warum?
c) Bei der Absorption eines γ-Quants der Energie 662 keV (Strahlung von ^{137}Cs) entsteht *im günstigsten Fall* zunächst ein Elektron mit der kinetischen Energie 662 keV − 32 keV (32 keV: Bindungsenergie von K-Elektronen in J) und mehrere Röntgenquanten, deren Energien zusammen 32 keV betragen.

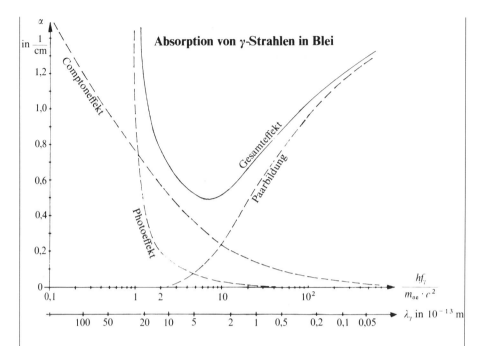

Erklären Sie, welcher Absorptionsprozess zugrunde liegt und wie die Röntgenquanten zustande kommen.

d) Bei der folgenden Absorption der Röntgenquanten im NaJ-Kristall entstehen weitere Elektronen mit zusammen ca. 32 keV Energie, sodass die γ-Energie von 662 keV im günstigsten Fall vollständig in kinetische Energie, verteilt auf mehrere Elektronen, umgewandelt wird. Ca. 10% davon werden in NaJ in Lichtenergie umgesetzt.
Wie viele Fotonen entstehen durch ein γ-Quant, wenn die Wellenlänge des Lichts im Mittel 450 nm beträgt?

e) Es sollen 30% dieser Fotonen auf die Fotokathode gelangen. Wie viele Fotoelektronen entstehen dort durch ein γ-Quant im günstigsten Fall, wenn die Quantenausbeute bei der angegebenen Wellenlänge 7% beträgt?

f) Die Gesamtverstärkung des 14-stufigen Sekundärelektronenvervielfachers sei 10^7. Wie groß ist die Verstärkung je Stufe?
Wie groß ist die Gesamtladung, die je γ-Quant an der Anode des SEV auftritt?

g) Die Ladung fließe in 10^{-5} s über einen Widerstand $R = 100$ kΩ ab. Wie groß ist die mittlere Stromstärke und die mittlere Höhe des Spannungsimpulses?

h) Die Impulshöhenanalyse für viele γ-Quanten *gleicher* Energie ergibt auch für den Fotopeak eine statistische Streuung der Impulshöhen U. Die »Breite« des Fotopeaks beträgt etwa 10% der häufigsten Impulshöhe U_0 (vgl. Spektrogramm in 4.3.1), d.h. die Standardabweichung der Verteilung ist etwa 5% von U_0.
Durch welche der in den Teilaufgaben d), e), f) berechneten Teilchenzahlen wird die Breite des Fotopeaks bestimmt? Begründen Sie Ihre Antwort durch eine Überschlagsrechnung!

5. Komponenten der natürlichen radioaktiven Strahlung

5.1 Teilchenladung – Definition der α-, β- und γ-Komponente

1. Versuch*: Untersuchung der Strahlung eines ^{241}Am-Präparates
mit einem Endfensterzählrohr ($U_Z = 430$ V)

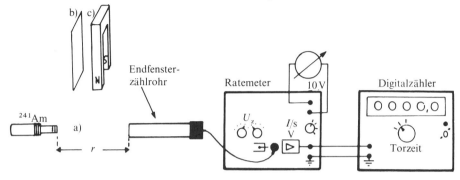

a) Messung der Zählrate in Abhängigkeit von r.
b) Messung der Zählrate in Abhängigkeit von r nach Einbringen eines dünnen Papieres zwischen Zählrohr und Präparat.
c) Messung der Zählrate nach Herstellen eines Magnetfeldes zwischen Zählrohr und Präparat.

Grafische Darstellung der Messergebnisse a) und b):

im linearen Maßstab   im doppelt-logarithmischen Maßstab

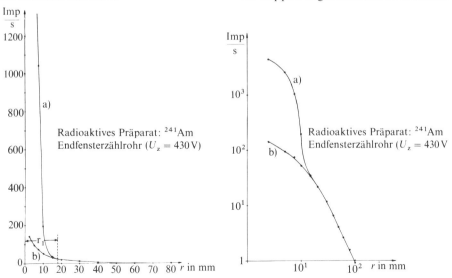

* Der Versuch erfordert Messzeiten zwischen 10 s und ca. 300 s je Messpunkt und ist insgesamt relativ zeitaufwendig. Er kann als Kollegiatenversuch (Praktikum) durchgeführt werden.

Aus beiden Darstellungen kann man schließen, dass die radioaktive Strahlung des ^{241}Am-Präparates aus zwei Komponenten besteht:
Die 1. Komponente kann durch dünnes Papier bereits absorbiert werden, während die 2. Komponente das Papier ohne nachweisbare Schwächung durchdringt. Für $r > r_1$ lässt sich nur noch die zweite Komponente nachweisen. Dies lässt vermuten, dass die 1. Komponente in Luft etwa eine Reichweite von r_1 hat.

Bringt man das Präparat in eine **Nebelkammer** (vgl. 4.1.4., 4. Versuch), so beobachtet man bei der Expansion, dass von ihm viele **kräftige, gleich lange Bahnspuren** ausgehen; vgl. nebenstehende Aufnahme. Die Reichweite dieser Strahlung beträgt etwa 3 cm; sie kann Papier nicht durchdringen.

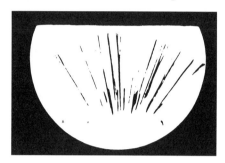

1. Aufgabe:
Überlegen Sie, warum bei dem Versuch mit dem Endfensterzählrohr für die 1. Komponente nur eine Reichweite von ca. 1,8 cm festgestellt wurde.

Die Nebelkammerspuren liefern also eine Bestätigung der Vermutungen über die Eigenschaften von Komponente 1. Die abgebildeten Nebelkammerspuren stammen von so genannter **α-Strahlung**.

Ergebnis des Zusatzversuchs c):
Das Feld der in der Schule verwendeten Hufeisenmagneten hat keinen messbaren Einfluss auf die Zählraten der Versuche a) und b).
Versuche mit sehr starken Magnetfeldern zeigen jedoch, dass sich die kurzreichweitigen α-Strahlen wie **positiv geladene Teilchen** ablenken lassen (vgl. nebenstehende Nebelkammeraufnahme).

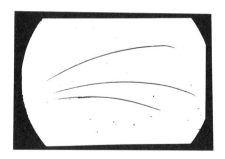

Dagegen wird die langreichweitige Komponente, die man als **γ-Strahlung** bezeichnet, auch durch stärkste elektromagnetische Felder nicht beeinflusst.
Wie die Nebelkammeraufnahme weiter zeigt, haben alle α-Teilchenspuren im homogenen B-Feld die gleiche Krümmung. Hieraus und aus der gleichen Länge der Bahnspuren in Luft kann man den Schluss ziehen, dass die vom Präparat emittierten α-Teilchen einheitliche Energie besitzen (**diskretes Energiespektrum der α-Strahlung**).

2. Versuch: Untersuchung der Strahlung eines ^{90}Sr-Präparates
mit einem Endfensterzählrohr

a), b) wie im 1. Versuch (jedoch nur qualitativ).
Ergebnis: Die Strahlung hat in Luft eine Reichweite größer als 0,5 m. Das Einbringen eines dünnen Papiers zwischen Präparat und Zählrohr hat, unabhängig von deren Entfernung, praktisch keinen Einfluss auf die Zählraten.

Die Strahlung, die von dem Präparat ausgeht, wird von einem Kollimatorrohr gebündelt.

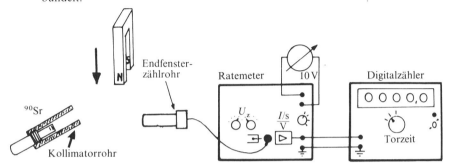

In der gezeichneten Stellung ist die Impulsrate ohne Magnet im Wesentlichen gleich der Nullrate.

c) Bringt man den Magneten in der gezeichneten Stellung zwischen Präparat und Zählrohr, so steigt die Impulsrate an.

---

2. Aufgabe:

a) Schließen Sie aus dem Versuchsergebnis auf das Vorzeichen der Ladung der Teilchen in dieser Strahlung.

b) Was kann man aus der leichten Ablenkbarkeit der Teilchen schließen? Begründung!

---

3. Aufgabe:
Begründen Sie, warum die nachgewiesene Strahlung weder α- noch γ-Strahlung sein kann.

Die nachgewiesene Strahlung, die in Magnetfeldern wie **negativ geladene Teilchen** abgelenkt wird, bezeichnet man als **β-Strahlung**.
Eine **Nebelkammeraufnahme** zeigt, dass ein vor Eintritt in das Magnetfeld paralleles Bündel von β-Teilchen bei $B = $ const. unterschiedlich

gekrümmt wird. Es ist ein kontinuierlicher Übergang von kleinen zu großen Krümmungsradien zu beobachten. Dies lässt auf ein **kontinuierliches** Geschwindigkeits- und somit **Energiespektrum der β-Teilchen** schließen.
Die Aufnahme zeigt weiter, dass β-Teilchen in der Nebelkammer wesentlich undeutlichere, »dünnere« Tröpfchenspuren hinterlassen als α-Teilchen: Das **Ionisationsvermögen** von β-Strahlung ist geringer als das von α-Strahlung.
Grobe Merkregel: Ionisationsvermögen von α-Strahlung pro cm zu Ionisationsvermögen von β-Strahlung pro cm ist ungefähr 100 : 1.

Zusammenfassung:
In der natürlich radioaktiven Strahlung unterscheidet man drei Komponenten:

1. Bei der **α-Strahlung** handelt es sich um **positiv geladene Teilchen**, die in Luft eine **Reichweite von einigen Zentimetern** haben, in der Nebelkammer kräftige Spuren hinterlassen **(hohes Ionisationsvermögen)** und ein **diskretes Energiespektrum** besitzen.

2. Bei der **β-Strahlung** handelt es sich um **negativ geladene Teilchen** mit einer wesentlich **größeren Reichweite** in Luft, die in der Nebelkammer »dünne« Spuren hinterlassen **(geringes Ionisationsvermögen)** und ein **kontinuierliches Energiespektrum** besitzen.

3. Die **γ-Strahlung** ist durch elektrische und magnetische Felder **nicht ablenkbar** und hat eine **große Reichweite** in Luft. Ihr Ionisationsvermögen ist wesentlich kleiner als das der β-Strahlung.

Verhalten von α-, β-, und γ-Strahlung im *B*-Feld; Abbildung aus der Doktorarbeit von M. Curie (1904); die Nomenklatur stammt von Rutherford (1899).

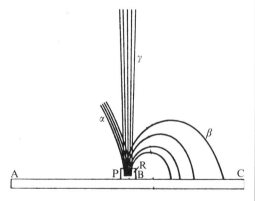

4. Aufgabe:
Deuten Sie mithilfe dieser Erkenntnisse das Ergebnis des 3. Versuchs, Teil b), S. 43! Welche Komponente ist für das Zustandekommen des Ionisationsstroms in der Kammer verantwortlich?

5.2 Identifizierung der Teilchenart

5.2.1 α-Strahlung

1. Aus der Reichweite der α-Strahlung in Luft kann man auf die Energie und damit auf die Geschwindigkeit der α-Teilchen schließen (vgl. Abschnitt 6.2). Misst man zusätzlich den Radius der α-Teilchenbahnen in einem B-Feld bekannter Stärke, so lässt sich die spezifische Ladung $\frac{q}{m}$ der α-Teilchen bestimmen $\left(\frac{q}{m} = \frac{v}{B \cdot r}\right)$. Es ergibt sich: $\frac{q}{m} = 4{,}8 \cdot 10^7 \frac{\text{As}}{\text{kg}}$, d.i. die Hälfte der spezifischen Ladung des Protons. Demnach kommen als α-Teilchen nur schwerere Ionen (He^{++}, Li^{+++} usw.) in Frage.

2. **Rutherford** und **Royds** konnten 1908 mit einer geeigneten Apparatur (siehe unten) nachweisen, dass ein α-Strahler in seiner Umgebung Helium erzeugt. Damit war gezeigt, dass es sich bei α-Strahlung um He^{++}**-Ionen** handelt.

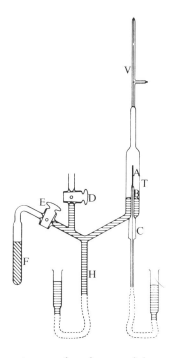

Ein Radon-Präparat in der dünnwandigen Kapillare AB emittiert α-Teilchen durch die Wände. Helium sammelt sich in dem evakuierten Rohr T. Wird das Helium in die Kapillare V zusammengepresst, so kann dort in einer elektrischen Entladung das charakteristische Linienspektrum von He nachgewiesen werden.

5.2.2 β-Strahlung

Bei der negativ geladenen β-Strahlung lag die Vermutung nahe, dass es sich um schnelle Elektronen handelt. Der experimentelle Nachweis gelang **Kaufmann** und **Bucherer** durch genaue Messungen der spezifischen Ladung von β-Teilchen (vgl. ausführliche Beschreibung im 2. Sem.). Wegen des kontinuierlichen Energiespektrums und der hohen Teilchengeschwindigkeiten besitzen β-Teilchen kein einheitliches $\frac{q}{m}$. Vielmehr gilt:

$$\left(\frac{q}{m}\right)_\beta = \frac{e}{m_{eo}} \cdot \sqrt{1 - \frac{v^2}{c^2}},$$

in ausgezeichneter Übereinstimmung mit den Versuchsergebnissen von Kaufmann und Bucherer (2. Sem.).

5.2.3 γ-Strahlung

Die γ-Strahlung besitzt in jeder Hinsicht ähnliche Eigenschaften wie kurzwellige Röntgenstrahlung. Dies zeigen folgende Befunde:

1. Wie die Röntgenstrahlung ist γ-Strahlung auch durch stärkste elektrische oder magnetische Felder **nicht ablenkbar**.
2. Beide Strahlungsarten besitzen ein **sehr schwaches Ionisationsvermögen**.
3. Beide Strahlungsarten besitzen eine **große Reichweite** in Luft und können auch feste Materie bis zu Schichtdicken von einigen cm durchdringen (vgl. Abschnitt 7.1).
4. Aus **Wellenlängenmessungen nach Bragg** ergab sich für »weiche« (energiearme) γ-Strahlung eine Wellenlänge von $\lambda \approx 10^{-11}$ m. Für energiereichere γ-Strahlung versagt die Bragg'sche Methode allerdings, jedoch nur aus mess*technischen* Gründen

---

1. Aufgabe:
Berechnen Sie den Bragg-Winkel 1. Ordnung für $\lambda = 10^{-12}$ m und $d = 2 \cdot 10^{-10}$ m.

---

5. Bei genauerer Beobachtung von Nebelkammeraufnahmen stellte man als *Folge* der γ-Strahlung (ähnlich wie bei energiereicher Röntgenstrahlung) die charakteristischen Bahnen von Elektronen fest, die durch **Foto- und Comptoneffekt** ausgelöst wurden.

Durchgang eines weichen Röntgenstrahlenbündels durch eine Silberplatte (Bildmitte). Die von links kommenden Röntgenstrahlen lösen im Gas eine große Zahl von Fotoelektronen aus.

Nebelkammeraufnahme von Rückstoßelektronen, die aufgrund des Comptoneffektes entstanden.

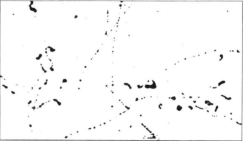

Der »Comptoneffekt« (Wellenlängenänderung der Strahlung bei Streuung in Materie) wurde schon 1904 von **Barkla** mithilfe von γ-Strahlung festgestellt, lange bevor Compton seine systematischen Untersuchungen mit Röntgenstrahlung durchgeführt hatte (vgl. 3. Sem., S. 123 und S. 132).

6. Moderne experimentelle Hilfsmittel ließen schließlich auch eine direkte Messung der Ausbreitungsgeschwindigkeit von γ-Strahlung zu. Sie ergab die **Vakuumlichtgeschwindigkeit**.

Diese Befunde lassen den Schluss zu, dass es sich bei Gamma-Strahlung um **kurzwellige elektromagnetische Strahlung** (bzw. **hochenergetische Quanten**) handelt.

> **Zusammenfassung:**
> α-Teilchen sind zweifach positiv geladene He^{++}-Ionen.
> β-Teilchen sind schnelle (relativistische) Elektronen.
> γ-Strahlung ist kurzwellige elektromagnetische Strahlung.

2. Aufgabe: Leistungskurs-Abitur 1975, IV, Teilaufg. 1a–c.
Ein im Unterricht besprochenes Instrument zum Nachweis radioaktiver Strahlung ist die Nebelkammer.

a) Beschreiben Sie knapp die Wirkungsweise der Wilson'schen Nebelkammer.

b) Beim Einbringen eines radioaktiven Präparates stellt man eine Vielzahl **kräftiger, gleich langer** geradliniger Nebelspuren fest. Welche Strahlenart wurde beobachtet? Begründen Sie Ihre Antwort ausführlich im Hinblick auf die unterstrichenen Aussagen.

c) Geben Sie kurz an, wie sich die anderen Strahlungsarten eines natürlichen radioaktiven Präparates in der Nebelkammer erkennen lassen.

3. Aufgabe: Leistungskurs-Abitur 1983, V, Teilaufgabe 1a, b.
Um die α-Teilchen als Heliumkerne zu identifizieren ermittelt man ihre spezifische Ladung und weist das chemische Element nach.

a) **Ermittlung der spezifischen Ladung**
Die α-Teilchen werden im Vakuum durch die skizzierte Anordnung geschickt. Die Blenden legen im Kondensator eine geradlinige Bahn, dahinter eine Kreisbahn mit dem Radius r fest. Die gesamte Anordnung wird von einem hinreichend starken homogenen Magnetfeld durchsetzt.

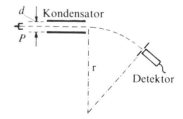

α) Geben Sie an, wie die Orientierung der Felder zu wählen ist, damit die vom Präparat P emittierten α-Teilchen in den Detektor gelangen.

β) Berechnen Sie allgemein die Beträge von $\vec{E}$ und $\vec{B}$ in Abhängigkeit von der spezifischen Ladung der α-Teilchen, der Eintrittsgeschwindigkeit v und dem Radius r.

γ) Ermitteln Sie aus nebenstehendem Diagramm und den folgenden Daten Geschwindigkeit und spezifische Ladung der α-Teilchen.
Kondensator: $U = 37$ kV; $d = 1{,}0$ cm
Bahnradius: $r = 1{,}23$ m.

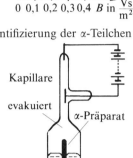

δ) Warum reicht die Bestimmung der spezifischen Ladung noch nicht zur Identifizierung der α-Teilchen aus?

b) **Ermittlung des chemischen Elements** (Versuch von Rutherford und Royds gemäß Skizze).
Das Präparat befindet sich in einem für α-Teilchen durchlässigen inneren Gefäß. Nach einigen Tagen wird das entstandene Gas in die Kapillare gedrückt und eine Gasentladung gezündet. Beschreiben Sie das Prinzip einer Anordnung, die es gestattet, mithilfe der Entladung das Gas zu identifizieren.

5.3 Verschiebungssätze – Zerfallsreihen

Durch die Aussendung eines α-Teilchens aus dem Kern nimmt die Kernladungszahl um 2 Einheiten ab (entsprechend den beiden positiven Ladungen des Heliumions). Die Neutronenzahl nimmt ebenfalls um 2 Einheiten ab, da der Heliumkern 2 Neutronen enthält. Im N-Z-System der Nuklidkarte ergibt sich die nebenstehend dargestellte Verschiebung.

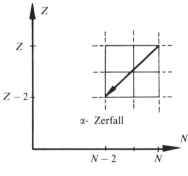

Die Aussendung eines β-Teilchens (Elektron) erfolgt dadurch, dass sich im Kern ein Neutron in ein Proton verwandelt.
Wegen des Satzes von der Ladungserhaltung führt dies zur Bildung eines energiereichen negativen Ladungsträgers, eben des β-Teilchens, das sich, wie bereits besprochen (vgl. 1.5), nicht im Kern aufhalten kann.

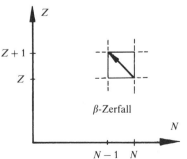

Die Kernladungszahl nimmt hierbei um eine Einheit zu, die Neutronenzahl um eine Einheit ab.

γ-Strahlung entsteht, ähnlich wie Licht in der Elektronenhülle, hier beim Wechsel eines Nukleons von einem höheren auf ein niedrigeres unbesetztes Energieniveau. Kernladungszahl und Neutronenzahl ändern sich bei der Umwandlung eines angeregten Atomkernes nicht, d.h. es erfolgt keine Verschiebung im *N-Z*-System. Der Inhalt der vorangegangenen Absätze wird kurz mit dem Stichwort **Verschiebungssätze** bezeichnet. Diese Sätze wurden an den **natürlich radioaktiven Zerfallsreihen** im Jahre 1913 gefunden.

Die Thorium-Zerfallsreihe (4n)

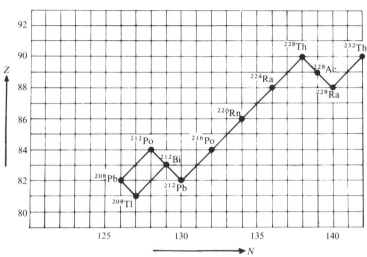

Die Uran-Radium-Zerfallsreihe (4n + 2)

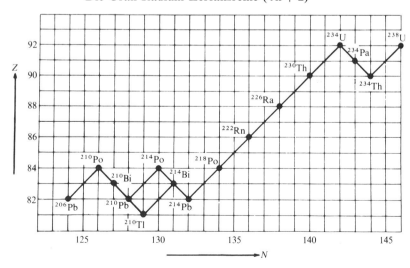

Die Uran-Actinium-Zerfallsreihe (4n + 3)

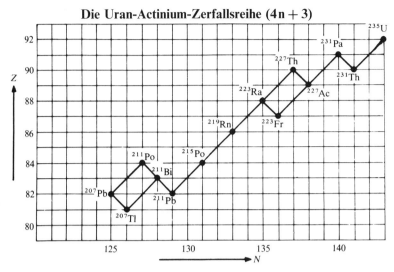

Die Neptunium-Zerfallsreihe (4n + 1)

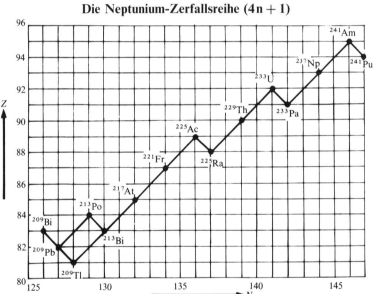

Die Verschiebungssätze besagen:

1. Der α-Zerfall führt zu einem Kern, der im N-Z-Diagramm um zwei Plätze nach links und um zwei Plätze nach unten gegenüber der Lage des Mutterkerns verschoben ist.
2. Der β-Zerfall führt zu einem Kern, der im N-Z-System um einen Platz nach links und um einen Platz nach oben gegenüber der Lage des Mutterkerns verschoben ist.
3. γ-Übergänge führen zu keinem Platzwechsel im N-Z-System.

5.2 Identifizierung der Teilchenart

1. Aufgabe:
Welche Folge von Zerfällen führt zu einem Isotop des Ausgangselementes? Überprüfen Sie die Antwort anhand der Zerfallsreihen.

2. Aufgabe:
Wie kann aus den Verschiebungssätzen auf die Ladungs- und Masselosigkeit der γ-Quanten geschlossen werden?

Hinweis:
Die Massezahlen der Elemente einer Zerfallsreihe unterscheiden sich gar nicht oder um ein Vielfaches von 4 Einheiten, da nur α-, β- und γ-Zerfälle möglich sind. Die Ausgangselemente der vier Zerfallsreihen haben unterschiedliche Massezahlen, die sich weder um vier noch um ganzzahlige Vielfache von vier unterscheiden. Daher ist es nicht möglich, dass ein Isotop in mehreren Zerfallsreihen vorkommt.
Die Massezahlen der Isotope in den vier Zerfallsreihen lassen sich in der folgenden Form angeben:

$\quad\quad\quad$ 4 n $\quad\quad$ Thorium-Reihe $\quad\quad$ 4 n + 2 $\,$ Uran-Radium-Reihe
$\quad\quad\quad$ 4 n + 1 $\,$ Neptunium-Reihe $\quad\quad$ 4 n + 3 $\,$ Uran-Actinium-Reihe

Es gibt auch außerhalb der Zerfallsreihen natürliche radioaktive Elemente wie z. B. $^{40}_{19}K$; $^{87}_{37}Rb$ usw. Die meisten dieser Elemente sind β-Strahler.

3. Aufgabe: aus GK-Abitur 1985
Zu welcher natürlichen Zerfallsreihe gehört der Kern $^{216}_{84}Po$?
Geben Sie das Ausgangselement dieser Zerfallsreihe an und berechnen Sie die Anzahl der Alpha- und Beta-Zerfälle, durch die $^{216}_{84}Po$ aus dem Ausgangselement entsteht.

4. Aufgabe: aus GK-Abitur 1986
Für die grafische Darstellung der verschiedenen Nuklide benützt man häufig ein rechtwinkliges Koordinatensystem, in dem nach oben die Kernladungszahl Z, nach rechts die Nukleonenzahl A aufgetragen wird.
a) Zeichnen Sie den Ausschnitt aus einem solchen Diagramm, der den Bereich $81 \leq Z \leq 86$, $206 \leq A \leq 211$ umfasst (Einheit auf beiden Achsen 1 cm). Beschriften Sie die Z-Achse außer mit den Kernladungszahlen auch mit den zugehörigen Elementsymbolen.
Tragen Sie in das Koordinatensystem Polonium ^{210}Po sowie den Kern ein, der aus ^{210}Po durch α-Zerfall entsteht. ^{210}Po entsteht seinerseits durch einen β^--Zerfall; tragen Sie den zugehörigen Ausgangskern ebenfalls ein.
b) ^{210}Po ist Glied der natürlichen radioaktiven Zerfallsreihe, deren Anfangselement ^{238}U ist. Berechnen Sie, durch wie viele α- und β^--Zerfälle es aus dem Ausgangselement entsteht.
c) Begründen Sie, warum ^{210}Po keiner der drei anderen Zerfallsreihen angehören kann.

6. Reichweite radioaktiver Strahlung in Luft – das Abstandsgesetz für γ- und β-Strahlung

Vorübung: Verwendung von logarithmischem Papier zur Darstellung physikalischer Zusammenhänge

Beispiel:

einfach logarithmisches Papier
RW-Achse: linear;
HW-Achse: log. mit 4 Dekaden

doppelt-logarithmisches Papier
RW-Achse: log. mit 3 Dekaden
HW-Achse: log. mit 4 Dekaden

Hinweis:
In beiden Darstellungen tritt der »Ursprung des Koordinatensystems« (0/0) nicht auf. Wo »liegt« er, beim einfach bzw. beim doppelt-logarithmischen Papier?

Anwendung von logarithmischen Darstellungen:

a) einfach logarithmisches Papier für Zusammenhänge, bei denen eine Variable über mehrere Größenordnungen variiert, während die andere sich nur »mäßig« ändert.
Beispiel: Absorptionskoeffizient in Abhängigkeit von E_γ, vgl. 4.3.2.

b) doppelt-logarithmisches Papier für Zusammenhänge, bei denen beide Variablen über mehrere Größenordnungen variieren.
Beispiel: Zählrate mit ^{241}Am-Präparat in Abhängigkeit von r; vgl. 5.1.

c) zur einfachen und raschen Feststellung, ob ein Zusammenhang durch eine **Potenz-** oder eine **Exponentialfunktion** beschrieben werden kann.

---

1. Aufgabe:
Zeichnen Sie in verschiedenen Farben die Graphen folgender Funktionen

a) $x \mapsto \dfrac{10}{x}$; $\quad x \mapsto \dfrac{100}{x^2}$; $\quad x \mapsto x^2$; $\quad x \mapsto 0{,}1 \cdot x^3$

auf doppelt-logarithmisches Papier (RW x: 0,1 – 10; HW y: 0,1 – 1000).

b) $x \mapsto 100 \cdot 2^{-x}$; $\quad x \mapsto 10^{0{,}25 \cdot x}$; $\quad x \mapsto 1000 \cdot e^{-2x}$

auf einfach logarithmisches Papier (RW x: 0 – 10; HW y: 0,1 – 1000).

Ergebnis der 1. Aufgabe und Verallgemeinerung:

1. Jede **Potenzfunktion** $y = a \cdot x^n$ ergibt in **doppelt-logarithmischer** Darstellung eine **Gerade**, deren Steigung den gleichen Wert wie der Exponent n hat.
2. Jede **Exponentialfunktion** $y = a \cdot b^{ex}$ ergibt in **einfach logarithmischer** Darstellung eine **Gerade**.

6.1 Das Abstandsgesetz für γ- und β-Strahlung

Versuch*: Für ein γ-Präparat (^{137}Cs) und zwei β-Präparate (^{90}Sr und ^{204}Tl) wird die **Zählrate in Abhängigkeit von r** gemessen (10 cm < r < 200 cm).

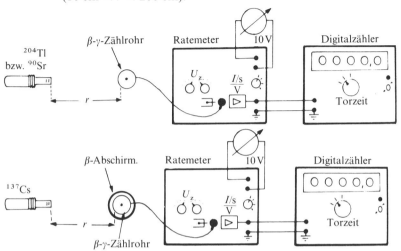

Versuchsergebnisse (abzüglich Nulleffekt) in doppelt-logarithmischer Darstellung:

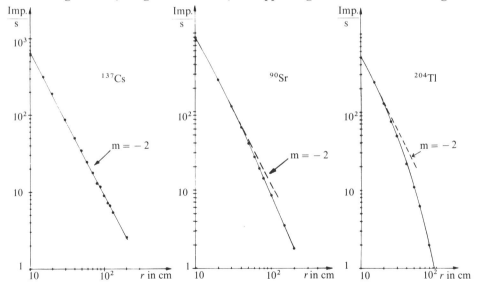

* Die vollständige Durchführung ist sehr zeitaufwendig. Der Versuch kann arbeitsteilig (Praktikum) durchgeführt werden. **Hinweis:** ^{137}Cs emittiert γ- und β-Strahlung. Die β-Komponente wird durch die Präparat- und die Zählrohrumhüllung absorbiert.

Deutung:
Für die γ-Strahlung ergibt der Versuch über den gesamten Messbereich ein quadratisches Abstandsgesetz für die Zählrate $Z(r)$

$$Z(r) \sim \frac{1}{r^2}$$

Dieselbe Gesetzmäßigkeit gilt, *bei nicht zu großen Abständen*, auch für die β-Strahlung von ^{90}Sr ($r < 50$ cm) und ^{204}Tl ($r < 20$ cm).

2. Aufgabe:
Die maximale Energie der β-Strahlung von ^{204}Tl beträgt 0,77 MeV, die von ^{90}Sr 2,26 MeV.

a) Versuchen Sie die Abweichung vom $\frac{1}{r^2}$-Gesetz bei β-Strahlung qualitativ zu erklären.
b) Warum ist die Krümmung der Messkurve bei ^{204}Tl stärker als bei ^{90}Sr?

Mathematische Begründung für das quadratische Abstandsgesetz
Annahmen:
1. Das Präparat ist punktförmig (Vereinfachung).
2. Die Strahlung wird isotrop (in alle Raumrichtungen mit gleicher Wahrscheinlichkeit) emittiert.
3. Die Strahlung wird zwischen Präparat und Zählrohr nicht absorbiert.
4. Jedes Teilchen (Quant), das auf die Frontfläche A des Zählrohrs trifft, wird dort nachgewiesen.

Denkt man sich um das Präparat P eine Kugel mit dem Radius r gelegt, so gilt dann bei nicht zu kleinem r: Von N Teilchen, die von P ausgehen, wird der Bruchteil

$$\frac{A}{O_{\text{Kugel}}} = \frac{A}{4\pi r^2}$$

nachgewiesen. Also:

$$Z = N \cdot \frac{A}{4\pi r^2}$$

d. h. $\quad Z(r) \sim \frac{1}{r^2}$

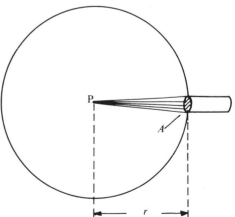

Im Gegensatz zur γ-Strahlung wird die β-Strahlung in Luft bei gleichen Strecken bereits merklich absorbiert (3. Annahme ist nur bei kleinen Abständen näherungsweise gültig), woraus sich die bei β-Strahlung beobachteten Abweichungen erklären.

Bei sehr kleinen Abständen gilt das quadratische Abstandsgesetz weder für γ- noch für β-Strahlung, wie z. B. die Kurve b) im Diagramm in 5.1 ($Z(r)$ für γ-Strahlung von ^{241}Am in doppelt-log. Darstellung) zeigt. Die Zählrate erreicht für $r \to 0$ einen konstanten Wert. Überdies werden bei kleinem r wegen der endlichen Totzeit des Zählrohrs nicht alle Teilchen nachgewiesen. Die Impulsrate verringert sich um die sog. Verlustrate, die mit zunehmender Impulsrate wächst.

6.2 Zusammenhang zwischen Energie und Reichweite bei α-Strahlung

Wegen des außerordentlich hohen spezifischen Ionisationsvermögens der α-Strahlung beträgt ihre Reichweite in Luft unter Normalbedingungen nur einige cm. Daher spielt die Abnahme der α-Strahlungsintensität durch den $1/r^2$-Geometriefaktor in der Praxis nur eine untergeordnete Rolle (außer für α-Strahlung im Vakuum).

Die Reichweite von α-Teilchen lässt sich aus Nebelkammeraufnahmen direkt bestimmen (vgl. 4.1.4).

Eine grobe Abschätzung der Energien der α-Teilchen ergibt sich über die Abschätzung der gebildeten Ionenpaare (genauer: Elektron-Ion-Paare). Zur Bildung eines solchen Paares ist in Luft eine mittlere Energie von ca. 34 eV nötig. Die Zahl der Ionenpaare (ca. 40000 Ionenpaare/cm) lässt sich aus der Zahl der Nebeltröpfchen pro Zentimeter Bahnlänge abschätzen.

> **1. Aufgabe:**
> Bei den meisten α-Strahlern liegt die kinetische Energie der α-Teilchen unter 10 MeV. Prüfen Sie durch Rechnung, ob man bei solchen α-Teilchen bereits relativistisch rechnen muss.

Für den Zusammenhang zwischen Energie und Reichweite von α-Teilchen in Luft findet man empirisch:

$$\frac{r_{\max}}{\text{cm}} \approx 0{,}32 \sqrt{\left(\frac{E_{\text{kin}}}{\text{MeV}}\right)^3} \quad \text{für} \quad 3\,\text{cm} < r_{\max} < 7\,\text{cm}$$

Reichweite von α-Teilchen in Luft

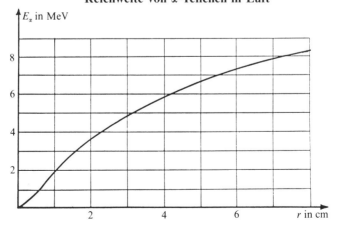

Für grobe Abschätzungen ($r_{max} < 6$ cm) genügt die Faustformel:

> Die α-Teilchen-Energie beträgt
> pro cm Reichweite ca. 1,5 MeV.

6.3 Zusammenhang zwischen Energie und Reichweite bei β-Strahlung

Das Lenard'sche Massenabsorptionsgesetz (3. Sem., S. 165) besagt, dass die Absorption schneller Elektronen praktisch nicht von der Stoffart des Absorbers abhängt, sondern in erster Linie durch sein sog. »Flächengewicht« (Masse pro Fläche) und die Elektronenenergie bestimmt ist.

In der folgenden doppelt-logarithmischen Abbildung ist die kinetische Energie der β-Teilchen in Abhängigkeit von der Flächenmasse (»Flächengewicht«) dargestellt. Aus dem Quotienten von »Flächengewicht« und Dichte des Absorbermaterials kann die maximale Reichweite der β-Teilchen in diesem Material (in cm) bestimmt werden.

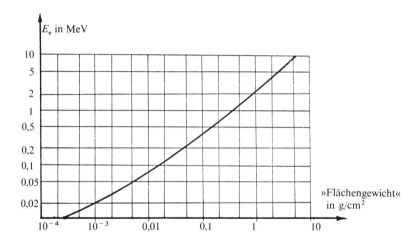

1. Aufgabe:

a) Begründen Sie die Formel: Reichweite $r_{max} = \dfrac{\text{»Flächengewicht«}}{\text{Dichte}}$.

b) Die maximale kinetische Energie der β-Teilchen von ^{90}Sr bzw. ^{204}Tl beträgt 2,26 MeV bzw. 0,77 MeV. Berechnen Sie mithilfe des obigen Diagramms ungefähr die maximale Reichweite solcher β-Teilchen in Al.

c) Berechnen Sie die maximale Reichweite solcher β-Teilchen in Luft.

d) Warum treten im Versuch (6.1) schon bei wesentlich kleineren Abständen Präparat-Zählrohr Abweichungen vom quadratischen Abstandsgesetz auf?

7. Das Absorptionsgesetz

Der letzte Abschnitt hat gezeigt, wie die Intensität radioaktiver Strahlung mit zunehmendem Abstand von der Quelle sinkt. Anstelle von Luft zwischen Präparat und Zählrohr kann zur Minderung der Intensität dichtere Materie gebracht werden. In diesem Kapitel sollen nun Zusammenhänge zwischen Absorberdicke und Intensitätsabnahme untersucht werden.

7.1 Das Absorptionsgesetz für γ-Strahlung

1. Versuch*:

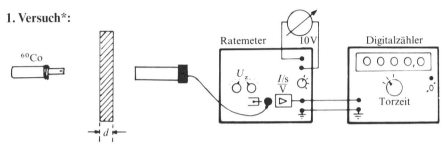

Bei festem Abstand zwischen Präparat und Zählrohr wird die Zählrate in Abhängigkeit von der Absorberdicke d für verschiedene Materialien gemessen. γ-Präparat: z.B. ^{60}Co oder ^{137}Cs mit einer Präparatumhüllung, welche die β-Komponente unterdrückt.

Versuchsergebnisse (Nulleffekt-korrigiert) in einfach logarithmischer Darstellung

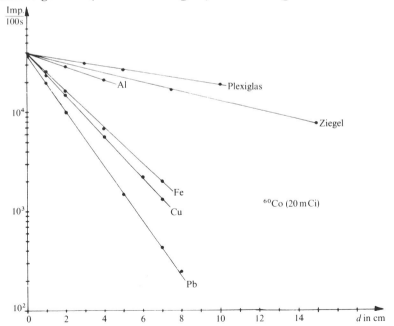

* Vgl. Fußnote zum Versuch in **6.1**!

Aus der grafischen Darstellung im einfach logarithmischen Maßstab ist zu entnehmen, dass die Impulsrate Z bei zunehmendem Abstand exponentiell absinkt. Es gilt:

$$\boxed{Z(d) = Z_0 e^{-\alpha d}} \quad *$$

Zur Charakterisierung des Absorptionsvermögens eines bestimmten Materials verwendet man oft neben dem Absorptionskoeffizienten α den Begriff der **Halbwertsdicke** $d_{\frac{1}{2}}$. Unter der Halbwertsdicke versteht man die Materialdicke, durch welche die Intensität der Strahlung auf die Hälfte herabgesetzt wird.

Aus $Z = \dfrac{Z_0}{2}$ folgt $\qquad \boxed{d_{\frac{1}{2}} = \dfrac{\ln 2}{\alpha}}$

---

1. Aufgabe:
Bestimmen Sie aus der grafischen Darstellung die Halbwertsdicken und Absorptionskoeffizienten von Blei und Ziegel.

Beachte:
Der Absorptionskoeffizient α hängt, außer von der Stoffart, stark von der γ-Energie ab! Vgl. das Diagramm in 4.3.2.

---

2. Aufgabe:
Vergleichen Sie den in der 1. Aufgabe ermittelten Absorptionskoeffizienten von Pb mit dem aus der grafischen Darstellung in 4.3.2. Beachten Sie dabei, dass die Quantenenergie der Strahlung von ^{60}Co 1,33 MeV ist.

---

3. Aufgabe:
Wie dick muss eine Ziegelmauer sein, damit sie für γ-Strahlung von ^{60}Co die gleiche Abschirmwirkung hat, wie eine 5 cm dicke Bleiwand? [Ergebnis: 30 cm]

---

4. Aufgabe: Leistungskurs-Abitur 1984, V, Teilaufgabe 2a, b.

Mit der von Kalium 40 emittierten γ-Strahlung werden Absorptionsmessungen durchgeführt. Dazu werden zwischen die Strahlungsquelle und ein Fensterzählrohr in fester Aufstellung Platten verschiedener Dicke aus einem bestimmten Absorbermaterial gebracht:

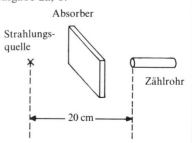

---

* Modellrechnung zur Herleitung des Exponentialgesetzes siehe Band 3, Seite 167.

Bei der Messung erhält man folgende Tabelle:

Absorberdicke d in cm	1,0	2,0	3,0	4,0	5,0
Zählrate Z in s^{-1}	8,75	7,66	6,71	5,87	5,14

Die Nullrate ist bereits subtrahiert.

a) Wie könnte man mit einem grafischen Verfahren nachweisen, dass ein exponentielles Absorptionsgesetz vorliegt?

b) Berechnen Sie den Schwächungskoeffizienten (Absorptionskoeffizienten) und die Halbwertsschichtdicke des Absorbermaterials sowie die γ-Zählrate ohne Absorber (bei sonst gleichen Bedingungen).

7.2 Absorption von β-Strahlung

2. Versuch:

Aufbau wie im 1. Versuch. Es wird jedoch durch ein Kollimatorrohr vor dem Präparat ein Parallelbündel von β-Strahlen erzeugt, das auf den Absorber trifft.

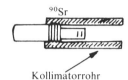

Kollimatorrohr

Versuchsergebnis (Nulleffekt-korrigiert) in einfach logarithmischer Darstellung:

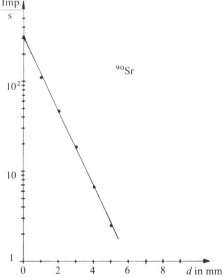

Absorption von β-Strahlen in Pertinax

1. Aufgabe:

a) Bestimmen Sie aus der grafischen Darstellung die Halbwertsdicke für die β-Strahlung von ^{90}Sr in Pertinax.

b) Vergleichen Sie diese mit der Halbwertsdicke für γ-Strahlung von ^{60}Co in Plexiglas (Pertinax und Plexiglas haben vergleichbare Dichte)!

2. Aufgabe:
Wie dick müsste die Pertinaxschicht sein, damit die Impulsrate Z der ^{90}Sr-Strahlung auf 1 % absinkt. Berechnung mithilfe des Exponentialgesetzes und Vergleich mit der grafischen Darstellung!

Beachte:
Im Unterschied zur Absorption bei γ-Strahlung gilt das Exponentialgesetz für die Absorption von β-Strahlung nur *näherungsweise* und bei geringem »Flächengewicht« des Absorbers.

Bei höherem »Flächengewicht« (größere Schichtdicke bzw. höhere Dichte) führen die endliche Reichweite der β-Strahlung in Materie (vgl. Abschnitt 6.3) und das kontinuierliche β-Spektrum zu Abweichungen.

3. Aufgabe: Leistungskurs-Abitur 1976, IV, Teilaufgabe 1a, b
  a) Beschreiben Sie einen Versuch in Aufbau und Durchführung, mit dem man die Absorption radioaktiver Strahlung in Aluminium messen kann. Wie unterscheiden sich die Versuchsergebnisse für β- und γ-Strahlung?
  b) Für ein β- und γ-strahlendes radioaktives Präparat wurde wie bei a) die Absorption der emittierten Strahlung in Aluminium untersucht. Z ist die Zählrate, d die Dicke der Aluminiumschicht. Das Versuchsergebnis ist in nebenstehendem Diagramm dargestellt (logarithmischer Maßstab auf der Z-Achse).
  Deuten Sie dieses Versuchsergebnis!

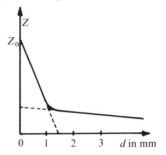

4. Aufgabe: Reifeprüfung 1968
Ein Plattenkondensator mit veränderlichem Plattenabstand wird mit den Polen einer Hochspannungsquelle verbunden, die eine regelbare Spannung U liefert. In einer der Zuleitungen liegt ein hochempfindliches Strommessgerät M. Auf der Innenseite der einen Kondensatorplatte wird eine geringe Menge eines α-Strahlers aufgebracht, der in den mit Luft erfüllten Zwischenraum zwischen den Platten einstrahlt. Fertigen Sie eine Skizze an!
  a) Es sei zunächst $x = 2$ cm. Die Spannung wird von 0 Volt an langsam gesteigert. M zeigt dabei einen zunehmenden Strom I, der sich aber schließlich einem Sättigungswert I_s nähert, der im vorliegenden Versuch nicht überschritten wird. Erklären Sie diese Erscheinungen.
  b) Der Versuch von a) wird nun mit verschiedenen anderen Plattenabständen wiederholt: die Spannung wird also von 0 Volt an erhöht, wobei M einen wachsenden Strom zeigt, der sich jeweils einem Sättigungswert $I_s(x)$ nähert. Man findet:
  Der Sättigungsstrom $I_s(x)$ hängt von x ab.
  $I_s(x)$ wird umso größer, je größer x wird.
  Dies gilt jedoch nur bis $x = 5{,}5$ cm. Für $x > 5{,}5$ cm bleibt $I(x)$ konstant.

Erklären Sie diesen Sachverhalt und ziehen Sie eine Folgerung hinsichtlich des verwendeten α-Strahlers.

c) Bei einem Plattenabstand $x = 2$ cm wird der α-Strahler durch einen β-Strahler ersetzt, der die gleiche Teilchenzahl pro Sekunde bei gleicher durchschnittlicher Teilchenenergie liefert wie der α-Strahler vorher. Wie ändert sich die Sättigungsstromstärke? Erklärung!

d) Der α-Strahler der in a) und b) durchgeführten Versuche sende pro Sekunde 10^8 α-Teilchen in den Plattenkondensator, jedes Teilchen habe die Energie 5,3 MeV. Die zur Erzeugung eines einfach geladenen Ionenpaares in Luft im Mittel erforderliche Energie (Ionisierungsarbeit) beträgt 32 eV.
Wie groß kann unter diesen Umständen die Sättigungsstromstärke (bei hinreichendem Plattenabstand) höchstens werden?

8. Biologische Wirkungen radioaktiver Strahlung – Dosimetrie

8.1 Aktivitäts- und Dosiseinheiten

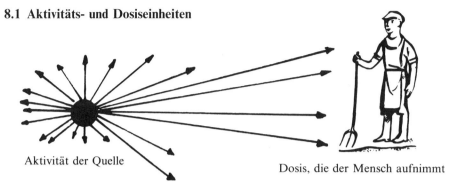

Aktivität der Quelle

Dosis, die der Mensch aufnimmt

Seit Entdeckung der Röntgenstrahlung (Röntgen 1895), der künstlichen Herstellung radioaktiver Isotope (Curie 1934) und der Entdeckung der Kernspaltung (Hahn 1939) ist der Mensch einer zunehmenden radioaktiven Bestrahlung ausgesetzt. Die Wirkung der radioaktiven Strahlung auf den Menschen hängt von der Art der Strahlung, von der »Stärke« der Bestrahlung und noch von vielen anderen Umständen ab, auf die im Weiteren kurz eingegangen wird.

Die Aktivität A

Zur Charakterisierung der »Stärke« einer Strahlungsquelle hat man die physikalische Größe **Aktivität A** eingeführt. Sie beschreibt die Zahl der Zerfälle in einer Probe pro Zeiteinheit. Seit 1985 verwendet man als Einheit der Aktivität das **Becquerel** (Bq). Ist die Aktivität 1 Bq, so bedeutet dies, dass in der Substanz im Mittel pro Sekunde 1 Zerfall stattfindet:

$$1 \text{ Bq} = 1 \text{ s}^{-1}$$

Zur Beschreibung der **Wirkung** radioaktiver Strahlung auf den Menschen bedient man sich des Begriffes der **Dosis**.

Die Energiedosis D

Je mehr Energie ΔW durch radioaktive Strahlung auf einen Körper übertragen wird, desto größer ist die – meist schädliche – Wirkung. Die Energiedosis D ist der Quotient aus der vom Körper absorbierten Energie ΔW und der Masse Δm des Körpers. Die Einheit von D ist das **Gray** (Gy).

$$D = \frac{\Delta W}{\Delta m}; \qquad [D] = 1 \text{ Gy} = 1 \frac{\text{J}}{\text{kg}}$$

Die Äquivalentdosis H

Die Äquivalentdosis berücksichtigt neben der Energieabgabe an den Körper auch noch die unterschiedliche Wirkung verschiedener Strahlenarten auf das Zellgewebe eines lebenden Organismus, indem die Energiedosis mit einem **Bewertungsfaktor q** multipliziert wird. Die Einheit von H ist das **Sievert** (Sv).

$$H = q \cdot D; \qquad [H] = 1 \text{ Sv}$$

Beispiele für einige Bewertungsfaktoren:

Strahlenart	q
Röntgen-, Gamma-, Betastrahlung	1
Alphastrahlung	20
Langsame Neutronen	5
Schnelle Neutronen	10

In vielen Darstellungen werden noch die alten Einheiten für Aktivität und Dosis verwendet. In der folgenden Tabelle sind die Umrechnungsfaktoren zwischen alten und neuen Einheiten zusammengestellt.

Größe	neue Einheit	alte Einheit	Umrechnung
Aktivität A	$1\ \text{Bq} = 1\ \text{s}^{-1}$	1 Curie = 1 Ci	$1\ \text{Ci} = 3{,}7 \cdot 10^{10}\ \text{Bq}$
Energiedosis D	$1\ \text{Gy} = 1\ \dfrac{\text{J}}{\text{kg}}$	1 Rad = 1 rd	$1\ \text{rd} = 10^{-2}\ \text{Gy}$
Äquivalentdosis H	1 Sv	1 rem	$1\ \text{rem} = 10^{-2}\ \text{Sv}$

8.2 Natürliche radioaktive Strahlung

a) Höhenstrahlung

Schon seit Beginn seiner Entwicklung ist der Mensch der so genannten Höhenstrahlung (kosmische Strahlung) ausgesetzt. Protonen treffen – von außerirdischen Räumen kommend – mit hoher Energie gegen die oberen Schichten der Lufthülle und reagieren mit Atomkernen. Hierbei entstehen u.a. Elementarteilchen (Mesonen, Elektronen, Positronen) und γ-Strahlung.
Die Intensität der kosmischen Strahlung ist von der Höhe abhängig:

Kosmische Strahlung	
Seehöhe	250 µSv/Jahr
Garmisch-Partenkirchen	500 µSv/Jahr
Zugspitze	1000 µSv/Jahr
Mont Blanc	2000 µSv/Jahr
Flug Frankfurt–New York (einfach)	40 µSv
Flug Frankfurt–Australien (einfach)	110 µSv

b) Terrestrische Strahlung

Die terrestrische Strahlung geht von den in der Erdkruste vorhandenen radioaktiven Elementen aus. Diese stammen z.T. noch aus der Entstehungsgeschichte der Erde, z.T. strahlen aber auch die Folgeprodukte dieser radioaktiven »Urnuklide«. Beispiele hierfür sind: Kalium-40, Rubidium-87, Thorium-232, Uran-238.

Eine andere Ursache für die terrestrische Strahlung sind diejenigen Nuklide, die durch die Höhenstrahlung gebildet wurden und von oben auf die Vegetation und den Boden gelangen (z. B. Kohlenstoff-14, Tritium).
Die terrestrische Strahlung ist stark von den jeweiligen geologischen Verhältnissen abhängig. Die höchste terrestrische Strahlenbelastung wurde in Kerala (Indien) mit 5–20 mSv/Jahr gemessen. Die nebenstehende Abbildung zeigt die jährliche Dosisbelastung in den alten Bundesländern durch terrestrische Strahlung im Freien.
Böden und Wände unserer Häuser strahlen – abhängig vom Baumaterial – das radioaktive Gas Radon ab. Die Belastung durch Radon und seine radioaktiven Zerfallsprodukte schwankt in Deutschland je nach Baumaterial zwischen 0,4–1,2 mSv/a.
Insgesamt beträgt die durch natürliche Quellen in Deutschland hervorgerufene Belastung ca. 2 mSv/a.

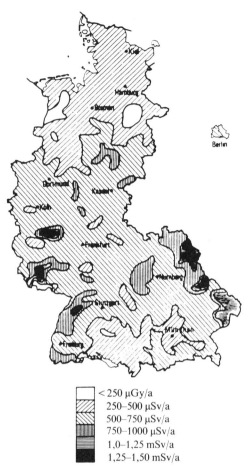

< 250 µGy/a
250–500 µSv/a
500–750 µSv/a
750–1000 µSv/a
1,0–1,25 mSv/a
1,25–1,50 mSv/a

8.3 Künstliche Strahlenbelastung

a) Medizinische Diagnostik und Strahlentherapie

Neben der natürlichen Strahlung ist der Mensch zunehmend künstlicher Strahlung ausgesetzt. Wie später noch ausführlich dargelegt wird, spielen Strahlungsquellen in der Medizin eine bedeutende Rolle.

Äquivalentdosis bei der Röntgendiagnostik		
– Röntgenreihenuntersuchung	150–400	µSv
– Computertomogramm des Lungenbereiches	2500–3000	µSv
– Mammografie	150–15000	µSv
Nuklearmedizinische Diagnostik		
– Schilddrüsenuntersuchung mit Technetium	150–600	µSv
Tumorbehandlung (Teilkörperbestrahlung)	200–200000	µSv

b) Sonstige künstliche Strahlenbelastungen

Fallout (radioaktiver Niederschlag) bei den Kernwaffenexperimenten in den vergangenen Jahrzehnten	90 µSv/Jahr
Zusätzliche Belastung durch den **Reaktorunfall** von Tschernobyl	1 500 µSv/Jahr
Kernkraftwerke (ohne Störfall)	10 µSv/Jahr

Der Gesetzgeber hat für die zusätzliche Strahlenbelastung des Menschen durch kerntechnische Anlagen Höchstwerte angegeben (**Strahlenschutzverordnung** von 1977):

Personen außerhalb des Strahlenschutzes   0,30 mSv/Jahr
(früher 1,50 mSv/Jahr)

Beruflich exponierte Personen
    Ganzkörperbestrahlung   50 mSv/Jahr
    Teilkörperbestrahlung   600 mSv/Jahr

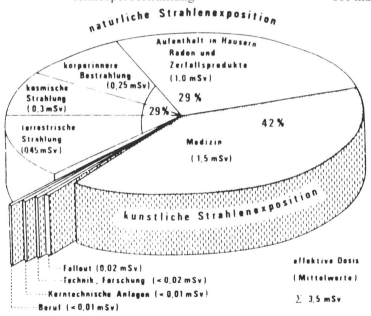

1. Aufgabe
Die jährliche Äquivalentdosis für beruflich strahlenexponierte Personen darf höchstens 50 mSv betragen.
Es werde angenommen, dass eine Person 46 Wochen im Jahr arbeitet und am Arbeitsplatz eine Energiedosis von $1,5 \cdot 10^{-5}$ Gy/h herrscht, die durch langsame Neutronen hervorgerufen wird.
Wie viele Stunden pro Woche darf sich die Person am Arbeitsplatz aufhalten?

2. Aufgabe

In 0,20 m Entfernung von einer punktförmigen Quelle wird in einer Stunde die Energiedosis $D = 10^{-4} \frac{J}{kg}$ gemessen.

a) Wie lange darf sich eine Person in 0,20 m Entfernung von der Quelle ungefähr aufhalten, wenn die wöchentliche Äquivalentdosis 10^{-3} Sv nicht überschritten werden darf und es sich bei dem Strahler

α) um einen γ-Strahler

β) um eine Quelle schneller Neutronen handelt.

b) Wie groß ist die maximal zulässige Aufenthaltsdauer bei dem gleichen γ-Strahler, wenn sich die Person in 3 m Entfernung von der Quelle aufhält?

3. Aufgabe

Ein ^{203}Hg-Präparat (β- und γ-Strahler) befindet sich in einer Al-Umhüllung, welche die γ-Komponente praktisch nicht schwächt, die β-Komponente jedoch vollständig absorbiert. Das Präparat emittiert pro Sekunde $N_0 = 10^9$ γ-Quanten der Energie 0,27 MeV. Im Abstand $r_1 = 0,5$ m befindet sich, wie skizziert, ein Plexiglaswürfel der Kantenlänge 1 dm.

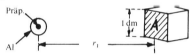

a) Berechnen Sie die ungefähre Zahl N_1 der γ-Quanten, die pro Sekunde auf die Fläche A auftreffen!

b) Welcher Bruchteil der in a) berechneten γ-Quanten durchdringt den Würfel?

$\left(\text{Absorptionskoeffizient von Plexiglas für } E_\gamma = 0{,}27 \text{ MeV}: \alpha = 0{,}14 \frac{1}{\text{cm}}\right)$

c) Wie groß ist ungefähr die Zahl N' der γ-Quanten, die pro Sekunde im Würfel absorbiert werden?

d) Berechnen Sie mit dem Ergebnis von c) die durchschnittliche Energiedosis im Plexiglas pro Sekunde.

$\left(\text{Angabe in der neuen ges. Einheit; Dichte von Plexiglas } \varrho = 1{,}2 \frac{\text{kg}}{\text{dm}^3}\right)$

e) In welchem Abstand r_2 wäre die Energiedosis pro Sekunde 20-mal kleiner? Kurze Begründung!

8.4 Die Wirkung radioaktiver Strahlung auf den Menschen

Bei der Wechselwirkung radioaktiver Strahlung mit dem Körper unterscheidet man verschiedene Reaktionen. Dabei spielt es keine Rolle, ob die Strahlung aus einer »natürlichen« oder »künstlichen« Quelle stammt.

a) Physikalische Primärreaktion

Die Strahlung führt zur Anregung und Ionisation von Atomen und Molekülen. Molekularverbände können in Bruchstücke zerfallen (Chromosomenbruch). Die Funktionsfähigkeit der Molekülverbände ist dadurch infrage gestellt.

b) Chemische und biochemische Reaktion
Die von der Strahlung gebildeten freien Radikale können sich zu toxischen Verbindungen zusammenschließen und den Primärschaden verstärken.

c) Biologische Reaktionen
Die primären physikalischen und die sekundären chemisch-biochemischen Reaktionen manifestieren sich schließlich als biologischer Bestrahlungseffekt. Die vollzogene Schädigung einer Zelle ist jedoch nicht gleichbedeutend mit dem Wirksamwerden dieses Schadens. Das Gewebe besitzt die Fähigkeit, geschädigte Zellen zu erkennen und mithilfe seines Immunsystems zu eliminieren. Damit bleibt der gesetzte Schaden ohne Konsequenzen. Wenn allerdings das Immunsystem geschwächt oder überfordert ist, funktioniert dieser »Strahlenschutz« nicht.

Es kommt zu **genetischen** oder **somatischen** Schäden. Die genetischen Schäden beziehen sich auf die Keimzellen (Ei- und Samenzellen) und jene Gewebe, in denen die Keimzellen produziert werden (Keimdrüsen, Gonaden). Die somatischen Schäden betreffen den übrigen Körper.

Schematische Darstellung der strahlenbiologischen Reaktionskette

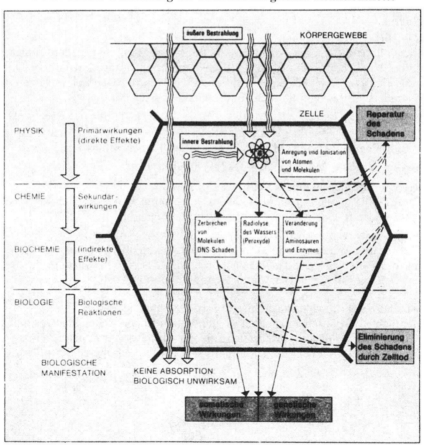

d) Einflussfaktoren für die Strahlenwirkung

Die Strahlenwirkung auf den Menschen (sowohl somatisch als auch genetisch) hängt von mehreren Faktoren ab:

- **Dosis**
  Die Höhe der Dosis ist ein wesentlicher Faktor bei der Strahlenwirkung.
- **Strahlenart**
  In den Bewertungsfaktoren (vgl. 8.1) kommt die unterschiedliche Wirkung der verschiedenen Strahlenarten zum Ausdruck.
- **Zeitliche Dosisverteilung**
  Die Wirkung einer bestimmten Strahlendosis ist umso geringer, je größer der Zeitraum ist, in welchem diese Dosis zur Einwirkung kommt.

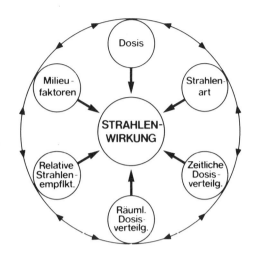

- **Räumliche Dosisverteilung**
  Gleich hohe Dosen, als Ganz- oder Teilkörperbestrahlung gegeben, führen zu unterschiedlichen Reaktionen. Bei Teilkörperbestrahlung sind höhere Dosen möglich als bei Ganzkörperbestrahlung. Gewebe mit hohen Zellumsätzen sind besonders strahlenempfindlich. Besonders gefährdet sind:
  - Keimendes Leben im Mutterleib, besonders in der 8.–18. Schwangerschaftswoche
  - Blutbildende Organe (Milz, Lymphknoten, Knochenmark)
  - Keimdrüsen – Magen-Darm-Trakt – Haarpapillen
- **Relative Strahlenempfindlichkeit**
  Die Empfindlichkeit gegenüber Bestrahlung hängt von den Erbanlagen, dem Alter und z. B. eventuellen Strahlenvorbelastungen ab.
- **Milieu- bzw. Umweltfaktoren**
  Die negative Wirkung radioaktiver Strahlung kann durch ungünstige Umweltfaktoren verstärkt werden. Dazu gehören z. B. schlechte Ernährung, chemische Umweltbelastungen, Arznei- und Genussmittelmissbrauch.

e) Somatische Frühschäden (nichtstochastische Schäden)

Unter nichtstochastischen Schäden versteht man jene, bei denen das Ausmaß der Schädigung des einzelnen Menschen mit der Höhe der Strahlenbelastung zunimmt. Somatische Frühschäden äußern sich als Folge höherer Strahlendosis.

Dosis	Wirkung
Schwellendosis 0,25 Sv	**Erste klinisch erfassbare Bestrahlungseffekte:** Kurzzeitige Veränderungen im Blutbild, insbesondere Absinken der Lymphozytenzahl.
Subletale Dosis 1 Sv	**Vorübergehende Strahlenkrankheit:** Unwohlsein am ersten Tag; Absinken der Lymphozytenzahl; nach 2–3 Wochen treten Haarausfall, wunder Rachen, Appetitmangel, Diarrhöe, Unwohlsein, Mattigkeit, purpurfarbene Hautflecke auf.
Mittelletale Dosis 4 Sv	**Schwere Strahlenkrankheit:** Übelkeit und Erbrechen am 1. Tag. Fast vollständiges Verschwinden der Lymphozyten. Große Infektionsneigung, da Schutzfunktion der Schleimhäute und des lymphatischen Systems stark eingeschränkt ist. Als Folge davon werden normale Krankheitserreger nicht mehr ausreichend abgewehrt. Zusätzlich zu den Erscheinungen bei subletaler Dosis treten noch Fieber, innere Blutungen, Sterilität bei Männern und Zyklusstörungen bei Frauen auf. Bei fehlenden Therapiemaßnahmen ist bei Dosen über 5 Sv mit etwa 50 % Todesfällen zu rechnen (LT 50).
Letale Dosis 7 Sv	**Tödliche Strahlenkrankheit:** Übelkeit und Erbrechen nach 1–2 Stunden. Nach 3–4 Tagen: Diarrhöe, Erbrechen, Entzündungen in Mund und Rachen sowie im Magen-Darm-Trakt, Fieber, schneller Kräfteverfall. Bei fehlenden Therapiemaßnahmen Mortalität fast 100 %.

Somatische Frühschäden

f) Somatische Schäden (stochastische Schäden)
Bei stochastischen Schäden nimmt nicht – wie bei den somatischen Frühschäden – die Schwere der Erkrankung, sondern die Wahrscheinlichkeit der Erkrankung mit der Dosis zu.

Für Spätschäden sind vor allem schwache chronische Strahlendosen verantwortlich. Aber auch einmalig hohe Belastungen können nach ausgeheilten akuten Schäden später erneut Erkrankungen nach sich ziehen. Mögliche Spätschäden können sein:
– Erhöhte Sterilität bei Dosen über 0,15 Sv
– Krebs (Leukämie; Knochen-, Lungen-, Schilddrüsen- und Brusttumor)
  Hiroshima: 1945 Abwurf der Atombombe
              1955 Maximum der Leukämiefälle
              1970 Maximum der Tumorerkrankungen

Der Einfluss schwach erhöhter Radioaktivität auf die Häufigkeit obiger Erkrankungen ist schwer nachzuweisen, da die Krebshäufigkeit ziemlichen Schwankungen (auch ohne radioaktive Strahlung) unterliegt. So erbrachte z. B. eine Unter-

suchung der Krebshäufigkeit in einem Gebiet mit erhöhter terrestrischer Strahlung leicht niedrigere Werte als bei der Durchschnittsbevölkerung.
Bei schwacher Bestrahlung ist eine Beziehung zwischen Dosis und Wirkung nur sehr vage anzugeben. In der Bundesrepublik sterben von 1 Million Menschen etwa 150000 an Krebs. Bei einer Ganzkörperbestrahlung von 0,01 Sv müsste je nach Modellrechnung mit zusätzlichen 10–156 Krebs- und Leukämietoten gerechnet werden.

g) Genetische Schäden (stochastische Schäden)
Neben anderen Ursachen kann eine Mutation der Erbanlagen auch durch radioaktive Strahlung bewirkt werden. Man geht davon aus, dass es keinen Schwellenwert für die Auslösung von Mutationen gibt.
Von 1000 männlichen Keimzellen sind ohne zusätzliche Bestrahlung schon etwa 140 mutiert. Bei einer Bestrahlung mit der Dosis 0,5–2,5 Sv ist eine Verdoppelung dieser natürlichen Mutationsrate zu erwarten.
Bei der Weitergabe der DNA (Desoxyribonucleinsäure – Träger der Erbinformation) treten immer wieder Fehler auf, die der Körper reparieren kann. Je langlebiger ein Körper ist, desto höher ist seine Reparaturkapazität. Die Reparatur erfolgt durch spezielle Enzyme, die Fehler in der DNA erkennen, herausschneiden und korrigieren. Hemmt man diese Enzyme, so sinkt auch die Strahlenresistenz.
Man nimmt an, dass die Dosis von 0,01 Sv (Ganzkörperbestrahlung) bei 1 Million Neugeborenen das Anwachsen der Fälle mit genetischen Schäden um etwa 60–1100 bewirkt.

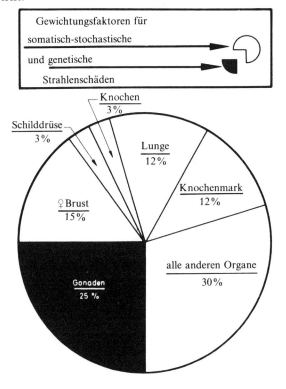

Die prozentuale Aufteilung der verschiedenen Komponenten stochastischer Strahlenschäden ist in der Abbildung auf S. 88 dargestellt. Danach entfallen 75 % des Risikos bei Bestrahlung auf Krebsschäden und 25 % des Risikos auf genetische Schäden.

8.5 Schutzmaßnahmen

Abstand
Da die Intensität radioaktiver Strahlung stark mit der Entfernung von der Quelle abnimmt, schützt man sich am besten durch möglichst großen Abstand von einem Präparat.

Abschirmung
Wo großer Abstand von der Quelle nicht möglich ist, greift man zum Mittel der Abschirmung. Durch Beton- und Bleiwände kann radioaktive Strahlung merklich geschwächt werden (siehe hierzu auch 7.1).

Kurze Bestrahlungszeit
Die Strahlenbelastung wächst mit der Bestrahlungszeit. Deshalb ist darauf zu achten, dass man der Strahlung nur so kurz wie unbedingt nötig ausgesetzt ist.

Vermeidung von Inkorporation
Selbst die an sich unproblematische – da leicht abschirmbare – α-Strahlung kann gefährlich werden, wenn sie im Körperinneren wirkt. Deshalb ist streng darauf zu achten, dass radioaktive Substanzen nicht durch Atmung, Nahrung oder offene Wunden in den Körper gelangen.

Grundregeln des Strahlenschutzes		
Abstand!	Abschirmung!	Kurze Bestrahlungszeit!

Mit dem nebenstehend dargestellten Symbol wird vor radioaktiver Strahlung gewarnt.
Personen, die sich im strahlengefährdeten Bereich aufhalten, müssen **Dosimeter** tragen, um eine eventuelle Strahlenbelastung feststellen zu können.
Das **Ionisationsdosimeter** ist ein meist in Form eines Füllhalters ausgeführtes Elektrometer, das vor Arbeitsbeginn aufgeladen wird. Der Entladungsgrad ist ein Maß für die aufgetroffene radioaktive Strahlung.
Das **Filmdosimeter** enthält eine fotografische Schicht hinter mehreren verschieden dicken, nebeneinander liegenden Absorbern, sodass aus dem Grad der Schwärzung der Filmschicht die Menge und die Energie der während der Arbeitszeit aufgetroffenen Strahlung abgeschätzt werden kann.

9. Radioaktiver Zerfall

9.1 Das Gesetz des radioaktiven Zerfalls

1. Versuch: Zerfall von Thorium-Emanation

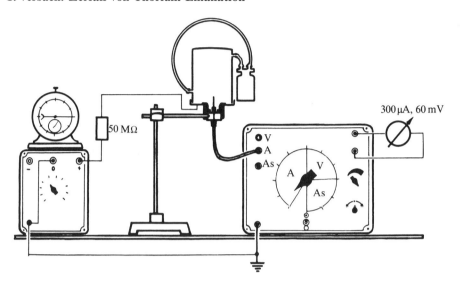

In eine im Sättigungsbereich betriebene Ionisationskammer wird ein Gemisch aus Luft und radioaktivem $^{220}_{86}\text{Rn}$ (Thoriumemanation oder Thoron) hineingepumpt. Mit dem Messverstärker wird der zeitliche Verlauf des Ionisationsstromes in Abhängigkeit von der Zeit gemessen. Dabei ergibt sich:

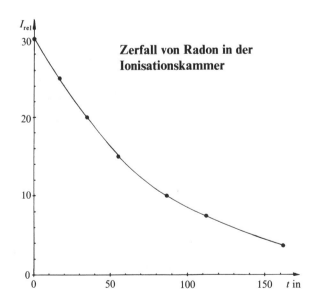

Darstellung im einfach logarithmischen Maßstab:

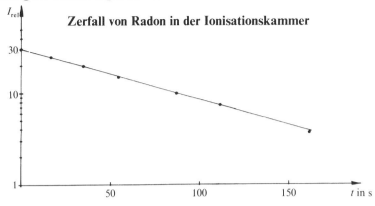

Aus der Darstellung im einfach logarithmischen Maßstab ist zu entnehmen, dass der Ionisationsstrom exponentiell mit der Zeit abnimmt:

$$I(t) = I_0 \cdot e^{-\lambda t} \quad (1)$$

1. Aufgabe:
Bestimmen Sie den Wert der so genannten **Zerfallskonstante** λ aus dem Verhältnis der gemessenen Stromstärkewerte $I(0\,\text{s}) = I_0$ und $I(160\,\text{s})$, die dem obigen Diagramm zu entnehmen sind.

Herleitung des Zerfallsgesetzes aus dem Versuchsergebnis

Da die Ionisationskammer im Sättigungsbereich betrieben wird, wandern alle gebildeten Ladungsträger an die Elektroden. Beim Zerfall des $^{220}_{86}\text{Rn}$ entstehen Alpha-Teilchen, von denen jedes in der Ionisationskammer Ladungsträger der Gesamtladung Q (Elektronen und Ionen) bildet. Zerfallen in der Zeit Δt insgesamt ΔN Radon-Kerne, so beträgt die gesamte gebildete Ladung $\Delta N \cdot Q$. Es fließt also im Zeitintervall von t bis $t + \Delta t$ ein mittlerer Ionisationsstrom $\overline{I}(t)$:

$$\overline{I}(t) = \frac{\Delta N}{\Delta t} \cdot Q \quad \text{d.h.} \quad \overline{I}(t) \sim \frac{\Delta N}{\Delta t} \quad (2)$$

In der folgenden Abbildung ist die Zahl der noch nicht zerfallenen Kerne $N(t)$ in Abhängigkeit von der Zeit qualitativ dargestellt. $\dfrac{\Delta N}{\Delta t}$ kann als Steigung der Sekante am Graph zu $t \mapsto N(t)$ aufgefasst werden.

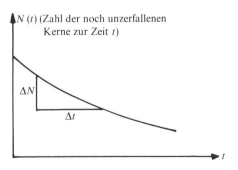

Für kleine Zeitintervalle Δt kann $\dfrac{\Delta N}{\Delta t}$ durch $\dfrac{dN}{dt}$ und $\overline{I}(t)$ durch $I(t)$ ersetzt werden, also gilt nach (2):

$$\frac{dN(t)}{dt} \sim I(t) \tag{3}$$

Mit dem Versuchsergebnis (1) folgt aus Gl. (3):

$$\frac{dN(t)}{dt} \sim I_0 \cdot e^{-\lambda t}$$

also:
$$\frac{dN(t)}{dt} = C \cdot e^{-\lambda t} \tag{4}$$

wobei C eine Proportionalitätskonstante ist. Die allgemeine Lösung der Differentialgleichung (4) lautet

$$N(t) = -\frac{C}{\lambda} \cdot e^{-\lambda t} + D, \tag{5}$$

in der C und D zwei zunächst noch unbestimmte Konstanten sind.

---

2. Aufgabe:
Zeigen Sie durch Differenzieren, dass jede Funktion der zweiparametrigen Schar (5) eine Lösung der Differentialgleichung (4) ist.

Wie sind nun die Parameter C und D zu wählen, um die physikalisch sinnvolle Lösungsfunktion $N(t)$ zu erhalten?
Nach sehr langer Zeit müssen praktisch alle radioaktiven Kerne zerfallen sein, also muss

$$\lim_{t \to \infty} N(t) = 0$$

gelten. Einsetzen von (5) in diese Bedingung ergibt: $D = 0$

Folglich:
$$N(t) = -\frac{C}{\lambda} \cdot e^{-\lambda t}$$

Setzt man in der letzten Gleichung $t = 0$, so ergibt sich: $-\dfrac{C}{\lambda} = N(0) = N_0$, wenn N_0 die Zahl der anfangs vorhandenen radioaktiven Kerne bezeichnet. Also:

$$N(t) = N_0 \cdot e^{-\lambda t}$$
Gesetz des radioaktiven Zerfalls
$N(t)$: Zahl der unzerfallenen Kerne zur Zeit t
N_0 : Zahl der radioaktiven Kerne zur Zeit 0
λ : Zerfallskonstante; $[\lambda] = \dfrac{1}{s}$. (6)

Theoretische Begründung des Zerfallsgesetzes

Dieses Gesetz lässt sich auch mathematisch herleiten unter folgenden Annahmen:
1. Die radioaktiven Kerne in einem Präparat zerfallen völlig unabhängig voneinander.
2. Die Wahrscheinlichkeit des Zerfalls pro Sekunde wird durch eine für alle Kerne gleicher Art charakteristische Konstante λ bestimmt. Die Wahrscheinlichkeit, dass *ein* beliebig herausgegriffener Kern in einem kleinen Zeitintervall Δt zerfällt, ist dann $\lambda \cdot \Delta t$.

> **3. Aufgabe:**
> Berechnen Sie unter Verwendung der Zerfallskonstante λ für Radon (siehe 1. Aufgabe), mit welcher Wahrscheinlichkeit (in %) ein beliebig herausgegriffener ^{220}Rn-Kern innerhalb von 0,5 s bzw. innerhalb von 3 s zerfällt.

Enthält das Präparat zur Zeit t die Zahl $N(t)$ radioaktiver Kerne, so ist die Gesamtzahl der Zerfälle im Zeitintervall Δt nach den Annahmen 1. und 2.

$$N(t) \cdot \lambda \cdot \Delta t,$$

also gilt: $\quad N(t) - N(t + \Delta t) = N(t) \cdot \lambda \cdot \Delta t$.

Hieraus folgt für den Differenzenquotienten

$$\frac{N(t + \Delta t) - N(t)}{\Delta t} = - N(t) \cdot \lambda,$$

und, im Grenzfall $\Delta t \to 0$, für den Differentialquotienten:

$$\boxed{\frac{dN(t)}{dt} = - N(t) \cdot \lambda} \tag{7}$$

Differentialgleichung des radioaktiven Zerfalls

Die Behandlung dieser Differentialgleichung (7) mit den oben angeführten Randbedingungen für $t \to \infty$ und $t \to 0$ ergibt wiederum die Lösung (6).

> **4. Aufgabe:**
> Zeigen Sie durch Differenzieren, dass die Funktion $N(t) = N_0 \cdot e^{-\lambda t}$ auch die Differentialgleichung (7) erfüllt.

Nach aller bisherigen Erfahrung erwies sich die Zerfallskonstante λ als unabhängig von äußeren Einflüssen wie hoher Temperatur, Druck, elektromagnetischen Feldern usw.

Halbwertszeit $T_{\frac{1}{2}}$

Unter der Halbwertszeit $T_{\frac{1}{2}}$ versteht man diejenige Zeit, nach der von anfangs $N(0)$ unzerfallenen Kernen noch $\frac{N(0)}{2}$ Kerne unzerfallen sind.

> **5. Aufgabe:**
> a) Leiten Sie aus $N(t) = N(0)e^{-\lambda t}$ den Ausdruck für die Halbwertszeit $T_{\frac{1}{2}} = \dfrac{\ln 2}{\lambda}$ her.
> b) Bestimmen Sie aus dem Diagramm von Seite 90 die Halbwertszeit des in der Ionisationskammer beobachteten Zerfalls und berechnen Sie so die Zerfallskonstante von Rn. Vergleichen Sie mit dem Ergebnis der 1. Aufg.!

Aktivität A

Unter der Zerfallsrate oder Aktivität A eines radioaktiven Präparates versteht man die Zahl der Zerfälle pro Zeiteinheit:

Definition: $$A(t) := \left| \lim_{\Delta t \to 0} \frac{\Delta N}{\Delta t} \right| = \left| \frac{dN(t)}{dt} \right|$$

Einsetzen von (6) ergibt:

$$A(t) = \left| \frac{d}{dt}(N_0 \cdot e^{-\lambda t}) \right| = |-N_0 \cdot \lambda \cdot e^{-\lambda t}| = \lambda \cdot N_0 \cdot e^{-\lambda t} = \lambda \cdot N(t)$$

Also:
$$\boxed{A(t) = \left| \frac{dN(t)}{dt} \right| = \lambda \cdot N(t)} \qquad (8)$$

Die Zerfallsrate oder Aktivität ist also proportional zur Zahl der noch nicht zerfallenen Atome. Im Hinblick auf diese Tatsache wird oft der Satz »*Atome altern nicht*« gebraucht.

> **6. Aufgabe:**
> Machen Sie sich diesen Satz klar, indem Sie die Atome mit einer Gruppe von Individuen vergleichen, die einem Alterungsprozess unterliegen.

Da die Zahl $N(t)$ der unzerfallenen Kerne nach Gl. (6) exponentiell abnimmt, gilt nach Gl. (8) dasselbe für die Aktivität eines Präparats:

$$\boxed{A(t) = A_0 \cdot e^{-\lambda t}}$$

Die Einheit der Aktivität ist das **Becquerel** (Bq)

$$1 \text{ Becquerel} = 1 \text{ Bq} = 1 \frac{1}{\text{s}}$$

Daneben wird auch heute noch die aus der Anfangszeit der Kernphysik stammende Einheit »Curie« verwendet:

$$1 \text{ Curie} = 1 \text{ Ci} = 3{,}70 \cdot 10^{10} \text{ Bq}$$

7. Aufgabe:
1 Curie ist die Zerfallsrate von 1 g $^{226}_{88}$Ra ($T_{\frac{1}{2}} = 1600$ a). Berechnen Sie hieraus, wie viele Zerfälle pro Sekunde einem Curie entsprechen.

8. Aufgabe:
Das Isotop $^{60}_{27}$Co ist radioaktiv, es unterliegt einem β^--Zerfall mit einer Halbwertszeit von $T_{\frac{1}{2}} = 5{,}3$ a. Der Tochterkern ist angeregt und geht unter Emission zweier γ-Quanten mit $E_1 = 1{,}17$ MeV und $E_2 = 1{,}22$ MeV in den Grundzustand über.
a) Welches Element ist der Tochterkern?
b) Welche Aktivität hat eine Co-Quelle von 50 Ci nach 2 Jahren?

9. Aufgabe:
$^{210}_{84}$Po ist ein reiner Alpha-Strahler mit der Halbwertszeit 138 d.
a) Wie groß ist die Zerfallskonstante? In welchen Kern verwandelt sich der $^{210}_{84}$Po-Kern?
b) Auf einer Nadel befindet sich eine Spur $^{210}_{84}$Po. Man bringt sie so nahe an ein Zählrohr, dass dieses die Hälfte der ausgesandten Strahlung registriert. Dabei ergeben sich 430 Impulse je Minute bei einem Nulleffekt von 30 Impulsen pro Minute.
Wie viel Gramm $^{210}_{84}$Po ist noch auf der Nadel?
c) Lässt sich die Strahlung nach 3 Jahren mit demselben Zählrohr, derselben Anordnung und demselben Nulleffekt noch nachweisen?

10. Aufgabe:
Bei einem radioaktiven Präparat wird in Zeitabständen von je $\frac{1}{2}$ Stunde die Impulsrate gemessen (Messdauer jeweils 1 Sekunde). Dabei ergaben sich die folgenden Werte:

Zeit in h	0,50	1,00	1,50	2,00
Impulsrate (Impulse/s)	3355	2910	2530	2200

Hinweis: Der Zerfall ist einstufig.
a) Leiten Sie aus dem Gesetz des radioaktiven Zerfalls die Abhängigkeit der Zählrate von der Zeit zunächst allgemein her.
b) Welche Impulsrate hätte man bei $t = 0$ s gemessen?
c) Bestimmen Sie die Halbwertszeit dieser radioaktiven Substanz.

11. Aufgabe:
Rutherford wies die Natur der α-Strahlung durch den in 5.2.1 beschriebenen Versuch nach. Um eine merkliche Gasentladung in der Kapillare V zu erreichen, deren Volumen 1,5 cm³ beträgt, musste der Druck in der Kapillare mindestens $p = 1{,}5$ mbar sein. Als α-Strahlen soll $^{220}_{86}$RN ($T_{\frac{1}{2}} = 55$ s) verwendet werden.
a) Wie viele Heliumatome müssen bei Zimmertemperatur gebildet werden, wenn man annimmt, dass 90 % der gebildeten α-Teilchen in das evakuierte Rohr T gelangen?

b) Wie lange muss man nach dem Einbringen des Radon mit $m = 1{,}0 \cdot 10^{-5}$ kg mindestens warten, bis die Entladung gezündet werden kann?

Messung langer Halbwertszeiten
Es gibt radioaktive Substanzen, deren Halbwertszeiten bis zu 10^9 a betragen. Bei derartigen Substanzen ist es unmöglich, aus der Abnahme der Aktivität mit der Zeit die Halbwertszeit zu bestimmen. Aus $N(t) = N_0 \cdot e^{-\lambda \cdot t}$ folgt $A(t) = \lambda \cdot N(t)$. Durch Messung der Zerfallsrate und der Zahl der noch nicht zerfallenen Kerne kann die Zerfallskonstante λ und somit die Halbwertszeit bestimmt werden.

12. Aufgabe:
Eine Kalium-Probe enthält zu 0,010 % das radioaktive $^{40}_{19}\text{K}$. Bestimmen Sie aus der Aktivität $A = 8{,}1 \cdot 10^{-10}$ Ci der Probe ($m = 1{,}0$ g) die Halbwertszeit von $^{40}_{19}\text{K}$.

Anmerkung zum Versuch mit Thoriumemanation ($^{220}_{86}\text{Rn}$)

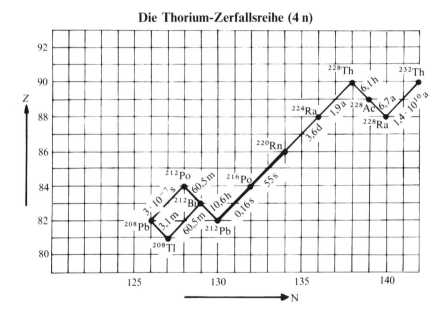

Wie die obige Abbildung zeigt ist $^{220}_{86}\text{Rn}$ ein Glied in der Thorium-Zerfallsreihe. In der Plastikflasche wird das gasförmige Radon durch den Zerfall von $^{232}_{90}\text{Th}$ gebildet (in der Plastikflasche befindet sich Thorium-Hydroxid). Durch das Einpumpen gelangt im Wesentlichen nur das gasförmige $^{220}_{86}\text{Rn}$ in die Ionisationskammer. Es zerfällt dort unter Alpha-Emission in $^{216}_{84}\text{Po}$ mit $T_{\frac{1}{2}} = 55{,}6$ s.
Dieses $^{216}_{84}\text{Po}$ zerfällt mit $T_{\frac{1}{2}} = 0{,}16$ s durch Alpha-Emission in $^{212}_{82}\text{Pb}$. Wegen des großen

Unterschiedes der Halbwertszeiten beider Zerfälle und des damit verbundenen Unterschiedes der Zerfallskonstanten ist auch für den Übergang von $^{216}_{84}$Po nach $^{212}_{82}$Pb effektiv die Zerfallskonstante und somit die Halbwertszeit von Radon maßgebend: Jeder Radonzerfall zieht nämlich in kürzester Zeit einen Poloniumzerfall nach sich, sodass die Gesamtaktivität doppelt so groß ist, als wenn nur Radon zerfallen würde.

Da $^{212}_{82}$Pb eine Halbwertszeit von 10,6 Stunden besitzt, zerfällt während der Versuchsdauer nur ein sehr geringer Bruchteil der Bleiatome. Dies bedeutet aber, dass die darauf folgenden Alpha-Zerfälle während der Versuchsdauer in verschwindend kleinem Maße stattfinden. Sie spielen ebenso wie die Zerfälle von $^{232}_{90}$Th bis $^{224}_{88}$Ra für die Bildung des Ionisationsstromes keine Rolle.

13. Aufgabe: Leistungskurs-Abitur 1983, V, Teilaufgabe 2a–d.

Für bestimmte Elemente einer natürlichen Zerfallsreihe soll mit der Ionisationskammer die Halbwertszeit des radioaktiven Zerfalls ermittelt werden.

a) α) Fertigen Sie eine beschriftete Skizze für einen solchen Versuch an.

β) Erläutern Sie, warum die Stromstärke proportional zur Teilchenzahl der radioaktiven Substanz abfällt.

b) Im folgenden Abschnitt aus einer Zerfallsreihe

$$A \xrightarrow[T_1]{\alpha} B \xrightarrow[T_2]{\alpha} C \xrightarrow[T_3]{\beta^-} D$$

gilt für die Halbwertszeiten: $T_3 \gg 1\,\mathrm{h} \gg T_1 \gg T_2$. Man bringt Substanz A in die Ionisationskammer und misst einige Minuten lang die Stromstärke.

α) Warum macht sich während dieser Zeit im Wesentlichen nur der Vorgang A → B → C bemerkbar?

β) Aus den Messwerten ermittelt man eine Halbwertszeit. Warum stimmt sie gut mit T_1 überein?

c) Die Messung ergibt folgende Tabelle:

I in 10^{-12} A	30	25	20	15	10	7,5	5	2,5
t in s	0	14	32	55	85	110	140	200

Stellen Sie die zeitliche Abhängigkeit der Stromstärke grafisch dar und geben Sie die Halbwertszeit an.
(t-Achse: 1 cm ≙ 20 s; I-Achse: 1 cm ≙ $5 \cdot 10^{-12}$ A).

d) Beim Versuch von c) war die Ausgangssubstanz ^{220}Rn. Bei dieser Nuklidsorte werden aufgrund zweier rasch aufeinander folgender Zerfallsakte immer ein 6,29 MeV- und ein 6,78 MeV-α-Teilchen ausgesandt. In Luft sind zur Erzeugung eines Elektron-Ion-Paares 35,5 eV nötig.

Berechnen Sie die Anzahl der zu Beginn des Versuches in der Ionisationskammer vorhandenen ^{220}Rn-Atome und die Gesamtmasse der Substanz zu Beginn des Versuchs.

Die Kammer wird im Sättigungsbereich betrieben, Verluste durch Auftreffen von α-Teilchen auf die Kammerwände sind zu vernachlässigen.

14. Aufgabe: Leistungskurs-Abitur 1986, V, Teilaufgabe 1a, b.

In der hohen Atmosphäre wird durch eine Kernreaktion der kosmischen Höhenstrahlung fortwährend das Wasserstoffisotop Tritium gebildet. Tritium zerfällt unter Aussendung niederenergetischer β^--Strahlung mit einer Halbwertszeit von 12,26 a. Bei einer Untersuchung des Grundwassers aus einer Tiefbohrung hat man festgestellt, dass der Gehalt an Tritium nur 28 % des Tritiumgehalts von Regenwasser beträgt.

a) Wie lautet die vollständige Zerfallsgleichung des Tritiumzerfalls?

b) Wie viele Jahre müssen vergangen sein, seit das Grundwasser als Regen auf die Erde gefallen ist, wenn man annimmt, dass es vollständig durch Versickern von Regenwasser entstanden ist?

9.2 Altersbestimmung mithilfe radioaktiver Nuklide

Es soll angenommen werden, dass ein Nuklid A durch Zerfall in ein stabiles Nuklid B übergeht. Die Halbwertszeit für den Zerfall $T_{\frac{1}{2}}$ sei bekannt, die Zerfallskonstante ist λ.

(1) $\quad N_A(t) = N_A(0) \cdot e^{-\lambda t}$ $\qquad$ (2) $\quad T_{\frac{1}{2}} = \dfrac{\ln 2}{\lambda}$

aus (1) ergibt sich: $\qquad$ (3) $\quad t = -\dfrac{1}{\lambda} \ln \dfrac{N_A(t)}{N_A(0)}$

(2) in (3) liefert: $\qquad$ (4) $\quad t = \dfrac{T_{\frac{1}{2}}}{\ln 2} \cdot \ln \dfrac{N_A(0)}{N_A(t)}$

Weiterhin gilt für jeden beliebigen Zeitpunkt: $N_A(0) = N_A(t) + N_B(t)$
Somit kann man für (4) schreiben:

$$\boxed{t = \frac{T_{\frac{1}{2}}}{\ln 2} \cdot \ln\left(1 + \frac{N_B(t)}{N_A(t)}\right)} \qquad (5)$$

Das Verhältnis $\dfrac{N_B(t)}{N_A(t)}$ kann mithilfe der Massenspektroskopie bestimmt werden.

Mithilfe von (5) kann dann die Zeit t bestimmt werden, in der sich aus der reinen Muttersubstanz mit $N_A(0)$ Teilchen das vorhandene Gemisch von Nukliden mit dem Verhältnis $N_B(t)/N_A(t)$ gebildet hat.

Das massenspektroskopische Verfahren zur Bestimmung von $N_B(t)/N_A(t)$ liefert dann die besten Resultate, wenn $N_B(t)/N_A(t) \approx 1$ ist. Dies ist aber gleichbedeutend mit $N_A(t)/N_A(0) \approx 0,5$ oder mit $e^{-\lambda t} \approx 0,5$. Letzte Bedingung ist erfüllt, wenn $\lambda \cdot t$ ungefähr die Größenordnung von 1 hat. Aus $\lambda \cdot t \approx 1$ folgt $\dfrac{(\ln 2) \cdot t}{T_{\frac{1}{2}}} \approx 1$, d. h. $T_{\frac{1}{2}}$ soll zweckmäßig die Größenordnung von t besitzen.

Uran-Blei-Methode

Für die Bestimmung des Erdalters und ähnlich großer Zeiträume braucht man eine radioaktive Substanz mit hoher Halbwertszeit. Aus den Halbwertszeiten der Uran-Radium-Reihe $(4n + 2)$ sieht man, dass für den Übergang von ^{238}U zu ^{206}Pb die Halbwertszeit des ^{238}U bestimmend ist.

Bei dem geschilderten Verfahren zur Altersbestimmung nimmt man an, dass zur Zeit $t = 0$ die Zahl $N_B(0) = 0$ ist, und außerdem während der Zeit t keine neuen Mutterkerne nachgebildet werden. Aus dem heute bestehenden Verhältnis von $N_{^{206}Pb}/N_{^{238}U}$ errechnet sich ein Erdalter von ca. $4 \cdot 10^9$ a.

> **1. Aufgabe:** Leistungskurs-Abitur 1979, V, Teilaufgabe 2a–d
>
> a) Von welcher Annahme geht man bei der theoretischen Herleitung des Gesetzes über den radioaktiven Zerfall aus? Leiten Sie damit das Zerfallsgesetz her.
>
> b) Die Halbwertszeit eines radioaktiven Präparats liege in der Größenordnung 10 min. Wie kann man seine Zerfallskonstante λ aus der Aktivität bestimmen?
>
> c) Wenn die Halbwertszeit in der Größenordnung 10^3 a liegt, muss man zur Bestimmung von λ anders vorgehen als in Teilaufgabe b. Welche Messungen sind dann auszuführen, wie sind diese im Prinzip auszuwerten? Keine Einzelheiten der Versuchsanordnung!
>
> d) ^{238}U zerfällt radioaktiv mit dem Endprodukt ^{206}Pb. Wegen der relativ kleinen Halbwertszeiten der Zwischenprodukte kann für die folgenden Überlegungen in guter Näherung ein direkter Zerfall von ^{238}U in ^{206}Pb angenommen werden. Bestimmen Sie das Massenverhältnis von Blei und Uran, das sich nach der Zeit $t = 1{,}20 \cdot 10^9$ a in einer Gesteinsprobe aufgrund des radioaktiven Zerfalls einstellt.

^{14}C-Methode

Neben den stabilen Kohlenstoffisotopen ^{12}C und ^{13}C kommt in der Natur in sehr geringen Mengen auch das radioaktive Isotop ^{14}C vor, das dem β^--Zerfall unterliegt (vgl. 12.2.3):

$$^{14}_{6}C \rightarrow {}^{14}_{7}N + {}^{0}_{-1}e^- + {}^{0}_{0}\bar{\nu}$$

Die Halbwertszeit von ^{14}C beträgt etwa $5{,}6 \cdot 10^3$ a, d.h. diese radioaktive Substanz ist für die Bestimmung von Zeiträumen in der Größenordnung von 1000 bis 10000 Jahren geeignet.

Im Kohlendioxid der Lufthülle ist ein konstantes Verhältnis von $N_{^{14}C}/N_{^{12}C}$ gegeben. Aufgrund des Entstehungsprozesses von ^{14}C

$$^{14}_{7}N + {}^{1}_{0}n \rightarrow {}^{14}_{6}C + {}^{1}_{1}p$$

kann man annehmen, dass sich das Verhältnis $N_{^{14}C}/N_{^{12}C}$ über die letzten 10000 a bis 20000 a nicht geändert hat. In lebenden Organismen ist wegen der ständigen Aufnahme von CO_2 das gleiche Verhältnis von $N_{^{14}C}/N_{^{12}C}$ zu erwarten wie bei CO_2. Stirbt der Organismus ab, so nimmt wegen der fehlenden Aufnahme von CO_2 und des radioaktiven Zerfalls von ^{14}C das Verhältnis $N_{^{14}C}/N_{^{12}C}$ ab. Kennt man dieses Verhältnis beim abgestorbenen Organismus heute, so kann man ähnlich wie bei der Uran-Blei-Methode die Zeitdauer vom Absterben des Organismus bis heute bestimmen.

In der folgenden Tabelle sind einige Daten, die nach der Radiokarbonmethode ermittelt wurden, zusammengestellt:

		Alter in Jahren
Ägypten:	Zypressenbalken vom Grabmal des Sneferu bei Meydum	4802 ± 210
	Holz vom Deck eines Totenschiffs aus dem Grabmal des Sesostris III.	3621 ± 180
	Menschenhaut aus einem Friedhof bei Nagada (nördl. Ägypten)	5577 ± 300
Irak:	Yarma, frühjungsteinzeitliches Dorf, Hausboden	6606 ± 330
Afghanistan:	Prähistorische Anlage, Mundigak, Beginn der Bronzezeit, Holzkohle	4580 ± 200
Frankreich:	Lascaux-Höhle bei Montignac, Holzkohle	15516 ± 900
Deutschland:	Torf mit Birkenresten, Wallensen	11044 ± 500
England:	Eichenholzreste von Histon Road, letzte Zwischeneiszeit	> 17000
	Holzkohle aus einer Höhle von Stonehenge	3798 ± 275
Nordamerika:	Muschelschalen aus indianischem Abfallhaufen (Kalifornien)	889 ± 100
	Atlatl-Pfeile aus Hartholz (Nevada)	7038 ± 350
	Holzkohle aus dem Newberry Crater (Oregon), letzter Ausbruch	2054 ± 230
	Holzkohle aus der älteren Kupferzeit, Oconto (Wisconsin)	5600 ± 600

Für noch kürzere Zeitbestimmungen eignet sich die so genannte **Tritium-Methode** ($T_{\frac{1}{2}} = 12{,}3\,\text{a}$). Sie ist z. B. geeignet, das Alter eines Weines festzustellen. *Prost!*

---

2. Aufgabe: Leistungskurs-Abitur 1980, V, Teilaufgabe 3a, b
Bei abgestorbenem Holz lässt sich über den Zerfall von $^{14}_{6}C$ eine Altersbestimmung durchführen:
In lebendem Holz findet man als Mittelwert unter $1{,}0 \cdot 10^{12}$ stabilen $^{12}_{6}C$-Atomen je ein instabiles $^{14}_{6}C$-Atom. Die Halbwertszeit von $^{14}_{6}C$ ist $T = 5{,}74 \cdot 10^{3}\,\text{a}$. Wenn das Holz abgestorben ist, werden keine neuen $^{14}_{6}C$-Atome mehr eingelagert.
Ein ausgegrabenes Holzstück, bei dem der Kohlenstoffanteil die Masse $m = 50\,\text{g}$ hat, zeigt eine Restaktivität $A = 4{,}8 \cdot 10^{2}\,\text{min}^{-1}$.
a) Wie viele $^{14}_{6}C$-Atome sind noch in diesem Holzstück enthalten?
b) Vor wie vielen Jahren starb das Holzstück ab?

3. Aufgabe:

a) Im Gleichgewichtszustand hat 1,00 g Kohlenstoff eines lebenden Organismus die Aktivität $3{,}48 \cdot 10^{-10}$ Ci. Bestimmen Sie das Alter der Mumie Tut-ench-Amuns, wenn bei der Mumie die Aktivität von 1,00 g Kohlenstoff noch $2{,}34 \cdot 10^{-10}$ Ci beträgt.

b) Warum kommt man bei der Altersbestimmung nach der ^{14}C-Methode bei Bäumen die neben einer Autobahn standen auf zu hohe Werte?

4. Aufgabe:

Marie und Pierre Curie stellten bei einer radioaktiven Probe ($m \approx 10^{-6}$ kg), von der sie wussten, dass die Massezahl $A \approx 200$ betrug, folgende Versuchsergebnisse fest:

– die Probe produziert in einem Kalorimeter ca. $17 \cdot 10^{-6} \frac{\text{J}}{\text{h}}$.

– in einem Spinthariskop, das 20 mm von der Probe entfernt ist und eine Fläche von 0,1 mm^2 erfasst, zählt man ca. 13 Lichtblitze pro Minute.

a) Schätzen Sie aus den gegebenen Daten die Halbwertszeit der Probe ab. Es darf hierbei ein einstufiger Zerfall angenommen werden.

b) Welche Energie wird etwa pro Zerfallsakt frei?

9.3 Anwendung radioaktiver Nuklide in der Medizin und anderen Gebieten

Neben der Altersbestimmung gibt es noch eine Reihe von interessanten Anwendungen radioaktiver Kerne. Im Folgenden werden einige Beispiele aus Medizin, Technik, Geografie und Pharmazie knapp erläutert.

a) Medizin

Die Indikator- oder Tracer-Technik*

Diese in der medizinischen Diagnostik weit verbreitete Technik geht auf den Chemiker Hevesy (Nobelpreis 1943) zurück.

Von Hevesy wird die folgende Anekdote berichtet:

Um herauszufinden, ob die Essensreste der Institutskneipe im Essen des nächsten Tages in anderer Form wieder aufgetischt werden, soll Hevesy einen Essensrest mit einer kleinen Menge eines radioaktiven Salzes markiert haben. Am nächsten Tag spürte er mit einem Geigerzähler tatsächlich die radioaktive Strahlung des Salzes im Haschee auf.

Mit einer ähnlichen Methode, die wir am Beispiel der Schilddrüsenuntersuchung darstellen wollen, erforscht man heute Transportvorgänge im menschlichen Körper. Man weiß, dass die Elemente Jod und Technetium in der menschlichen Schilddrüse angereichert werden.

* trace, engl.: Spur

den. Um die Funktion dieses Organs zu überprüfen, injiziert man eine sehr kleine, kaum schädliche Menge des radioaktiven Isotops in das Blut.

Die Geschwindigkeit, mit der das Isotop aus dem Blut aufgenommen und in der Schilddrüse wieder abgebaut wird, sowie die räumliche Verteilung des Isotops in der Schilddrüse lassen sich mit empfindlichen Detektoren, die auf die Strahlung der Isotope ansprechen, verhältnismäßig einfach feststellen (Szintigrafie). Ohne dass man direkt in ein Organ eingreift, kann man so Aussagen über seine Funktionsfähigkeit gewinnen.

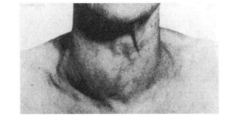

Die folgende Abbildung zeigt das Szintigramm einer gesunden (a) und einer erkrankten Schilddrüse (b). Das Organ wird mit einem Detektor zeilenweise abgetastet und die jeweilige Intensität durch einen angeschlossenen Schreiber registriert.

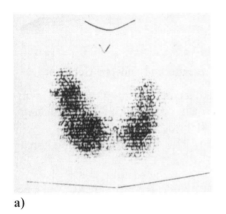 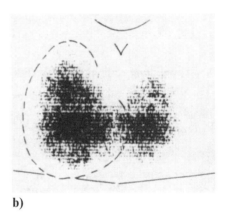

a)   b)

Die Tracertechnik nahm ihren Aufschwung, als es möglich war, für fast jeden Verwendungszweck ein passendes radioaktives Isotop künstlich herzustellen. Die schon früher zur Verfügung stehenden natürlich vorkommenden Elemente waren meist ungeeignet, da sie bei biologischen Vorgängen kaum eine Rolle spielen.

Um die Strahlenbelastung des Patienten möglichst gering zu halten, wählt man in der Regel Isotope aus, deren Abklingzeiten im Bereich von Stunden oder Tagen liegen. Bei diesen kurzen Halbwertszeiten genügen schon geringste Mengen der radioaktiven Substanz, um gerade noch mit den empfindlichen kernphysikalischen Messinstrumenten aufgespürt zu werden. So ist z. B. die Nachweisgrenze bei $T_{1/2} = 15\,\text{h}$ etwa 10^{-19} g der radioaktiven Substanz. Meist werden γ-Strahler ausgewählt, da deren Strahlung auf dem Weg vom Organ zum Detektor nur unwesentlich absorbiert wird.

Radioisotope in der Therapie
Zur Behandlung von bestimmten Schilddrüsenerkrankungen kann radioaktives Jod eingesetzt werden. Die dabei verabreichten Dosen sind jedoch um etwa einen Faktor 10^5 höher als bei der Diagnostik.
Da Krebszellen strahlenempfindlicher als die Zellen von gesundem Gewebe sind, wird zur Geschwulstbehandlung γ-Strahlung (z. B. aus ^{60}Co-Quellen) oder die Teilchenstrahlung von Beschleunigern eingesetzt.

b) Geografie

Durch den radioaktiven Niederschlag (Fallout) bei den Kernwaffenexperimenten der vergangenen Jahrzehnte, aber auch bei dem Reaktorunglück von Tschernobyl entstand auf den Gletschern eine Eisschicht mit erhöhter Radioaktivität. Diese Schicht wandert aufgrund weiterer Niederschläge immer tiefer unter die Oberfläche. Durch Bohrungen in gewissen Zeitabständen können jeweils die Lage der »radioaktiven Schicht« festgestellt und somit Aussagen über den Aufbau und die Wanderung eines Gletschers gemacht werden.

c) Technik

Verschleiß-Messungen
Der Einsatz radioaktiver Isotope hat sich bei Verschleißuntersuchungen in Maschinen besonders gut bewährt. Der Abrieb, der z. B. bei der Reibung der Kolbenringe an der Zylinderwand eines Motors entsteht, kann mit herkömmlichen Verfahren erst nach einem langen Probelauf festgestellt werden. Aktiviert man dagegen die Kolbenringe durch die Neutronenstrahlung eines Reaktors, so lässt sich aufgrund der hohen Empfindlichkeit beim Nachweis radioaktiver Strahlung der Abrieb im Motoröl nach kurzer Zeit feststellen.
Insbesondere bei der Reibung von Werkstücken aus gleichem Material kann man durch Aktivierung nur eines »Reibungspartners« feststellen, von welchem Werkstück der Abrieb stammt. Dieser Nachweis wäre z. B. durch eine chemische Analyse unmöglich.

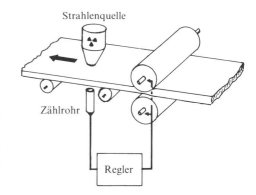

Berührungslose Dickenmessung
Bei Walzwerken ist die Dickenmessung der heißen Walzbleche bequem und ohne Berührung möglich, wenn die Bleche mit β-Teilchen eines Präparates durchstrahlt werden. Aus Absorptionsmessungen weiß man, dass die am Detektor nachgewiesene Strahlungsintensität Rückschlüsse auf die Blechdicke zulässt.

Schweißnahtprüfung
Schweißnähte an Brückenträgern oder Druckbehältern, die oft erst an der Baustelle ausgeführt werden, dürfen nicht fehlerhaft sein, das heißt z. B., dass die Nähte keine Lufteinschlüsse besitzen dürfen. Hinterlegt man die Schweißnähte mit einem Film und durchstrahlt sie mit der γ-Strahlung eines Präparates, so lassen sich schnell und einfach Fehler diagnostizieren. Da Luft die Strahlung nicht in dem Maße absorbiert wie das Metall, ist die Schwärzung des Films hinter dem Lufteinschluss besonders stark.

Material mit Fehlstelle

d) Pharmazie
In der pharmazeutischen Forschung kann die Wirkungsweise von Medikamenten untersucht werden, indem einige Atome der Wirksubstanz durch chemisch und biologisch gleichwertige radioaktive Isotope ersetzt werden. Durch Verfolgung des Weges der »indizierten« Atome erhält man z. B. Aufschluss über die Absorptionsgeschwindigkeit und den Absorptionsort des Medikamentes im Körper.

---

1. Aufgabe
Ein undurchsichtiger Behälter ist mit einer Flüssigkeit gefüllt. Wie kann man mithilfe radioaktiver Strahlung die Höhe des Flüssigkeitspegels feststellen? Skizze!

■ **Beachte Film FWU:** Isotope 320736

10. Freie Neutronen

Die Entdeckung des Neutrons*

Ausgangspunkt für die Entdeckung des Neutrons waren Versuche von **Bothe und Becker** (1930), bei denen sie einige leichte Elemente wie Be, B, Li usw. mit Alpha-Teilchen beschossen. Es trat insbesondere beim Beschuss von Beryllium eine sehr harte Strahlung auf, die auch durch eine mehrere Zentimeter dicke Bleischicht nicht sehr stark geschwächt wurde. Zunächst vermutete man, dass es sich bei dieser Strahlung um harte Gamma-Strahlung handelt, man nannte sie »*Beryllium-Strahlung*«.

I. Curie und F. Joliot beobachteten, dass der Strom in einer Ionisationskammer die der »Beryllium-Strahlung« ausgesetzt war, anstieg, wenn die Strahlung vorher eine wasserstoffhaltige Substanz (z. B. Paraffin) durchsetzte. Versuche mit der Nebelkammer zeigten, dass das Anwachsen des Stromes auf die Entstehung von Protonen unter dem Einfluss der Strahlung zurückzuführen ist.

Die Länge der Protonenspuren betrug bis zu 26 cm, darüber hinaus konnten auch schwere Rückstoßkerne wie z. B. Stickstoff beobachtet werden. Aus der Reichweite der Rückstoßkerne kann auf deren Anfangsenergie geschlossen werden. Sie beträgt bei Protonen dieser Reichweite etwa 5,7 MeV, bei den Stickstoffkernen etwa 1,2 MeV.

Zunächst war man der Ansicht, dass diese Rückstoßkerne ihre Energie ähnlich wie Comptonelektronen durch Wechselwirkung mit Gamma-Quanten erhalten. Die genaue Analyse führte jedoch zu erheblichen Widersprüchen: Zum einen wäre hierfür eine unwahrscheinlich hohe Gamma-Quantenenergie von ca. 50 MeV bis 100 MeV erforderlich. Zweitens wäre die Halbwertsdicke so hochenergetischer Quanten in Blei (ca. 1 cm; vgl. Diagramm in 4.3.2) viel geringer als die mit der »Be-Strahlung« beobachtete Halbwertsdicke (ca. 3 cm). Die Hypothese, dass es sich bei der »Be-Strahlung« um hochenergetische γ-Strahlung handelt, musste deshalb aufgegeben werden.

Chadwick gelang 1932 eine Lösung dieses Problems, indem er annahm, dass »Be-Strahlung« aus **neutralen Teilchen (Neutronen)** der Masse m_n besteht. Chadwick versuchte, mithilfe dieser Vorstellung aus den vorhandenen experimentellen Daten auf die Masse dieser Teilchen zu schließen.

Für einen zentralen elastischen Stoß zwischen einem Neutron (n) und einem in Ruhe befindlichen Kern (K) ist der Energieübertrag an den Kern am größten.

Dabei gilt*:

vor dem Stoß　　　　　　　　　　　　　nach dem Stoß

n　　　　　　　　K　　　　　　　　　　　　v'_n　　　　v_K
●──v_n──▶　　○　　　　　　　　　　◀──●　　○──▶

Energieerhaltungssatz:　$\frac{1}{2}m_n v_n^2 = \frac{1}{2}m_n v'^2_n + \frac{1}{2}m_K v_K^2$　　I
Impulserhaltungssatz:　$m_n v_n = m_n v'_n + m_K v_K$　　II

Umformung von I und II ergibt:

$$\text{I'}\quad m_n(v_n^2 - v'^2_n) = m_K v_K^2$$
$$\text{II'}\quad m_n(v_n - v'_n) = m_K v_K$$

Durch Division von I' durch II' folgt:

$$v_n + v'_n = v_K \quad\text{bzw.}\quad v'_n = v_K - v_n$$

Einsetzen dieser Beziehung in II':

$$\text{II''}: m_n(2v_n - v_K) = m_K v_K$$

Durch Auflösen von II'' nach v_K erhält man:

$$v_K = \frac{2 m_n v_n}{m_n + m_K} \tag{1}$$

I. Curie und Joliot hatten im Versuch Spuren von Rückstoßprotonen bzw. Rückstoß-^{14}N-Kernen beobachtet. Die Rechnung, Gl. (1), ergibt für ihre maximalen Geschwindigkeiten (Index p bzw. N für Proton bzw. ^{14}N-Kern):

$$v_p = \frac{2 m_n v_n}{m_n + m_p} \quad\text{bzw.}\quad v_N = \frac{2 m_n v_n}{m_n + m_N}$$

und somit für das Geschwindigkeitsverhältnis:

$$\frac{v_p}{v_N} = \frac{m_n + m_N}{m_n + m_p} \tag{2}$$

Vom Versuch her waren die maximalen kinetischen Energien der Rückstoßkerne bekannt ($E_{\text{kin p}} \approx 5{,}7$ MeV; $E_{\text{kin N}} \approx 1{,}2$ MeV; vgl. S. 105). Hieraus folgt für das Geschwindigkeitsverhältnis

$$\frac{E_{\text{kin p}}}{E_{\text{kin N}}} = \frac{\frac{1}{2}m_p v_p^2}{\frac{1}{2}m_N v_N^2} = \frac{m_p}{m_N} \cdot \left(\frac{v_p}{v_N}\right)^2$$

bzw.　$\left(\dfrac{v_p}{v_N}\right)_{\text{exp}} = \sqrt{\dfrac{m_N}{m_p} \cdot \dfrac{E_{\text{kin p}}}{E_{\text{kin N}}}} = \sqrt{\dfrac{14}{1} \cdot \dfrac{5{,}7\,\text{MeV}}{1{,}2\,\text{MeV}}} \approx 8{,}2$　(3)

---

* v_n, v'_n, v_K sind die *Koordinaten* der drei Geschwindigkeitsvektoren in Richtung der Bewegungsgeraden ($v_n, v_K > 0$, $v'_n < 0$).

Einsetzen des gemessenen Werts (3) in Gl. (2) liefert eine Beziehung, aus der die unbekannte Masse m_n berechnet werden kann:

$$8{,}2 \approx \frac{m_n + m_N}{m_n + m_p}$$

Auflösen nach m_n:
$$m_n \approx \frac{m_N - 8{,}2\, m_p}{7{,}2}$$

also:
$$m_n \approx \frac{14\,u - 8{,}2 \cdot 1\,u}{7{,}2} \approx \mathbf{0{,}8\,u}$$

Der so bestimmte Wert der Neutronenmasse war noch ungenau. Spätere Massenbestimmungen auf der Grundlage präziserer Messdaten bzw. durch Auswertung von Kernreaktionen ergaben, dass die Neutronenmasse bis auf 3 gültige Stellen mit der Protonenmasse übereinstimmt:

$$m_n = 1{,}008665\,u, \qquad m_p = 1{,}007277\,u.$$

10.1 Abbremsung von Neutronen (Moderation)

Da die Neutronen keine elektrische Ladung besitzen, sind sie durch elektrische und magnetische Felder nicht ablenkbar. Weil sie durch das Coulombfeld des Kerns nicht beeinflusst werden, eignen sie sich bevorzugt als Geschosse zur Untersuchung der Kernstruktur.

Eine Beeinflussung von Neutronen erfolgt nur, wenn sie in den Wirkungsbereich der Kernkräfte anderer Kerne gelangen. Der Stoß schneller Neutronen mit Kernen kann mit dem Modell des elastischen Stoßes zweier Kugeln beschrieben werden. Bei einem solchen elastischen Stoß verliert das Neutron je nach der Masse des Stoßpartners mehr oder weniger an Energie ΔE.

---

1. Aufgabe:

a) Zeigen Sie mithilfe der Beziehungen des elastischen zentralen Stoßes, dass für das Verhältnis von Energieverlust des Neutrons ΔE zu dessen ursprünglicher kinetischer Energie gilt:

$$\frac{\Delta E}{E_{kin_{vorher}}} = \frac{4\, m_n m_K}{(m_n + m_K)^2} = \frac{4}{\dfrac{m_K}{m_n} + 2 + \dfrac{m_n}{m_K}}$$

b) Für welches Verhältnis $\dfrac{m_K}{m_n} = q$ ist der Energieverlust des Neutrons maximal?

Aus dem Ergebnis der Rechnung kann geschlossen werden, dass Material, dessen Kernmasse vergleichbar mit der Neutronenmasse ist, sich besonders gut zum Abbremsen schneller Neutronen eignet.

10. Freie Neutronen

Neutronen lassen sich aufgrund ihrer Energie grob in drei Gruppen einteilen:

langsame (thermische) Neutronen	$\overline{E_{kin}} \approx 0{,}025$ eV
mittelschnelle Neutronen	1 eV – 1 MeV
schnelle Neutronen	> 1 MeV

Manche Kernreaktionen lassen sich vorzugsweise mit langsamen Neutronen einleiten. Man muss daher für hohe Reaktionsausbeuten schnelle Neutronen (wie sie bei Kernreaktionen entstehen) abbremsen. Dies geschieht durch Moderatoren, die aus Materialien mit leichten Kernen bestehen (z. B. H_2O, D_2O, Graphit).

---

2. Aufgabe: Moderation von Neutronen in wasserstoffhaltigen Materialien

Beim zentralen elastischen Stoß mit einem Proton verliert das Neutron seine Energie vollständig (vgl. 1. Aufg., a)), bei der Streuung unter kleinen Winkeln (Vorwärtsstreuung) verliert es praktisch keine Energie. Dazwischen sind je nach Streuwinkel alle Energieverluste von 0 bis 100% möglich. Ein schnelles Neutron legt bei seiner Moderation im Allgemeinen eine Zick-Zack-Bahn zurück, auf der es nacheinander Streuungen unter verschiedensten Winkeln erfährt.

Beispiel:

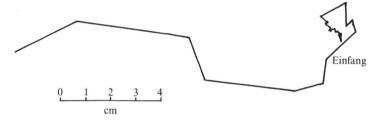

Dabei kann man für wasserstoffhaltige Moderatoren *in grober Näherung* annehmen, dass das Neutron *im Mittel* bei jedem Stoß die Hälfte seiner Energie verliert (Begründung siehe oben!).

a) Schätzen Sie ab, wie viele Stöße an Protonen demnach im Mittel nötig sind, um ein 1 MeV Neutron auf thermische Energie abzubremsen.

b) Nach einer sehr komplizierten Theorie der Moderation und Diffusion von Neutronen (von **Fermi**) sind z. B. bei Wasser tatsächlich im Mittel 17 Stöße nötig. Welcher Wert ergibt sich hieraus für den tatsächlichen Energieverlust, den ein Neutron *im Mittel* pro Stoß erleidet (in %)?

c) Erklären Sie qualitativ, warum sich die Energie der moderierten Neutronen (im Mittel) nicht mehr ändert, wenn sie einmal thermische Energie ($E_{kin} \approx 0{,}025$ eV) erreicht haben. Auch die thermischen Neutronen unterliegen noch Stößen mit Protonen des Moderators!

10.2 Erzeugung von freien Neutronen

Neutronen können z. B. durch folgende Kernreaktion gebildet werden:

$^{9}_{4}\text{Be} + ^{4}_{2}\text{He} \rightarrow ^{12}_{6}\text{C} + ^{1}_{0}\text{n}$

Kurzschreibweise: $^{9}_{4}\text{Be}\,(\alpha, n)\,^{12}_{6}\text{C}$

Die bei dieser Reaktion entstehenden Neutronen haben Energien von einigen MeV.

Einen möglichen Aufbau einer **Neutronenquelle** zeigt nebenstehende Skizze.

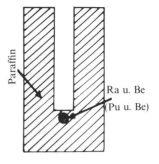

Neutronenquelle $^{9}_{4}\text{Be}\,(\alpha, n)\,^{12}_{6}\text{C}$

---

3. Aufgabe:
Erklären Sie die Bedeutung der einzelnen Bestandteile dieser Neutronenquelle.

Andere Neutronenquellen hoher Intensität sind z. B. **Kernreaktoren** (vgl. Abschnitt 13.1) und spezielle **Kernreaktionen** (vgl. das Beispiel in 11.4).

10.3 Nachweis von Neutronen

Da Neutronen selbst keinerlei Ionisation bewirken, muss man zu ihrem Nachweis auf indirekte Methoden zurückgreifen.

a) Nachweis langsamer Neutronen
Man füllt dazu ein Zählrohr mit einem Gas das Bor enthält (z. B. BF$_3$). Die Neutronen bewirken dabei mit hoher Ausbeute folgende Kernreaktion:

$$^{10}_{5}\text{B} + ^{1}_{0}\text{n} \rightarrow ^{7}_{3}\text{Li} + ^{4}_{2}\text{He}$$

Die bei dieser Reaktion entstehenden Alpha-Teilchen und ^{7}Li-Ionen können als geladene Teilchen mit hoher kinetischer Energie (vgl. 11.4, 2. Aufg.) im Zählrohr nachgewiesen werden.

b) Nachweis schneller Neutronen:
Da diese Neutronen nur mit geringer Wahrscheinlichkeit Kernreaktionen auslösen, benützt man zum Nachweis die Rückstoßkerne (vgl. 10.1). Am besten geeignet sind wasserstoffhaltige Detektoren, in denen Rückstoßprotonen auftreten (z. B.: H$_2$-gefülltes Zählrohr, Szintillationszähler mit einem wasserstoffhaltigen Plastik-Szintillator anstelle des NaJ-Kristalls).

Spuren von Rückstoß-Protonen in einer H$_2$-gefüllten Nebelkammer

4. Aufgabe: Leistungskurs-Abitur 1975, IV, Teilaufgabe 3c, d

c) In welchen Materialien können Neutronen hoher Energie am wirkungsvollsten auf thermische Geschwindigkeiten abgebremst werden? Begründen Sie Ihre Antwort.

d) Nach der Abbremsung haben die Neutronen unterschiedliche Geschwindigkeiten. Erklären Sie, warum und wie ein Kristall mit geeigneter Gitterkonstante als Geschwindigkeitsfilter für diese Neutronen dienen kann.

5. Aufgabe: Leistungskurs-Abitur 1977, IV, Teilaufgabe 1c
Die Spur eines nicht relativistischen α-Teilchens gabelt sich in der Nebelkammer. Man vermutet einen elastischen Stoß des α-Teilchens mit einem unbekannten, als ruhend angenommenen Teilchen. Die Spuren des stoßenden und des gestoßenen Teilchens bilden nach dem Stoß einen Winkel von 90°. In welchem Verhältnis steht die Masse M des gestoßenen Teilchens zur Masse m_α des α-Teilchens?

6. Aufgabe:
Ein Neutronenstrahl tritt in der skizzierten Richtung in eine Nebelkammer. Vom Punkt A aus wird eine in der Zeichenebene verlaufende Bahn eines Rückstoßprotons beobachtet. Die Nebelkammer wird senkrecht zur Bahnebene von einem Magnetfeld ($B = 5 \cdot 10^{-2}$ Vs/m^2) durchsetzt. Der Krümmungsradius der Protonenbahn beträgt $r = 1{,}58$ m, der Winkel $\alpha = 30°$.

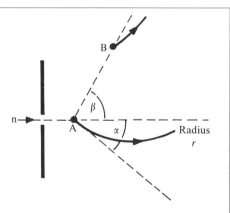

a) Berechnen Sie den Energieverlust des Neutrons beim Stoß im Punkt A (Neutronenmasse sei bekannt).

b) Die Anfangsenergie des Neutrons ist 0,4 MeV. Berechnen Sie die Energie des Neutrons nach dem Stoß in A.

c) Zeigen Sie durch Rechnung, dass das in B entstehende Rückstoßproton nicht durch das bei A gestreute Neutron verursacht wird. Winkel $\beta = 40°$.

11. Kernreaktionen – künstlich radioaktive Nuklide

Auch langsame Neutronen ($E_{kin} \approx 0{,}025\,\text{eV}$) sind gut geeignete Geschosse zum Einleiten vieler Kernreaktionen, da sie ungeladen sind und folglich nicht von den positiv geladenen Atomkernen abgestoßen werden. Dagegen müssen geladene Teilchen wie Protonen, Deuteronen oder α-Teilchen eine hohe kinetische Anfangsenergie – meist über 5 bis 10 MeV – besitzen, um überhaupt den »Coulomb-Wall« (vgl. 1.6) zu überwinden und in den Einflussbereich der Kernkräfte zu gelangen. Während man in den Anfängen der Kernphysik auf die energiereichen Teilchen radioaktiver Strahlung zurückgriff, benützt man heute Teilchen, die durch so genannte Beschleuniger auf hohe Energie gebracht werden. Für die Beschleunigung geladener Teilchen nutzt man die Kraftwirkung in elektrischen Längsfeldern (Feldrichtung parallel zur Bewegungsrichtung) aus.

11.1 Teilchenbeschleuniger (Wiederholung/1. Halbjahr)*

11.1.1 Gleichspannungs-Linearbeschleuniger*

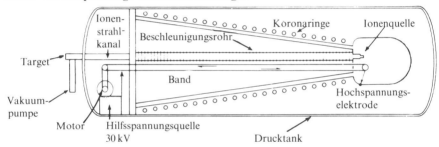

Bei den einfachsten Beschleunigern werden die Teilchen im Feld zwischen Hochspannungselektrode und der geerdeten Gegenelektrode beschleunigt. Obige Abbildung zeigt die technische Ausführung eines solchen Linearbeschleunigers:
Von der Hilfsspannungsquelle wird Ladung auf ein umlaufendes Band aus isolierendem Material gesprüht und in das Innere der Hochspannungselektrode transportiert. Durch Influenzwirkung wird die Ladung des Bandes auf das Äußere der Hochspannungselektrode gebracht. Da in Luft unter Normalbedingungen eine Entladung der Hochspannungselektrode schon bei einer Feldstärke von $E \approx 10^6\,\dfrac{\text{V}}{\text{m}}$ erfolgen würde, befindet sich der gesamte Van-de-Graaff-Generator in einem Drucktank, der mit einem geeigneten Gas (Druck ca. 20 bar) gefüllt ist. Dadurch kann die Durchbruchsfeldstärke erheblich vergrößert werden. Ohne zu große Dimensionen der Anlage werden so Potentialdifferenzen in der Größenordnung von 10–30 MeV erreicht. Durch die Corona-Ringe und die zugehörigen Hilfselektroden am Beschleunigungsrohr wird erreicht, dass das Potential längs des Beschleunigungsrohres nahezu linear abfällt. Ohne diese Elektroden würde man einen $\dfrac{1}{r}$-Verlauf des Potentials erwarten. In der Nähe der Hochspan-

nungselektrode wäre damit der Potentialabfall und damit die Gefahr einer unkontrollierten Entladung zu groß. Die Hilfselektroden längs des Beschleunigungsrohres dienen auch zur Beeinflussung der Feldform und tragen zur Fokussierung des Teilchenstrahles bei. Im Inneren der Hochspannungselektrode sitzt eine Ionenquelle, deren Ionen nach der Beschleunigung im Rohr auf das zu untersuchende Material (Target) auftreffen.

11.1.2 Tandembeschleuniger*

Durch einen Kunstgriff ist es möglich, die von den Teilchen durchlaufene Potentialdifferenz zu verdoppeln:

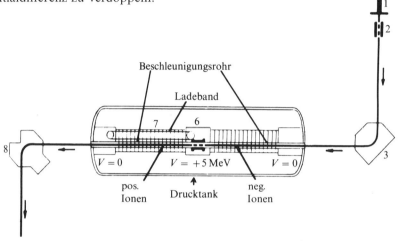

Die von der Ionenquelle 1 austretenden Ionen werden in 2 durch Aufnahme von Elektronen zu negativen Ionen. Diese vorbeschleunigten Ionen gelangen über einen Ablenkmagneten 3 (Filter für Teilchen mit gleichem $\frac{Q}{m}$) in das Beschleunigungsrohr. Sie durchlaufen dort z. B. eine Potentialdifferenz von 5 MeV und gelangen in das Innere der Hochspannungselektrode 6. Während im Beschleunigungsrohr ein Hochvakuum aufrecht erhalten wird, ist in der Hochspannungselektrode eine Gasfüllung oder ein dünnes Target. Die energiereichen negativen Ionen werden dort umgeladen. Die nun positiven Ionen können in dem linken Beschleunigungsrohr 7 noch einmal die gleiche Potentialdifferenz durchlaufen. Durch den Magneten 8 erfolgt eine Umlenkung und Sortierung der Ionen.
Tandembeschleuniger werden heute insbesondere zur Beschleunigung schwerer Ionen verwendet.

---

1. Aufgabe: Leistungskurs-Abitur 1976, I, Teilaufgabe 2a–d
Für schwerere Ionen verwendet man u.a. den folgenden Beschleunigertyp (siehe Skizze): In das hochevakuierte Keramikrohr dieses Beschleunigers soll ein Gemisch negativer Ionen eingeschlossen werden. Diese Ionen wurden aus der Ruhe heraus durch eine Spannung $U_a = 40$ kV vorbeschleunigt. Der Krümmungsradius im Anschlussstück ist $r = 20$ cm. Die Ablenkung wird durch ein geeignetes Magnetfeld erreicht.

a) Welchen Betrag muss B haben, wenn einfach negativ geladene ^{12}C-Ionen in das Keramikrohr eingeschossen werden sollen?
b) Welche Geschwindigkeit besitzen die vorbeschleunigten Ionen am Ende der Strecke [AB], wenn die Spannung zwischen der Innen- und Außenelektrode des Beschleunigers 6,3 MV beträgt?
Nichtrelativistische Rechnung!
c) Der Innenraum der Hochspannungselektrode (siehe Skizze) ist mit Gas gefüllt. Beim Durchgang des Ionenstrahls werden die Ionen umgeladen, indem sie mehrere Elektronen verlieren. Von dem Energieverlust der Ionen beim Durchgang durch die Innenelektrode kann abgesehen werden.
Was kann man über die Beschleunigung der Ionen auf der Strecke [CD] aussagen?

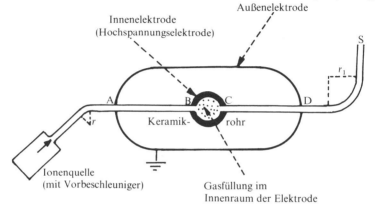

Prinzipieller Aufbau des Beschleunigers

d) Die Ionen durchlaufen dann außerhalb des Beschleunigers einen 90°-Bogen mit einem Krümmungsradius $r_1 = 1,0$ m aufgrund der Einwirkung eines Magnetfeldes, das senkrecht zur Bahnebene orientiert ist.
Berechnen Sie die Ladung der ^{12}C-Ionen, die bei S zur Verfügung stehen, und bestimmen Sie ihre Geschwindigkeit, wenn $B = 0,70 \frac{\text{Vs}}{\text{m}^2}$ ist. (Nichtrelativistische Rechnung; die Vorbeschleunigung und die Elektronenmasse ist zu vernachlässigen!)

11.1.3 Hochfrequenz-Linearbeschleuniger*

Einer beliebigen Erhöhung der Potentialdifferenz sind bei den oben beschriebenen Anordnungen Grenzen gesetzt. Hohe durchlaufene Potentialdifferenzen kann man jedoch auch dadurch erreichen, dass eine kleine Potentialdifferenz von einem Teilchen sehr oft durchlaufen wird. Nach diesem Prinzip arbeitet der Hochfrequenz-Linearbeschleuniger.

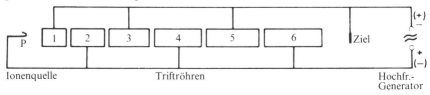

Die Triftröhren sind wie in der Abbildung an einen leistungsfähigen Hochfrequenz-Generator angeschlossen. Zwischen den Röhren herrscht ein elektrisches Wechselfeld, in dem die Teilchen beschleunigt werden. Das Innere der Triftröhren ist feldfrei. Um eine einheitliche Beschleunigungsrichtung und eine maximale Beschleunigung zwischen den Triftröhren zu erreichen, muss die Länge der Triftröhren entsprechend der zunehmenden Geschwindigkeit der Teilchen ebenfalls zunehmen.

Die Länge der Triftröhren muss so sein, dass die Teilchen für das Durchfliegen der Röhre die Zeit $t = \frac{T}{2} \left(T = \frac{1}{f}\right)$ benötigen. In diesem Fall tritt das Teilchen in eine Triftröhre ein, wenn diese negativ geladen ist, und verlässt sie, wenn die Röhre positiv geladen ist, d. h. zwischen den Triftröhren findet das Teilchen immer die gleiche Feldrichtung vor. Ein Teilchen das die Triftröhren in dem Augenblick wechselt, in dem die Scheitelspannung U_0 anliegt, durchläuft bei jedem weiteren Röhrenwechsel die Potentialdifferenz U_0.

2. Aufgabe:
Der von Lawrence und Sloan (1931) nach diesem Prinzip gebaute Beschleuniger wurde mit $U_0 = 42$ kV bei insgesamt 30 Triftröhren betrieben. Die Frequenz der Wechselspannung war ca. 5 MHz. Die Anfangsenergie der eingeschossenen Protonen betrug 0,04 MeV.
a) Auf welche Energie konnten die Protonen beschleunigt werden?
b) Berechnen Sie die Länge der 1. und der 30. Triftröhre.
c) Berechnen Sie die Länge der n-ten Triftröhre.
d) Was lässt sich über die Länge der Anlage sagen, wenn die Frequenz der Spannung vergrößert wird und die gleiche Endenergie bei gleichem U_0 erreicht werden soll?

Hinweis:
Beschleunigt man Elektronen mit obiger Anlage, so erreichen diese bei entsprechendem U_0 sehr schnell Geschwindigkeiten nahe der Lichtgeschwindigkeit. Beim Durchlaufen der Potentialdifferenzen tritt kaum noch eine Geschwindigkeitserhöhung ein, die Energiezufuhr macht sich in erster Linie in einem Massenzuwachs bemerkbar.
Für die Länge der Triftröhren gilt dann $l = c \cdot \frac{T}{2}$.

3. Aufgabe: Leistungskurs-Abitur 1975, I, Teilaufgaben 1a–c, 2a, b
1. Ein Linearbeschleuniger, der für Protonen mit der kinetischen Endenergie
$W_{kin} = 80{,}0$ MeV ausgelegt ist, wird mit einer wirksamen Spannung
$U = 6{,}60 \cdot 10^5$ V zwischen den einzelnen Triftröhren und einer Frequenz
$f = 1{,}50 \cdot 10^8$ Hz betrieben.
a) Erklären Sie an einer Skizze den prinzipiellen Aufbau eines Linearbeschleunigers. Welchen Vorteil hat ein Linearbeschleuniger gegenüber einem Ringbeschleuniger?
b) Berechnen Sie aus den angegebenen Daten die Masse und die Geschwindigkeit der Protonen nach dem Verlassen des Beschleunigers.

$$\left[\text{Teilergebnis: } v = 1{,}16 \cdot 10^8 \frac{\text{m}}{\text{s}}\right]$$

c) Die kinetische Energie der Protonen betrage beim Eintritt in die erste Triftröhre $W_{kin} = 1{,}00$ MeV.
Wie lang muss die erste Röhre gebaut sein?
Wie viele Röhren muss der Linearbeschleuniger besitzen?

2. Bei einem Experiment mit den von dem beschriebenen Linearbeschleuniger gelieferten Protonen ist es notwendig, dass diese nach dem Verlassen des Beschleunigers um 30° abgelenkt werden.
Dazu steht ein quadratisch begrenztes, homogenes Magnetfeld von 1,4 m Seitenlänge zur Verfügung. Die Protonen treffen gemäß nebenstehender Abbildung senkrecht zu einer Quadratseite und senkrecht zur Feldrichtung auf das Magnetfeld.

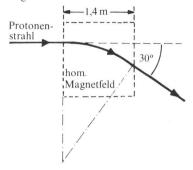

a) Berechnen Sie die notwendige magnetische Flussdichte B und geben Sie auch die Richtung des Magnetfeldes an, wenn der Protonenstrahl, wie in der Abbildung angegeben, abgelenkt wird.
b) Schickt man Protonen unterschiedlicher Geschwindigkeit durch ein Magnetfeld wie oben angegeben und misst man sowohl die Bahnradien als auch die Wellenlängen der zugehörigen Materiewellen, so erhält man die Beziehung

$$\lambda \sim \frac{1}{r} \text{ bei konstantem } B.$$

Zeigen Sie, dass man hieraus eine fundamentale Aussage über die Ladung gewinnen kann.

4. Aufgabe: Leistungskurs-Abitur 1981, II
1. In einem Linearbeschleuniger werden Protonen mit der Geschwindigkeit $v_0 = 1{,}0 \cdot 10^7 \, \frac{m}{s}$ in das erste Rohr eingeschossen.
   a) Welche Spannung haben die Protonen bis dahin durchlaufen, wenn man ihre Anfangsgeschwindigkeit vernachlässigen kann?

Der Scheitelwert der zwischen je zwei benachbarten Rohrelektroden liegenden Wechselspannung beträgt $U_0 = 4{,}0 \cdot 10^5$ V, die Frequenz ist 50 MHz. Der Abstand benachbarter Rohre sei wesentlich kleiner als die Rohrlänge.

   b) Berechnen Sie, welche Länge das zweite Rohr haben muss, wenn die Umstände als optimal für die Beschleunigung angenommen werden.
   c) Wie lautet die Gleichung für die Geschwindigkeit im n-ten Rohr (nicht-relativistische Rechnung)? Warum ist diese Gleichung nicht für beliebig große n anwendbar?
   d) Die Protonen treten in Wirklichkeit jedesmal dann in das elektrische Feld zwischen zwei Rohren ein, wenn die Wechselspannung ihren maximalen Wert noch nicht ganz erreicht hat. Begründen Sie, warum dadurch eine Geschwindigkeitsfokussierung für langsamere und schnellere Protonen eintritt.
   e) Beschleunigte Protonen werden nun mit einer kinetischen Energie von 50 MeV auf $^{7}_{3}$Li-Kerne geschossen, die als ruhend angenommen werden dürfen.

α) Die Kernkräfte bleiben unberücksichtigt. Berechnen Sie unter diesen vereinfachenden Annahmen den kleinstmöglichen Abstand a zwischen den Kernmittelpunkten, wenn sich die Protonen radial nähern.

β) Berechnen Sie den Radius der Li-Kerne und schätzen Sie ab, ob wenigstens prinzipiell eine Kernreaktion möglich ist.

2. Teilchen mit der Masse m und der Ladung q treten wie in nebenstehender Zeichnung skizziert mit der Geschwindigkeit $\vec{v}_0$ senkrecht zu den magnetischen Feldlinien in das homogene Feld der Flussdichte $\vec{B}$ ein und verlassen dieses Feld nach rechts. Die Anordnung befindet sich im Vakuum. Es ist $d = 4{,}0$ cm.

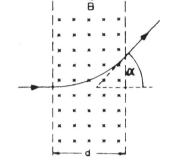

a) Warum ändert sich dabei die kinetische Energie der Teilchen nicht?

b) Übernehmen Sie die Zeichnung hinreichend vergrößert auf Ihr Zeichenblatt und leiten Sie die Gleichung $\sin\alpha = \dfrac{q \cdot B \cdot d}{mv_0}$ her.

c) Protonen durchlaufen aus der Ruhelage heraus die Spannung $U_0 = 1{,}0$ MV. Berechnen Sie nicht-relativistisch die Endgeschwindigkeit v_0 und bestimmen Sie für $B = 0{,}47$ Vsm^{-2} den Winkel α.

d) Nach Richtungsumkehr des magnetischen Feldes und für $B = 3{,}6 \cdot 10^{-3}$ Vsm^{-2} stellt man für Ladungsträger, die beim Eintreten in das Feld die kinetische Energie $E_k = 2{,}0$ keV besitzen, den Winkel $\alpha = 72°$ fest. Zeigen Sie, dass es sich um Elektronen handelt.

e) Für Elektronen aus der β-Strahlung von ^{204}Tl ermittelt man bei $B = 33{,}4 \cdot 10^{-3}$ Vsm^{-2} einen minimalen Winkel $\alpha = 20{,}0°$.
Berechnen Sie den größten Impuls dieser Elektronen und die maximale kinetische Energie.

---

5. Aufgabe: Leistungskurs-Abitur 1988, II, Teilaufgabe 3a–d

Die Skizze zeigt das Schema eines Linearbeschleunigers für Protonen. Er besteht aus einer Reihe von im Vakuum stehenden »Triftröhren« 0 bis 6, die durch schmale Spalte voneinander getrennt sind. An den Röhren liegt eine Wechselspannung U der Frequenz $f = 75$ MHz mit der Scheitelspannung $U_0 = 6{,}0 \cdot 10^5$ V (vgl. Skizze).

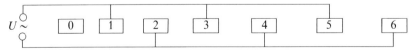

Die Protonenquelle befindet sich im Rohr 0. Sie liefert Protonen, die mit der Geschwindigkeit $v_0 = 8{,}0 \cdot 10^6$ ms^{-1} in den ersten Spalt eintreten. Das Ziel (»Target«) befindet sich im Rohr 6.

a) Erläutern Sie qualitativ, warum bei richtiger Abstimmung der Rohrlängen das Ziel von einem pulsierenden Protonenstrahl mit erheblich vergrößerter Geschwindigkeit v_E getroffen wird.

b) Welche Gesamtenergie hat ein Proton beim Erreichen des Ziels höchstens?
c) Berechnen Sie für diesen Fall die Geschwindigkeit im Rohr 5 und die Länge, die man für dieses Rohr wählen muss.
d) Die Protonenquelle liefert in Wirklichkeit nicht Protonen streng einheitlicher Geschwindigkeit v_0. Erläutern Sie qualitativ, warum dies stört, und warum es günstig ist, die Rohrlängen so zu wählen, dass die Protonen in die Beschleunigungsspalte eintreten, bevor die Wechselspannung ihr Maximum erreicht hat.

11.1.4 Zirkularbeschleuniger*

Die räumliche Ausdehnung eines Linearbeschleunigers mit mehrfach unterteilter Beschleunigungsstrecke kann dadurch verringert werden, dass man die Teilchen in der beschleunigungsfreien Zeit auf einer Kreisbahn führt. Dieses Prinzip wird im Zyklotron angewandt.

Zyklotron

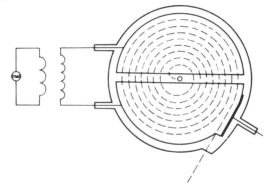

An die beiden hohlen und halbkreisförmigen Elektroden **(Duanden)** wird eine hochfrequente Wechselspannung mit $U(t) = U_0 \sin(\omega t)$ angelegt. Die beiden Duanden werden senkrecht von einem homogenen, konstanten Magnetfeld durchsetzt. Im Zentrum des Beschleunigers befindet sich eine Ionenquelle. Zwischen den Duanden findet jeweils die Beschleunigung statt. Im Inneren der Duanden herrscht nur das Magnetfeld, sodass die Teilchen dort auf einer Kreisbahn laufen. Mit zunehmender Energie der Teilchen wächst der Radius der Kreisbahn an. Ist der für die Vorrichtung größtmögliche Radius erreicht, so werden die Teilchen durch eine Elektrode aus dem Beschleuniger gelenkt.

6. Aufgabe:
a) Zeigen Sie durch Rechnung, dass die Umlaufdauer der Teilchen unabhängig vom Radius der Kreisbahn ist.
b) Welche Energie kann ein Proton in einem Zyklotron mit $r_{max} = 0{,}5\,\text{m}$; $B = 0{,}4\,\text{Vs/m}^2$ erreichen?
c) Wie viele Umläufe sind hierfür nötig, wenn $U_0 = 1{,}0 \cdot 10^4\,\text{V}$ ist?
d) Welche grundsätzliche Schwierigkeit ergibt sich, wenn die relativistische Massenveränderlichkeit nicht mehr vernachlässigt werden kann?

7. Aufgabe: Leistungskurs-Abitur 1973, I, Teilaufgabe 3 a–c

3. a) Erläutern Sie an einer übersichtlichen Skizze Aufbau und Wirkungsweise eines Zirkularbeschleunigers (Normalzyklotron).

b) Auf welche Energie (in MeV) können Protonen in einem Normalzyklotron aus der Ruhe beschleunigt werden, das durch die folgenden Daten gekennzeichnet ist: Betrag der magnetischen Flussdichte $B = 0{,}50\,\text{Vsm}^{-2}$, Durchmesser der äußersten Teilchenbahn $d = 1{,}0\,\text{m}$

c) Welche Frequenz muss im Fall von 3 b) die beschleunigende Wechselspannung haben?

8. Aufgabe: Leistungskurs-Abitur 1976, I, 1 a–d

a) Zeichnen Sie den prinzipiellen Aufbau eines Zyklotrons. Geben Sie die Bedeutung der wesentlichen Teile an und beschreiben Sie kurz die Wirkungsweise.

b) Skizzieren Sie die Bahn eines Protons im Zyklotron, wenn das Magnetfeld senkrecht zur Zeichenebene auf den Betrachter zu gerichtet ist.

c) Begründen Sie durch Rechnung, warum man das Zyklotron bei nicht zu hohen Endenergien mit einer Wechselspannung ($U = U_0 \sin \omega t$) konstanter Frequenz betreiben kann.

d) Nach wie vielen Umläufen (N) muss man Protonen aus dem Zyklotron herauslenken, wenn $U_0 = 20\,\text{kV}$ ist und die erreichte Endgeschwindigkeit $v_1 = 2{,}0 \cdot 10^7\,\dfrac{\text{m}}{\text{s}}$ betragen soll? Die Anfangsgeschwindigkeit der Protonen ist zu vernachlässigen. Es wird vorausgesetzt, dass die Protonen während der Umläufe maximal beschleunigt werden.

Synchrozyklotron

Aufgrund der relativistischen Massenzunahme der beschleunigten Teilchen ist durch die konstante Frequenz der Wechselspannung beim Zyklotron *keine* optimale Beschleunigung der Teilchen mehr möglich. Beim Synchrozyklotron, dessen Aufbau dem des Zyklotrons sehr ähnelt, wird der Massenzunahme und damit der unterschiedlichen Umlaufdauer Rechnung getragen, indem man die Frequenz der beschleunigenden Wechselspannung anpasst. Das Synchrozyklotron kann nur im Impulsbetrieb sinnvoll arbeiten.

9. Aufgabe:
Muss die Frequenz des Synchrozyklotrons mit zunehmender Teilchenenergie vergrößert oder verkleinert werden? Begründung.

Synchrotron

Im Gegensatz zu den beiden oben beschriebenen Zirkularbeschleunigern durchlaufen die Teilchen beim Synchrotron eine Bahn mit *festem* Radius. Die Teilchen kreisen innerhalb eines ringförmigen Magneten, der nur für die Elektrodenanordnung der beschleunigenden Wechselspannung unterbrochen ist. Damit die Ionen oder Elektronen trotz wachsender Geschwindigkeit immer »rechtzeitig« an der Beschleunigungsstrecke eintreffen und zusätzlich eine Bahn mit festem Radius beschreiben, muss während des Umlaufes sowohl die Frequenz der Wechselspannung als auch die magnetische Feldstärke erhöht werden.

Daten einiger Beschleuniger:

Ort	Typ	Inbetriebnahme	beschleunigte Teilchen	Strahlenergie in GeV	Frequenz in MHz
Stanford	Linearbeschl.	1961	e^-	33	200
Desy Hamburg	Synchrotron	1974	e^-	7	
Cern Genf	Synchrotron	1976	p	500	≈ 8
Fermilab Chicago	Synchrotron	1982	p	1000	

10. Aufgabe: Leistungskurs-Abitur 1986, II, Teilaufgabe 2 a–e
In modernen Kreisbeschleunigern werden elektrische Ladungen durch mehrere Magnetsektoren auf Kreisbahnen mit wachsendem Radius gezwungen und zwischen den Sektoren durch elektrische Wechselfelder beschleunigt. Ein einzelner Magnetsektor soll im Folgenden näher betrachtet werden:

Teilchen der Masse m und der positiven Ladung q treten mit der Geschwindigkeit v_0 bei A senkrecht zum homogenen Magnetfeld $\vec{B}$ in den Sektorkanal mit dem Radius r_0 und dem Sektorwinkel α ein und verlassen ihn wieder bei X.

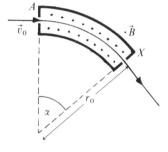

a) Begründen Sie, warum der Geschwindigkeitsbetrag konstant bleibt und die Teilchen sich auf einer Kreisbahn durch den Sektorkanal bewegen.

b) Berechnen Sie die dazu nötige magnetische Flussdichte B und die Durchlaufzeit T_α in Abhängigkeit von v_0, r_0 und α.
Erläutern Sie auch den Einfluss des relativistischen Massenzuwachses auf diese beiden Größen.

c) Welche magnetische Flussdichte B braucht man, um Protonen der Geschwindigkeit $v_0 = 0,3$ c auf einen Sollkreis mit dem Radius $r_0 = 1,0$ m zu zwingen?

d) Protonen verlassen den letzten Magnetsektor des Beschleunigers mit einer kinetischen Energie von 53 MeV. Berechnen Sie relativistisch die Austrittsgeschwindigkeit der Protonen.

e) Die Flussdichte B sei so eingestellt, dass sich Protonen der Geschwindigkeit v_0 auf der angegebenen Kreisbahn bewegen. Anstelle von Protonen sollen α-Teilchen derselben Geschwindigkeit v_0 auf derselben Bahn durch den Magnetkanal der Breite d geschleust werden. Man kann das er-

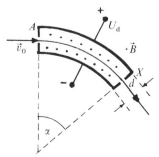

reichen, indem man B beibehält und an die Begrenzungsplatten eine Spannung U anlegt. Das zusätzlich entstehende elektrische Feld soll als homogen betrachtet werden ($r_0 \gg d$).
Betrachten Sie die auf ein α-Teilchen wirkenden Kräfte und berechnen Sie allgemein die anzulegende Spannung U.

11. Aufgabe: Leistungskurs-Abitur 1987, II, Teilaufgaben 2a-c, 3a-f

2. Klassisches Zyklotron
Ein klassisches Zyklotron kann als Kreisbeschleuniger für Elektronen verwendet werden, der mit einem festen homogenen Magnetfeld der Flussdichte B und einer festen Frequenz der Beschleunigungsspannung arbeitet.

a) Skizzieren Sie den prinzipiellen Aufbau eines klassischen Zyklotrons und beschreiben Sie knapp seine Funktionsweise.

b) Leiten Sie allgemein die Zeitdauer τ für einen Umlauf des Elektrons her und erläutern Sie, weshalb man für Geschwindigkeiten $v < 0{,}1\,c$ mit einer festen Beschleunigungsfrequenz arbeiten kann.

c) Warum erreicht man für Elektronen mit dem klassischen Zyklotron nur niedrige Endenergien? Schätzen Sie die erreichbare kinetische Energie ab.

3. Mikrotron
Das Mikrotron ist ein Kreisbeschleuniger für Elektronen, mit dem man höhere Energien erreichen kann. Bei konstantem homogenem magnetischem Führungsfeld werden die Elektronen durch eine hochfrequente Wechselspannung immer an derselben Stelle beschleunigt (Beschleunigungskondensator S).

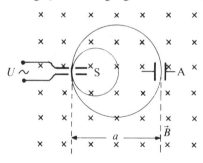

S: Beschleunigungskondensator
A: Extraktorkondensator
Führungsfeld $B = 0{,}05$ T

Die kinetische Energie der Elektronen beim ersten Eintritt in den Beschleunigungsspalt ist vernachlässigbar. Die wirksame Beschleunigungsspannung U ist so gewählt, dass ein Elektron bei jedem Umlauf genau seine Ruheenergie $m_0 c^2$ dazugewinnt.

a) Wie groß muss U gewählt werden?

b) Welche Geschwindigkeit v_1 haben die Elektronen nach dem ersten Durchgang durch die Beschleunigungsstrecke?

c) Berechnen Sie den zugehörigen Bahnradius r_1 und die Umlaufdauer τ_1 im gegebenen Führungsfeld.

d) Geben Sie die Masse eines umlaufenden Elektrons in Abhängigkeit von der Zahl n der Umläufe an und bestimmen Sie die Umlaufdauer τ_n des n-ten Umlaufs.

e) Wie viele Umläufe sind mindestens nötig, damit die Gesamtenergie der Elektronen den Wert 30 MeV überschreitet?

Welche Geschwindigkeit (als Bruchteil der Lichtgeschwindigkeit) haben sie dann erreicht?

f) Bestimmen Sie r_n für diese Endenergie und geben Sie an, in welchem Abstand a von S der Extraktorkondensator A angebracht werden muss.

11.2 Kernreaktionen – Überblick über die wichtigsten Reaktionstypen*

Um Näheres über den Aufbau der Atomkerne zu erfahren, geht man ähnlich wie bei der Atomhülle vor: Man regt die Kerne an. Die Gamma-Quanten bzw. die Teilchen, die bei Rückkehr des Kernes in einen energetisch niedrigeren Zustand emittiert werden, erlauben Rückschlüsse auf die möglichen Kernzustände.

Angeregte Kerne treten bei den Elementen der natürlichen Zerfallsreihen auf. Durch äußere Energiezufuhr, z. B. durch Beschuss mit geladenen oder ungeladenen Teilchen oder durch Bestrahlung mit Gamma-Quanten, kann ebenfalls eine Anregung des Kerns erfolgen. Man bezeichnet solche Prozesse im weiteren Sinne als Kernreaktionen. Die Anregung von Kernen dient neben der Strukturuntersuchung auch zur Gewinnung künstlich-radioaktiver Nuklide (große Bedeutung z. B. in der Medizin) und zur Einleitung von Kernprozessen, die für die Energiegewinnung wichtig sind.

Bei der Wechselwirkung von Geschossteilchen mit dem Kern sind je nach der Energie und der Art der Stoßpartner mehrere Prozesse möglich.

11.2.1 Elastische Streuung: $a + A \rightarrow a + A$

Das Geschoss verliert kinetische Energie. Der beschossene Kern gewinnt kinetische Energie. Die gesamte kinetische Energie vor dem Stoß ist gleich der gesamte kinetische Energie nach dem Stoß. Im Inneren des Kernes treten keine Veränderungen auf.

a) Rutherfordstreuung
Streuung von geladenen Teilchen an Kernen, bei ausschließlicher Coulombwechselwirkung (Coulomb-Potentialstreuung)

Beispiel: $^{197}Au(\alpha; \alpha)^{197}Au$ (vgl. 1.2.1)

b) elastische Neutronenstreuung
Streuung von Neutronen an den Kernen durch Wechselwirkung infolge des Kernfeldes *(Kernpotentialstreuung)*.

Beispiele: $^{60}Co(n;n)^{60}Co$; $^{1}H(n;n)^{1}H$
Elastische Neutronenstreuung dient z. B. zur Strukturuntersuchung von Kristallen. Auch die Abbremsung schneller Neutronen in Moderatoren beruht auf elastischer Neutronenstreuung.

---

* In diesem Abschnitt folgen wir weitgehend der Darstellung von Mayer-Kuckuk: Physik der Atomkerne; Teubner Verlag

11.2.2 Inelastische Streuung: a + A → a' + A*

Das Geschoss verliert kinetische Energie, die u. a. zur Anhebung *eines* Nukleons auf ein höheres Energieniveau führt. Die gesamte kinetische Energie nach der Streuung ist in diesem Fall kleiner als die gesamte kinetische Energie vor der Streuung. Der angeregte Kern geht anschließend durch Emission von Gamma-Strahlung wieder in den Grundzustand über.
Darüber hinaus besteht die Möglichkeit, dass das Geschoss seine Energie auf *mehrere* Nukleonen verteilt. Dies äußert sich in der Anregung von Rotations- und Schwingungszuständen im Kern.

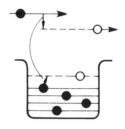

direkte unelastische Streuung

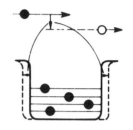

direkte unelastische Streuung (kollektive Anregung)

Beispiel: $^{14}N(p; p')^{14}N^*$ (vgl. 2.1)
Der angeregte Stickstoffkern geht unter Abstrahlung eines Gamma-Quants in den Grundzustand über. Die Quantenenergie lässt Rückschlüsse auf die Energiedifferenzen der Kernniveaus zu.

11.2.3 Direkte Reaktionen mit Teilchenaustausch: a + A → b + B

Das Geschossteilchen wird vom Kern eingefangen. Die freiwerdende Energie wird auf ein anderes Teilchen übertragen, das den Kern wieder verlässt.

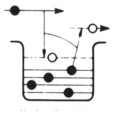

Beispiele: $^{51}V(p; n)^{51}Cr$ $^{35}Cl(d; p)^{36}Cl$
In der Regel entstehen bei diesen Umwandlungen künstlich-radioaktive Nuklide.

direkte Reaktion

Die bisher beschriebenen Prozesse bezeichnet man als **direkte Prozesse**. Sie verlaufen in einer Zeit, die etwa der Flugzeit eines Nukleons durch den Kern entspricht (ca. 10^{-22} s). Neben diesen direkten Prozessen gibt es die *wesentlich langsamer ablaufenden Prozesse unter Bildung eines Zwischenkerns (Compound-Kern)*.

11.2.4 Compound-Reaktion: a + A → X* → B + b

Das Geschoss überträgt seine Energie auf *viele* Nukleonen. Die Energieverteilung unter den Nukleonen ändert sich so lange, bis ein einziges Nukleon wieder so viel Energie hat, dass es den Kern verlassen kann. Die Lebensdauer und damit die Dauer der Kernreaktion ist um einen Faktor 10^6 länger als bei der direkten

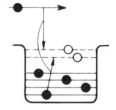

Compound-Kern-Bildung (eine Stufe)

Reaktion. Compoundkernbildung findet vorzugsweise bei *geringer Geschossenergie* statt. Die Wahrscheinlichkeit für eine Compoundkern-Reaktion ist besonders hoch, wenn durch

Einfang des Geschosses gerade ein Energieniveau des Zwischenkerns X* erreicht wird. Dies äußert sich im Experiment dadurch, dass der Wirkungsquerschnitt in Abhängigkeit von der Geschossenergie ein *resonanzartiges* Verhalten zeigt.

Beispiel: ^{197}Au(n; γ)^{198}Au
sog. »Neutroneneinfang«

Wirkungsquerschnitt σ
einer Compound-Reaktion:
^{197}Au(n; γ)^{198}Au
(1 barn = 10^{-24} cm^2)

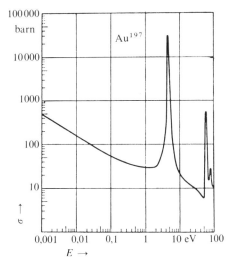

11.2.5 Kernfotoeffekt: A + γ → B + b

Der Kernfotoeffekt setzt erst ab einer gewissen Mindestenergie ein, die etwa der Bindungsenergie des am schwächsten gebundenen Nukleons gleich ist. Der Begriff »Kernfotoeffekt« wurde gewählt, da er dem lichtelektrischen Effekt ähnlich ist.

Beispiele: d(γ; p)n $\quad$ ^{9}Be(γ; n) → ^{8}Be* → ^{4}He + ^{4}He

---

1. Aufgabe: Leistungskurs-Abitur 1976, IV, Teilaufgabe 2 a – c
Der Zusammenhalt der Nukleonen eines Atomkerns lässt sich durch die Annahme von Kernkräften erklären.
a) Erklären Sie anhand von Skizzen den Potentialverlauf für ein Proton und für ein Neutron im Feld eines Atomkerns.
b) Bestrahlt man $^{12}_{6}$C mit energiereichen γ-Quanten, so emittiert der Kern ein Proton (Kernfotoeffekt). Stellen Sie die Reaktionsgleichung auf.
c) Berechnen Sie die Höhe des durch die Coulombwechselwirkung erzeugten Potentialwalles des Atomkernes für den Austritt des Protons ($r \approx 2{,}9 \cdot 10^{-15}$ m sei der Atomkernradius).

---

2. Aufgabe:
Ergänzen Sie die folgenden Reaktionsgleichungen in der Kurzschreibweise:
a) elastische Neutronenstreuung an ^{16}O: $\quad$ ^{16}O(n; ...)...
b) inelastische Neutronenstreuung an ^{16}O: $\quad$ ^{16}O(n; ...)...
c) Kernfotoeffekt in ^{31}P: $\quad$ ^{31}P(...; n)...
$\quad$ ^{31}P(...; p)...
d) Compound-Reaktionen: $\quad$ ...(p; α)^{27}Si
$\quad$ ^{59}Co(n;...) ^{60}Co $\}$ sog. Neutronen-Einfang-Reaktion $\quad$ ^{65}Cu(n; 2n)...
$\quad$ ^{197}Au(...; γ)^{198}Au $\quad\quad\quad$ ^{24}Mg(n;...)^{24}Na
e) direkte Reaktionen: $\quad$ ...(p; n)^{51}Cr
$\quad$ ^{24}Mg(d; p)...
f) Stellen Sie anhand der Isotopentafel fest, ob die in den Reaktionen a) – e) erzeugten Endkerne stabil oder radioaktiv sind.

11.2.6 Stark exotherme Reaktionen

a) Kernspaltung (siehe auch Abschnitt 13.1)

O. Hahn, F. Straßmann und L. Meitner entdeckten 1939 die Kernspaltung. Beim Beschuss von ^{235}U mit thermischen Neutronen zerfällt der Urankern i. A. in zwei mittelschwere Kerne. Pro gespaltenem Urankern wird eine Energie von ca. 175 MeV frei. Die beim Spaltungsprozess entstehenden Neutronen können wieder zur Spaltung verwendet werden (**Kettenreaktion**).

Beispiel einer Spaltreaktion:

$$^{235}U + {^1}n \rightarrow {^{236}}U^* \rightarrow {^{144}}Ba^* + {^{89}}Kr^* + 3\,{^1}n$$

Die angeregten Kernbruchstücke zerfallen weiter unter Emission von Neutronen, Beta- und Gammastrahlung. Im Mittel werden bei der Spaltung eines ^{235}U-Kernes ca. 2,5 Neutronen frei.

> **3. Aufgabe:**
> Ergänzen Sie die Gleichung der folgenden Spaltreaktion:
>
> $$^{233}Th + {^1}n \rightarrow \ldots \rightarrow {^{141}}Cs^* + {^{91}}\ldots + \ldots\,{^1}n$$

> **4. Aufgabe:** Leistungskurs-Abitur 1979, V, Teilaufgaben 3a, c
> Bei der Kernspaltung von ^{235}U durch Neutronen treten als unmittelbare Spaltprodukte z. B. ^{140}Cs und ^{94}Rb auf.
>
> a) Schätzen Sie die bei der Spaltung frei werdende Energie grob ab, indem Sie die Energie E_c berechnen, die aufgrund der elektrostatischen Abstoßung zwischen dem Cs- und dem Rb-Kern frei wird. Gehen Sie bei der Abschätzung von der nebenstehend skizzierten Situation aus. Die Kernradien sind nach der Formel $r = 1{,}4 \cdot 10^{-15} \cdot \sqrt[3]{A}$ m zu berechnen.
>
>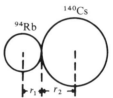
>
> c) Ein Neutron der Masse m und der Geschwindigkeit v stößt elastisch mit einem ruhenden Moderatorkern der Masse m_0 zusammen (gerader, zentraler Stoß). Bestimmen Sie die Geschwindigkeit des gestoßenen Kerns und den Energieverlust ΔW des Neutrons durch den Stoß (nichtrelativistische Rechnung).

b) Kernfusion

Neben der Spaltung schwerer Kerne stellt die Verschmelzung leichter Kerne eine Möglichkeit für die Gewinnung hoher Energiebeträge dar. Solche Fusionsreaktionen spielen eine entscheidende Rolle im Energiehaushalt des Kosmos. So nimmt man z. B. an, dass die enorme Strahlungsleistung der Sonne auf einem derartigen Fusionsprozess beruht, der im Sonneninneren bei einer Temperatur von ca. 10^7 K abläuft (sog. Bethe-Weizsäcker-Zyklus; vgl. 13.2). Heute versucht man in so genannten Fusionsreaktoren kontrollierte Kernverschmelzungen auch auf der Erde ablaufen zu lassen. Der Vorteil der Fusion gegenüber der Kernspaltung besteht darin, dass keine langlebigen radioaktiven Substanzen entstehen.

11.3 Künstlich radioaktive Nuklide – Nuklidkarte

In der Natur kommen ungefähr 270 verschiedene stabile und ca. 70 radioaktive Nuklide vor. Die Strahlung der in der Natur vorkommenden radioaktiven Nuklide bezeichnet man als natürliche radioaktive Strahlung (Alpha-, Beta-, Gammastrahlung). Mithilfe künstlicher Kernumwandlungen gelang es, die Zahl der radioaktiven Nuklide um etwa 1000 zu vergrößern.

Die Nuklidkarte ist ein *N-Z*-System, in dem jedem Nuklid ein Quadrat mit wichtigen Angaben über den betreffenden Kern zugeordnet ist.

Symbol für ein stabiles Nuklid:

Beispiel:

Te 126
18,7
σ 0,135 +
0,90

Elementsymbol und Nukleonenzahl
Häufigkeit im natürlichen Element
(Atom %)

Symbol für ein radioaktives Nuklid

Beispiele:
β^--Zerfall*

Sr 90
28,5 a
β⁻ 0,5;
no γ

Elementsymbol und Nukleonenzahl
Halbwertszeit
Maximale β^--Energie in MeV

β^+-Zerfall*
bzw.
Elektroneneinfang

Sm 142
72,4 m
ε
β⁺ 1,0

Elementsymbol und Nukleonenzahl
Halbwertszeit
Elektroneneinfang
Maximale β^+-Energie in MeV

α-Zerfall

Am 241
433 a
α 5,4
γ 60

Elementsymbol und Nukleonenzahl
Halbwertszeit
α-Energie in MeV
γ-Energie in KeV

Spontane
Spaltung (sf)

Fm 244
3,3 ms
sf

Elementsymbol und Nukleonenzahl
Halbwertszeit

Kern zeigt verschiedene Zerfälle

Hinweis:
Weitere Einzelheiten über die Zerfälle kann man aus den Erläuterungen zur Nuklidtafel entnehmen.

* Zu diesen Zerfallsarten vgl. Abschnitt 12.2.3

Stabile und radioaktive Nuklide werden nun übersichtlich in der so genannten Nuklidkarte dargestellt.

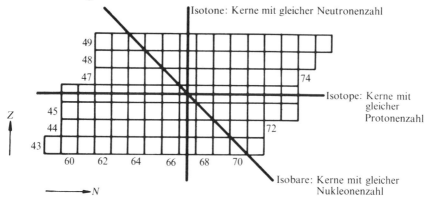

Überblick über die Nuklidkarte (S. 127)

Die Punkte der Tafel, denen stabile Isotope entsprechen, bilden die sog. »**Stabilitätslinie**«. Anfangs verläuft sie entlang der Winkelhalbierenden des N-Z-Systems ($Z \approx N$ bei leichten Kernen). Der Aufbau schwererer stabiler Kerne erfordert einen zunehmend wachsenden **Neutronenüberschuss** ($N > Z$). Die Stabilitätslinie teilt die Isotopentafel in zwei Hauptbereiche von Nukliden, die entweder dem β^--**Zerfall** (rechts unten) oder dem β^+-**Zerfall** bzw. **dem Elektroneneinfang** (links oben) unterliegen. Der Zerfall dieser Nuklide erfolgt immer entlang von Isobaren auf die Stabilitätslinie hin (vgl. Pfeilrichtung).

Die Stabilitätslinie endet mit ^{209}Bi ($N = 126$; $Z = 83$). Lediglich bei $Z = 90$; 92; $N \approx 144$ tritt nochmals eine kleine »*Insel*« von quasistabilen, sehr langlebigen Uran- und Thorium-Isotopen auf. Dazwischen liegt der relativ kleine Bereich der **natürlichen Radioaktivität**, in dem neben dem β^--Zerfall der α-**Zerfall** auftritt. Dieser führt immer in Richtung auf das Ende der Stabilitätslinie hin (vgl. Pfeilrichtung und natürliche Zerfallsreihen, Abschnitt 5.3).

Die Instabilität der Isotope nimmt oberhalb des Uran (**Transurane**; $Z = 93$ bis 107) rapide zu. Diese Kerne können z. Teil, außer durch α- und β-Emission, auch durch spontane Spaltung und Neutronenemission zerfallen. Aufgrund von Modellrechnungen vermutet man jedoch, dass bei $Z \approx 114$; $N \approx 184$ eine zweite »*Insel*« von quasistabilen Isotopen mit sehr großen Halbwertszeiten auftritt. Versuche zur Erzeugung dieser hypothetischen **superschweren Kerne** durch geeignete Kernreaktionen sind Gegenstand der aktuellen Forschung.

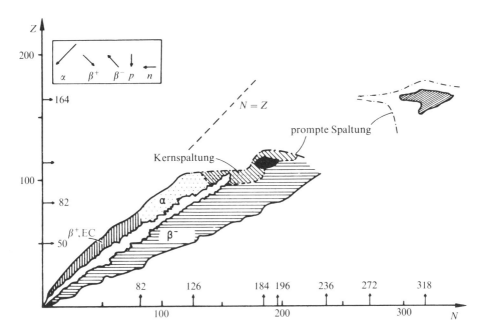

11.4 Energiebilanz bei Kernreaktionen – der Q-Wert

Es wird die Reaktion a + A → B* + b betrachtet. Die im Folgenden auftretenden Energien werden auf das Laborsystem bezogen, da die Messungen stets in diesem System durchgeführt werden. Die kinetische Energie des Targetkerns A kann ohne Beschränkung der Allgemeinheit als null angenommen werden ($E_{\text{kin A}} = 0$ oder kürzer $E_A = 0$). Im Weiteren bedeutet E_i die *kinetische* Energie des Teilchens i im Laborsystem.

Energie- bzw. Massenbilanz einer Reaktion:

$$m_a \cdot c^2 + m_{Ao} \cdot c^2 = m_B \cdot c^2 + m_b \cdot c^2 \tag{1}$$

oder ausführlicher:

$$m_{ao} \cdot c^2 + E_a + m_{Ao} \cdot c^2 = m_{Bo} \cdot c^2 + E_B + E_B^* + m_{bo} \cdot c^2 + E_b \tag{2}$$

mit: E_B^*: Anregungsenergie des Kerns B
m_i: Geschwindigkeitsabhängige Masse des Kerns i
m_{io}: Ruhemasse des Kerns i

Definition: Unter dem **Q-Wert einer Reaktion** versteht man:

$$Q := E_B + E_B^* + E_b - E_a \qquad (\text{Beachte } E_A = 0!) \tag{3}$$

Aus der Definition (3) folgt zusammen mit Gleichung (2):

$$\boxed{Q = (m_{Ao} \cdot c^2 + m_{ao} \cdot c^2) - (m_{Bo} \cdot c^2 + m_{bo} \cdot c^2)} \tag{4}$$

Merke: $Q\text{-Wert} = \sum \begin{matrix}\text{Ruheenergien der}\\ \text{Ausgangsnuklide}\end{matrix} - \sum \begin{matrix}\text{Ruheenergien der}\\ \text{Reaktionsprodukte}\end{matrix}$

Da in obiger Beziehung nur Ruhemassen und die Lichtgeschwindigkeit auftreten, folgt, dass der Q-Wert einer Reaktion unabhängig vom Bezugssystem ist. Aus Gleichung (3) folgt außerdem:

Falls $Q - E_B^* > 0$ gilt, ist die kinetische Energie der Reaktionsprodukte größer als die kinetische Energie des Geschosses E_a; die Kernreaktion ist **exotherm**.

Falls $Q - E_B^* < 0$ gilt, ist die kinetische Energie der Reaktionsprodukte kleiner als die kinetische Energie des Geschosses E_a; die Kernreaktion ist **endotherm**.

Für den wichtigen *Sonderfall*, dass $E_B^* = 0$, d. h. dass beide Reaktionsprodukte im Grundzustand vorliegen, gilt einfach:

> $Q > 0$: exotherme Kernreaktion
> $Q < 0$: endotherme Kernreaktion

Beispiel: Fusionsreaktion $^3_1 t + {}^2_1 d \rightarrow {}^4_2 \alpha + {}^1_0 n$

Dies ist eine der für die großtechnische Nutzung der Kernenergie ins Auge gefassten Fusionsreaktionen durch Verschmelzung von Wasserstoffisotopen. In Laborversuchen tritt die Reaktion z. B. beim Beschuss von Tritium mit 200 keV-Deuteronen auf. Wir berechnen den Q-Wert der Reaktion sowie, für den Fall $E_t = 0, E_d = 200 \,\text{keV}$, die kinetischen Energien der Reaktionsprodukte, E_n und E_α. Die Nuklidmasse von Tritium ist: $m_{t_0} = 3{,}01550082 \,\text{u}$.

Berechnung des Q-Werts:

$Q = (m_{t_0} + m_{d_0} - m_{\alpha_0} - m_{n_0}) \cdot c^2 = 0{,}0189 \,\text{u} \cdot c^2 = 0{,}0189 \cdot 931{,}5 \,\text{MeV};$

$\underline{Q = +17{,}6 \,\text{MeV}}$, also: *exotherme* Reaktion

(3): $\quad E_\alpha + E_n - E_d = Q$ (weil $E_\alpha^* = 0$)

$\Rightarrow E_\alpha + E_n = E_d + Q; \; E_\alpha + E_n = 0{,}2 \,\text{MeV} + 17{,}6 \,\text{MeV} = 17{,}8 \,\text{MeV}$

(Der Q-Wert bedeutet den »Gewinn« an kinetischer Energie)

Wie verteilen sich nun diese 17,8 MeV auf das Neutron und das α-Teilchen? Weil die Energie des Deuterons vor der Reaktion sehr klein ist gegenüber der nach der Reaktion vorhandenen kinetischen Energie, kann auch sein Impuls hier in guter Näherung vernachlässigt werden. Aus dem **Impulserhaltungssatz** folgt somit:

Impulsdiagramm (qualitativ)

$\vec{0} \approx \vec{p}_n + \vec{p}_\alpha$

$\Rightarrow |\vec{p}_n| \approx |\vec{p}_\alpha|$

$\Rightarrow m_n v_n \approx m_\alpha v_\alpha$

$\Rightarrow v_n \approx \dfrac{m_\alpha}{m_n} \cdot v_\alpha \approx 4 \cdot v_\alpha$

$\Rightarrow E_n = \dfrac{m_n}{2} v_n^2 \approx \dfrac{m_\alpha}{8} \cdot 16 v_\alpha^2 = 4 \cdot \dfrac{m_\alpha}{2} v_\alpha^2$

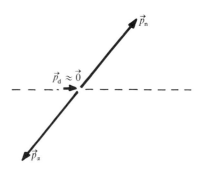

Also: $\qquad E_n \approx 4 \cdot E_\alpha$
und damit: $\qquad E_n \approx \tfrac{4}{5} \cdot 17{,}8 \text{ MeV} = 14{,}2 \text{ MeV}$
$\qquad\qquad\quad E_\alpha \approx \tfrac{1}{5} \cdot 17{,}8 \text{ MeV} = \underline{3{,}6 \text{ MeV}}$

Hinweis:
Diese Energien hängen kaum von der Einschussenergie E_d ab. Sie sind vor allem durch den hohen Q-Wert und das Massenverhältnis m_n/m_α bestimmt. Die t(d; n)α-Fusionsreaktion tellt deshalb eine einfache Methode dar, um sehr schnelle, *monoenergetische* Neutronen mit genau bekannter Energie (14,2 MeV) zu erzeugen.

---

1. Aufgabe: Leistungskurs-Abitur 1973, IV, Teilaufgabe 1 b
(Hinweis: Reaktionsenergie = Q-Wert)
b) Erläutern Sie den Begriff der Reaktionsenergie von Kernreaktionen. Bestimmen Sie die Reaktionsenergie für den Prozess
$$^{14}_{7}\text{N} + ^{4}_{2}\text{He} \rightarrow ^{17}_{8}\text{O} + ^{1}_{1}\text{H}.$$

---

2. Aufgabe: Leistungskurs-Abitur 1973, IV, Teilaufgabe 3a, b
(Hinweis: Reaktionsenergie = Q-Wert)
3. Bestrahlt man $^{10}_{5}\text{B}$ mit thermischen Neutronen, so verwandelt es sich in $^{7}_{3}\text{Li}$.
   a) Welches Teilchen wird bei diesem Prozess ausgesandt?
   b) Die Reaktionsenergie beträgt bei diesem Prozess 2,8 MeV. Berechnen Sie die kinetische Energie des ausgesandten Teilchens. (Die kinetische Energie des die Reaktion bewirkenden Neutrons soll dabei nicht berücksichtigt werden!)

---

3. Aufgabe: Bestimmung der Neutronenmasse durch die Reaktion p (n; γ)d
Thermische Neutronen werden auf »ruhende« Protonen geschossen. Dabei entsteht ein Deuteron und ein Gamma-Quant der Energie 2,23 MeV.
a) Bestimmen Sie Q aus der Energie der Reaktionsprodukte.
   Hinweis: Die kinetische Energie von Proton und Neutron kann vernachlässigt werden. Eliminieren Sie die Geschwindigkeit des Deuterons mithilfe des Impulserhaltungssatzes.
b) Drücken Sie Q durch die bekannten Massen von p und d, sowie durch die zu bestimmende Neutronenmasse aus.
c) Berechnen Sie durch Vergleich von a) und b) die Neutronenmasse.

4. Aufgabe: Leistungskurs-Abitur 1978, V, Teilaufgabe 1a–e
Für eine Vielzahl von Kernreaktionen verwendet man Neutronen als Geschosse. Als Neutronenquelle dient u. a. ein Gemisch aus $^{226}_{88}\text{Ra}$ und $^{9}_{4}\text{Be}$.

a) Geben sie die bei obigem Gemisch zur Neutronenerzeugung führenden Prozesse in Form einer Zerfallsgleichung bzw. einer Reaktionsgleichung an.

b) Die von $^{226}_{88}\text{Ra}$ bzw. seinen Folgeprodukten ausgesandten α-Teilchen haben Energien von bis zu ca. 7,7 MeV. Berechnen Sie, wie groß die Energie der von der Quelle emittierten Neutronen höchstens sein kann, wenn die Rückstoßeffekte außer acht bleiben.

c) Berechnen Sie, wie viele $^{226}_{88}\text{Ra}$-Kerne in der ersten Sekunde zerfallen, wenn das Ra-Be-Gemisch zu Beginn 1,0 g $^{226}_{88}\text{Ra}$ enthält.

d) Wie viele Neutronen können demnach ungefähr von dieser Quelle in einer Sekunde erzeugt werden, wenn man davon ausgeht, dass nur jedes zehntausendste α-Teilchen in der Quelle die in Teilaufgabe a) beschriebene (α, n)-Reaktion auslöst? Beachten Sie bei Ihrer Abschätzung auch die Folgeprodukte von $^{226}_{88}\text{Ra}$, welches Mitglied der Uran-Radium-Reihe ist.

e) Erläutern Sie den Begriff »thermische Neutronen« und bestimmen Sie rechnerisch deren ungefähre kinetische Energie in eV. Wie kann man schnelle Neutronen in thermische Neutronen verwandeln?

---

5. Aufgabe:

a) Berechnen Sie anhand des Diagramms auf S. 36 näherungsweise die Energie, die bei der Spaltung eines $^{236}_{92}\text{U}$-Kerns in zwei Bruchstücke mit den Massen 140 und 94 frei wird.

b) Eine grundsätzlich andere Reaktion als die Spaltung schwerer Kerne ist die so genannte »**Spallation**«.
Beispiel: Spallation von $^{209}_{83}\text{Bi}$ nach Protonenbeschuss (schematisch)

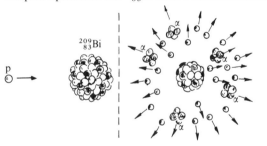

Restkern und »Stern« aus fünf α-Teilchen und zwanzig Nukleonen

Welche Nukleonenzahl hat der Restkern? Schätzen Sie mithilfe des gleichen Diagramms den Q-Wert für diese Reaktion ab. Erläutern Sie unter diesem Gesichtspunkt den Unterschied zwischen Spaltung und Spallation eines schweren Kerns. Welche Energie muss das eingeschossene Proton mindestens haben? (Größenordnung!)

6. Aufgabe
Die Solarkonstante S gibt an, welche Energie von der Sonne auf 1 cm² im Erdabstand in 1 Sekunde trifft $\left(S = 1{,}4 \cdot 10^{-1}\,\dfrac{J}{cm^2 \cdot s}\right)$.

a) Berechnen Sie die Gesamtleistung der Sonne. $\left[\text{Ergebnis: } 4 \cdot 10^{26}\,\dfrac{J}{s}\right]$

b) Schätzen Sie die Strahlungsdauer der Sonne ab, wenn folgende Annahmen gelten:
   – die Sonne strahlt mit der jetzigen Leistung weiter.
   – es gilt der folgende Verbrennungsprozess: $4 \cdot {}^1_1 p + 2 \cdot {}^{\,0}_{-1} e = {}^4_2 He$.
   – von der Gesamtmasse der Sonne ist etwa $\frac{1}{3}$ Wasserstoff. [Ergebnis: $3{,}3 \cdot 10^{10}\,a$]

7. Aufgabe: Leistungskurs-Abitur 1982, V, Teilaufgabe 1a–c.
Kernumwandlungen können durch Einschießen bzw. Anlagerung eines Kernteilchens an den umzuwandelnden Kern erfolgen.

a) Welchen Vorteil bieten Neutronen als Kerngeschosse gegenüber Protonen? Berechnen Sie die Mindestenergie, die ein Proton haben muss, damit es sich einem ^{64}Zn-Nuklid bis auf den Abstand r_k nähern kann.
r_k ist der Kernradius des Nuklids, das Proton kann als punktförmig, das Nuklid als feststehend angesehen werden.

b) Durch eine (n; p)-Reaktion kann aus ^{64}Zn das radioaktive ^{64}Cu hergestellt werden.
Geben Sie die ausführliche Reaktionsgleichung an.

c) Kann die Reaktion von Teilaufgabe b) bereits durch thermische Neutronen ausgelöst werden?
Kernmasse von ^{64}Zn: 63,912687 u
Kernmasse von ^{64}Cu: 63,913850 u

8. Aufgabe: Leistungskurs-Abitur 1984, V, Teilaufgabe 3a–c.
Mithilfe der 2,62-MeV-Gammastrahlung des »Thorium C« spalteten Chadwick und Goldhaber im Jahr 1934 Deuteriumkerne.

a) Bestimmen Sie die Wellenlänge dieser γ-Strahlung.

b) Welche kinetische Gesamtenergie besitzen die Spaltprodukte, wenn ein ruhender Deuteriumkern von einem γ-Quant dieser Strahlung gespalten worden ist? [Ergebnis: 404 keV]

c) Berechnen Sie den Winkel, den die Bahnen des Neutrons und des Protons nach der Spaltung miteinander bilden, falls beide die gleiche kinetische Energie erhalten.
Setzen Sie dabei vereinfachend $(m_P)_0 = (m_N)_0 = 1{,}67 \cdot 10^{-27}$ kg.

9. Aufgabe: Leistungskurs-Abitur 1986, V, Teilaufgabe 2a, b.
Um schnelle Neutronen zu erzeugen, wird ein Tritiumtarget mit Deuteronen der Energie 400 keV beschossen. $m({}^3_1 T) = 3{,}01550082\,u$.

a) Stellen Sie die Reaktionsgleichung auf.
   Hinweis: Es entsteht zunächst ein Zwischenkern, der unter Aussendung eines Neutrons zerfällt.

b) Welche Energie besitzen die entstehenden Neutronen höchstens?

10. Aufgabe: Leistungskurs-Abitur 1988, V, Teilaufgabe 2a–e.
Bei einer Nebelkammeraufnahme ergab sich folgendes Bild:

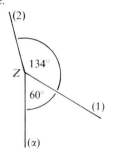

Die bei Z verzweigende Bahn rührt von einem Zusammenstoß eines α-Teilchens mit einem ruhenden ^{14}N-Kern her. Die kinetische Energie des α-Teilchens betrug 5,00 MeV. Teilchen kleiner Masse hinterlassen lange Spuren (1), Teilchen großer Masse kurze Spuren (2).

a) Berechnen Sie den Impuls des α-Teilchens.
Warum darf nichtrelativistisch gerechnet werden?
[Ergebnis: $p_\alpha = 10{,}3 \cdot 10^{-20}$ Ns]

b) Zeichnen Sie für das vorliegende Stoßereignis ein maßstabsgetreues Impulsdiagramm (1 cm $\triangleq$ 1 · 10^{-20} Ns), und ermitteln Sie die Impulse der Teilchen, die die Spuren (1) und (2) verursacht haben.
[Ergebnis: $p_1 = 3{,}5 \cdot 10^{-20}$ Ns; $p_2 = 12{,}4 \cdot 10^{-20}$ Ns]

c) Zeigen Sie, dass die Aufnahme keinen vollkommen elastischen Stoß eines α-Teilchens mit einem ^{14}N-Kern darstellt, bei dem diese Teilchen sowie ihre kinetische Gesamtenergie erhalten bleiben. Benützen Sie dazu die Ergebnisse von Teilaufgabe b).

Bei dem registrierten Stoßereignis könnte es sich um eine Kernumwandlung mit folgender Reaktionsgleichung handeln:

$$\alpha + {}^{14}\text{N} \rightarrow {}^{1}\text{H} + {}^{17}\text{O}$$

d) Berechnen Sie aus der Reaktionsgleichung die Summe der kinetischen Energien der Reaktionsprodukte in MeV.

e) Zeigen Sie nun, dass die in Teilaufgabe d) berechnete kinetische Energie mit dem aus den Ergebnissen von Teilaufgabe b) ermittelten Wert ungefähr übereinstimmt.

12. Einfache Modellvorstellung der radioaktiven Zerfälle

12.1 Alpha-Zerfall

a) Messung von α-Energien

Eine Vielzahl kernphysikalischer Instrumente wurde speziell für die Energiemessung von geladenen Teilchen, wie α- und β-Teilchen, entwickelt. Diese Geräte (**Spektrographen** oder **Spektrometer**) benützen meist ein homogenes Magnetfeld bekannter Stärke, in dem das geladene Teilchen auf einer Kreisbahn abgelenkt wird. Aus dem gemessenen Krümmungsradius r erhält man nach der Beziehung

$$\frac{m \cdot v^2}{r} = q \cdot v \cdot B$$

die Geschwindigkeit und damit die Energie des geladenen Teilchens. Nebenstehende Abbildung zeigt den prinzipiellen Aufbau des einfachsten Spektrometertyps (**Halbkreisspektrometer**, vgl. 3. Sem., S. 159). Die Beobachtung der um 180° abgelenkten Teilchen in der Ebene $P_1 P_2$ kann durch eine fotografische Platte oder mit Zählern erfolgen.

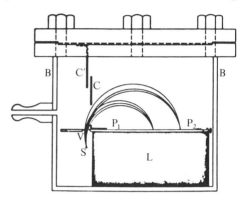

Hinweis:

Die Messung von α-Energien ist aus mehreren Gründen experimentell aufwendiger als die Messung von β-Energien:
1. Für eine messbare Ablenkung von α-Teilchen benötigt man viel stärkere Magnetfelder als für β-Teilchen.
2. Wegen der kurzen Reichweite von α-Teilchen in Luft erfordert die α-Energiemessung unbedingt eine Vakuumapparatur.
3. α-Energiemessungen setzen außerdem extrem dünne radioaktive Quellen voraus. Andernfalls verlieren die α-Teilchen bereits im Präparat bzw. in der Umhüllung merklich kinetische Energie.

Mit modernen hochauflösenden Spektrometern können α-Teilchenenergien mit Genauigkeiten von ca. 0,01 % gemessen werden. Ein typisches Spektrogramm für den Zerfall von $^{212}_{83}Bi$ zeigt das nebenstehende Bild. Es handelt sich um ein **Linienspektrum**. Aus der Lage der Linien bzw. ihrer Intensität kann die Energie der vorkommenden α- Teilchen-

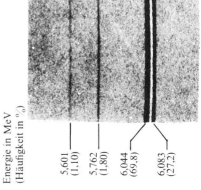

gruppen bzw. ihre relative Häufigkeit bestimmt werden; vgl. die Angaben unterhalb des Diagramms.

Film FWU: Ablenkung von Strahlen im Magnetfeld 360032

Das vorliegende Beispiel lässt bereits die wichtigsten allgemeinen Merkmale von α-Teilchenspektren erkennen:

> 1. Die α-Teilchen besitzen immer ein **diskretes Energiespektrum** (Linienspektrum), d. h. es treten verschiedene Gruppen von α-Teilchen mit jeweils einheitlicher Energie auf. Die vorkommenden Energiewerte sind charakteristisch für das zerfallende Nuklid.
> 2. Die **hochenergetischen Linien** treten im Allgemeinen mit **hoher Intensität**, die **niederenergetischen Linien** mit **geringer Intensität** auf (vgl. z. B. auch α-Zerfallsschema von $^{238}_{94}$Pu, S. 137).

Experimentell beobachtet man im Übrigen, dass α-Zerfälle häufig von der Emission eines oder mehrerer γ-Quanten begleitet sind. Die Energien dieser γ-Quanten können mit den in Abschnitt 4.3 beschriebenen Methoden bestimmt werden. Genaue Messungen ergeben, dass die Summe aus der kinetischen Energie des α-Teilchens und den Energien der begleitenden γ-Quanten für alle Zerfälle nahezu konstant ist (für $^{212}_{83}$Bi ca. 6,09 MeV).

Dies lässt sich dadurch deuten, dass (außer beim Auftreten der α-Teilchen mit höchster Energie) der nach dem α-Zerfall entstehende Tochterkern angeregt ist und erst anschließend durch einen oder mehrere γ-Übergänge in den Grundzustand übergeht. Aus den experimentell bekannten α- und γ-Energien kann somit ein **Zerfallsschema** aufgestellt werden; vgl. z. B. das nebenstehende Zerfallsschema für $^{212}_{83}$Bi.

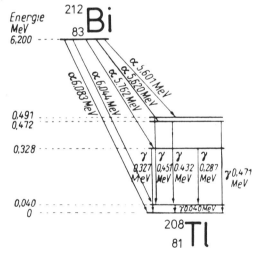

1. **Aufgabe:** Leistungskurs-Abitur 1977, IV, Teilaufgabe 1 a, b

   a) Nebenstehendes Bild zeigt die Nebelkammeraufnahme eines langlebigen Präparates P, das α- und γ-Strahlung aussendet. Was wird mit diesem Bild nachgewiesen? Die Antwort ist zu begründen.

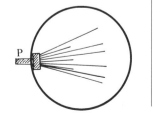

b) Das obige Präparat wird nun in eine Ionisationskammer mit verschiebbarem Deckel D gebracht. Es soll der Zusammenhang zwischen dem Ionisationsstrom I und dem Abstand d des Präparates vom Deckel D der Ionisationskammer untersucht werden (vgl. nebenstehende Skizze). Die Spannung wird so groß gewählt, dass stets alle in der Kammer gebildeten Ionen zum Strom beitragen.

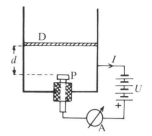

α) Das Versuchsergebnis ist in dem nebenstehenden Diagramm schematisch dargestellt. Erläutern Sie, wie es zu diesem Kurvenverlauf kommt.

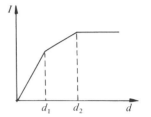

β) Bei $d = 2$ cm ($d < d_1$) ist die Stromstärke $I = 4{,}7 \cdot 10^{-9}$ A. Ein α-Teilchen bildet längs seiner Bahn im Mittel ungefähr 40 000 Ionenpaare pro cm. Schätzen Sie hieraus ab, wie viele α-Teilchen das Präparat im Mittel pro Sekunde aussendet.

b) Voraussetzungen für den Alpha-Zerfall – Energiebilanz

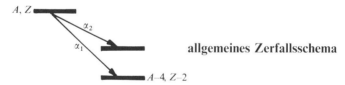

allgemeines Zerfallsschema

Beim Zusammenbau von Nukleonen zu einem Kern wirkt den anziehenden, kurzreichweitigen Kernkräften die langreichweitige, abstoßende Coulombkraft entgegen (diese wirkt natürlich nur zwischen den Protonen). Je größer die Kernladungszahl ist, desto größer ist der Anteil der abstoßenden Coulombkräfte gegenüber den kurzreichweitigen Kernkräften beim Einbau geladener Nukleonen. Dies äußert sich in einer Abnahme des Betrages der mittleren Bindungsenergie pro Nukleon. Es ist daher zu erwarten, dass bei Kernen höherer Ordnungszahl ein Zerfall unter Emission eines geladenen Teilchens von selbst stattfinden kann. Aus der Nuklidkarte ersieht man, dass die Emission von geladenen Nukleonen mit ganz wenigen Ausnahmen erst bei $Z > 83$ einsetzt. Außerdem kann man der Karte entnehmen, dass es sich bei den ausgesandten Teilchen nur um α-Teilchen, nicht aber um Protonen, Deuteronen, Tritium-Kerne oder Ähnliches handelt. Die Bevorzugung des α-Zerfalls gegenüber anderen denkbaren Zerfällen wird verständlich, wenn man die Q-Werte dieser denkbaren Zerfälle berechnet.

Beispiel: Q-Werte für den Zerfall von $^{234}_{92}$U:

emittiertes Teilchen	Zerfallsenergie in MeV	emittiertes Teilchen	Zerfallsenergie in MeV
n	− 7,27	$^4_2$He	+ 5,41
$^1_1$H	− 6,20	$^5_2$He	− 2,49
$^2_1$H	− 10,18	$^6_2$He	− 5,88
$^3_1$H	− 9,77	$^6_3$Li	− 3,84
$^3_2$He	− 9,72	$^7_3$Li	− 1,80

Aus der Tabelle ersieht man, dass lediglich der α-Zerfall von $^{232}_{92}$U exotherm ($Q > 0$) ist. Dies ist eine Folge des hohen Betrages der Bindungsenergie von $^4_2$He.

2. Aufgabe

Berechnen Sie die Q-Werte der folgenden Reaktionen und bestätigen Sie damit obige Tabelle.

a) $^{232}_{92}$U $\rightarrow$ $^1_1$H + $^{231}_{91}$Pa   **b)** $^{232}_{92}$U $\rightarrow$ $^4_2$He + $^{228}_{90}$Th

Gehen Sie bei der Berechnung davon aus, dass Mutter- und Tochterkern im Grundzustand sind.

Hinweis:

Die nebenstehend angegebenen Atommassen sind mit einer Unsicherheit von ungefähr 10^{-5} u behaftet. Es kann daher sein, dass die berechneten Q-Werte kleine Abweichungen gegenüber der Tabelle zeigen.

Element	Atommasse
$^{232}_{92}$U	232,037147 u
$^{231}_{91}$Pa	231,03594 u
$^{228}_{90}$Th	228,028749 u

3. Aufgabe:

Beim α-Zerfall von $^{232}_{92}$U beobachtet man nicht α-Teilchen der kinetischen Energie $E'_\alpha = 5,4$ MeV, sondern mit der kinetischen Energie $E_\alpha = 5,3$ MeV.
Erklären Sie die Abweichung der kinet. Energie E_α vom Q-Wert und stellen Sie einen allgemeinen Zusammenhang zwischen Q und E_α her.

Hinweis:

Berechnen Sie zunächst mithilfe des Impulserhaltungssatzes das Verhältnis der kinetischen Energien $E_{228\text{Th}}/E_\alpha$.

c) Das Zustandekommen diskreter, unterschiedlicher α-Energien bei ein und demselben Mutterkern

Aus der Nuklidkarte kann man ersehen, dass α-Zerfälle in der Regel von γ-Übergängen begleitet sind. Dies kann z. B. daher kommen, dass der nach dem α-Zerfall entstehende Tochterkern angeregt ist und erst unter Emission von γ-Strahlung in den Grundzustand übergeht.

Die Abbildung zeigt das Zerfallsschema für den α-Zerfall von $^{238}_{94}$Pu. Ausgangspunkt für den Zerfall ist *ein* Niveau des Pu-Kernes, Endpunkte sind *verschiedene* Niveaus von $^{234}_{92}$U. Die angeregten Urankerne gehen unter γ-Emission in den Grundzustand über.

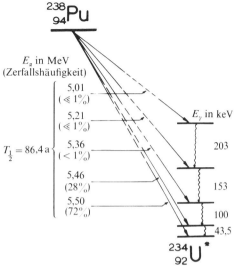

Aus dem Zerfallsschema sieht man weiter, dass die Wahrscheinlichkeit für einen α-Zerfall mit zunehmender α-Energie wächst.

Hinweis:
In dem skizzierten Zerfallsschema sind nicht die *Q*-Werte, sondern die Energien der emittierten α-Teilchen angegeben.

d) Der Tunneleffekt

Die höchsten beobachteten α-Energien liegen unter 10 MeV. Nach der klassischen Vorstellung müssten die α-Teilchen beim Verlassen des Atomkernes den Coulombwall überwinden und daher nach der Entfernung vom Kern eine Energie besitzen, die mindestens gleich der potentiellen Energie ist, die das α-Teilchen am höchsten Punkt des Walles besitzt. Um eine untere Grenze für diese Energie zu gewinnen berechnet man die potentielle Energie, die ein α-Teilchen am »Rand« des Tochterkernes besitzt.

$$E_{\text{pot}} = \frac{1}{4\pi\varepsilon_0} \cdot \frac{Q \cdot 2 \cdot e}{r} \qquad \begin{array}{l} Q = \text{Ladung des Tochterkernes} \\ r = \text{Radius des Tochterkernes} \end{array}$$

Zur Berechnung des Radius des Tochterkernes benutzt man die Näherungsformel aus 1.6:

$$r \approx 1{,}4 \cdot 10^{-15} \sqrt[3]{A} \text{ m} \qquad A = \text{Nukleonenzahl des Tochterkernes}$$

Für den Zerfall $^{238}_{94}$Pu → $^{234}_{92}$U + $^{4}_{2}$He ergibt sich mit dem Tochterkern $^{234}_{92}$U:

$$E_{\text{pot}} = \frac{1}{4 \cdot \pi \cdot 8{,}85 \cdot 10^{-12}} \cdot \frac{92 \cdot 2 \cdot (1{,}6 \cdot 10^{-19})^2}{1{,}4 \cdot 10^{-15} \sqrt[3]{234}} \text{ J}$$

$$E_{\text{pot}} = 4{,}9 \cdot 10^{-12} \text{ J} = 31 \text{ MeV}$$

Nach der klassischen Vorstellung wären also α-Teilchen mit der Energie von etwa 31 MeV zu erwarten.

Eine Lösung dieses Widerspruchs ist nur mithilfe quantenmechanischer Überlegungen möglich:

Bei der Bildung des α-Teilchens aus zwei Neutronen und zwei Protonen wird soviel Energie (ca. 28 MeV) frei, dass das α-Teilchen auf ein Niveau gehoben wird, bei dem die Dicke des Potentialwalles bereits endlich ist (siehe Skizze).

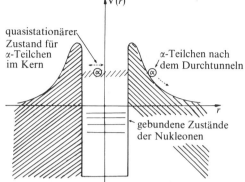

Man ordnet nun den α-Teilchen eine Materiewelle zu, die an den Wänden des Potentialtopfes total reflektiert wird. Bei der Totalreflexion beliebiger Wellen zeigt es sich, dass stets auch in dem angrenzenden Medium eine Welle auftritt, deren Amplitude mit zunehmender Entfernung von der Mediengrenze rasch abklingt. Überträgt man dies auf Materiewellen, so besteht demnach eine gewisse Wahrscheinlichkeit, dass die Materiewelle bei nicht zu großer Wallbreite außerhalb des Kernes ein von Null verschiedenes Amplitudenquadrat (Ψ^2) besitzt. Dies bedeutet aber, dass das α-Teilchen den Wall mit einer gewissen Wahrscheinlichkeit »durchtunneln« kann.

Bei hohem Ausgangsniveau des α-Teilchens ist die Wallbreite geringer und damit die Wahrscheinlichkeit des Durchtunnels größer. Diese Tatsache erklärt auch, warum die α-Teilchen mit höherer Energie mit größerer Wahrscheinlichkeit auftreten als solche mit geringerer Energie.

4. Aufgabe:

Geiger und **Nutall** fanden den skizzierten Zusammenhang zwischen Energie der α-Teilchen und der Halbwertszeit des Zerfalls. Deuten sie dieses Ergebnis qualitativ.

Hinweise:

Einer großen Zerfallswahrscheinlichkeit entspricht eine kleine Halbwertszeit.
Auf der Abszisse ist der Q-Wert für den jeweiligen α-Zerfall dargestellt. Er ist ungefähr gleich der Energie der α-Teilchen.

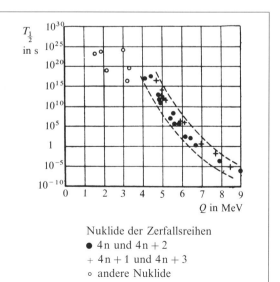

Nuklide der Zerfallsreihen
● 4n und 4n + 2
+ 4n + 1 und 4n + 3
○ andere Nuklide

12.1 Alpha-Zerfall

5. Aufgabe: Leistungskurs-Abitur 1973, IV, Teilaufgabe 4a–c

a) Geben Sie die wesentlichen Eigenschaften von Kernkraft und Coulombkraft an und erläutern Sie an einer Skizze das Modell eines Potentialtopfs für einen Atomkern.

b) Berechnen Sie die Höhe des durch die Coulombkraft erzeugten Potentialwalls bei $^{152}_{62}$Sm (Samarium) für ein den Kern verlassendes Alphateilchen $^{4}_{2}$He (Kernradius $7,4 \cdot 10^{-15}$ m).
[Ergebnis: 23,2 MeV].

c) Die beim Zerfall von $^{152}_{62}$Sm *gemessene* Energie des Alphateilchens beträgt nur 2,1 MeV.
Welcher Effekt erklärt diesen Widerspruch zum Ergebnis der Aufgabe b)?
Wie hängt dieser Effekt von der Gestalt des Potentialwalls ab?

---

6. Aufgabe: Leistungskurs-Abitur 1974, V, Teilaufgaben 2, 3, 4

2. a) Ein Kern der Ordnungszahl Z emittiert Alphateilchen.
Berechnen Sie die potentielle Energie eines Alphateilchens im Coulombfeld des Restkerns als Funktion des Abstands vom Kernmittelpunkt.

   b) Skizzieren und erläutern Sie den »Potentialtopf«, den der Kern für das Alphateilchen bildet.

   c) Welche experimentell gefundene Tatsache lässt eine Deutung des Alphazerfalls nach den Vorstellungen der klassischen Physik nicht zu?

   d) Die Quantenmechanik deutet den Alphazerfall durch den Tunneleffekt. Stellen Sie die grundlegenden Überlegungen dazu dar.

3. a) Berechnen Sie mithilfe des Energie- und des Impulserhaltungssatzes den Zusammenhang zwischen der kinetischen Energie E_α eines emittierten Alphateilchens und der bei dem Prozess insgesamt freiwerdenden Energie E_0, wenn die Masse des Restkerns m_K ist.

   b) Welchen Bruchteil von E_0 stellt die kinetische Energie E_α eines aus dem Kern $^{212}_{84}$Po emittierten Alphateilchens dar?
   (Bei dem auftretenden Massenverhältnis spielt der Massendefekt keine Rolle.)

4. Beim Zerfall des Kerns $^{212}_{84}$Po in den stabilen Kern $^{208}_{82}$Pb beobachtet man neben dem Hauptanteil von Alphateilchen der Energie 8,9 MeV auch einige Alphateilchen mit der Energie 10,7 MeV; außerdem stellt man Gammastrahlung der Energie 1,8 MeV fest.

   a) Wie sind die beiden Komponenten der Alphastrahlung zu erklären?

   b) Erläutern Sie den Prozess der Emission von Gammastrahlung.

   c) Kennzeichnen Sie die Prozesse, welche bei der Absorption von Gammastrahlen in Materie eine Rolle spielen.

---

7. Aufgabe: Leistungskurs-Abitur 1977, IV, Teilaufgabe 2a–c

a) $^{238}_{94}$Pu zerfällt vom Grundzustand aus unter Emission von α-Teilchen, die u.a. die Energie $E_{\alpha_1} = 5,46$ MeV und $E_{\alpha_2} = 5,50$ MeV besitzen. Zeichnen Sie ein Energieniveauschema von Mutter- und Tochterkern mit denjenigen Energieniveaus, die für die genannten Zerfälle von Bedeutung sind.

b) Erklären Sie mithilfe des Energieniveauschemas von a), wie es bei diesem Zerfall auch zum Auftreten von γ-Strahlung kommen kann. Berechnen Sie die Wellenlänge der auftretenden γ-Strahlung.

c) Könnte man mit der γ-Strahlung von b) ein Deuteron in seine Nukleonen zerlegen? Die Antwort ist durch Rechnung zu begründen.

---

8. Aufgabe: Leistungskurs-Abitur 1985, V

1. Eigenschaften des Neutrons

   a) Weshalb sind Neutronen besonders gut zur Auslösung von Kernreaktionen geeignet?
   Welche Schwierigkeiten bringt die besondere Eigenschaft andererseits für den Nachweis und die Untersuchung von Neutronen?

   b) Die von einer Ra-Be-Quelle emittierten Neutronen haben Energien von einigen MeV. Begründen Sie, warum sie sich mit einem Zählrohr nachweisen lassen, wenn dessen innere Wandung mit Paraffin ausgekleidet ist.

   c) Bestrahlt man Deuteriumkerne mit Gammaquanten, so beobachtet man bei Energien ab 2,225 MeV die Reaktion $^2_1H\,(\gamma;n)\,^1_1H$.
   Berechnen Sie hieraus bei bekannten Massen des Deuterons und des Protons die Neutronenmasse.

   d) Zur Erzeugung sehr schneller, monoenergetischer Neutronen beschießt man Tritiumkerne mit 200-keV-Deuteronen.

   α) Schreiben Sie die vollständige Reaktionsgleichung auf, und zeigen Sie, dass den beiden entstehenden Teilchen eine Energie von 17,8 MeV zur Verfügung steht. Der Tritiumkern wird dabei als ruhend angenommen.
   Nuklidmasse: $m_N(^3_1H) = 3{,}015501\,u$; $1\,u \triangleq 931{,}50\,\text{MeV}$.

   β) Ermitteln Sie mithilfe des Impulssatzes, wie sich diese Energie auf die beiden entstehenden Teilchen verteilt. Der Impuls des Deuterons vor der Reaktion kann dabei vernachlässigt werden. Nichtrelativistische Rechnung!

2. Zerfallsreihen
   In der Thorium-Zerfallsreihe tritt der α-Strahler $^{212}_{84}Po$ auf, der seinerseits durch Betazerfall entsteht.

   a) Geben Sie die beiden Zerfallsgleichungen an.
   Beim Zerfall des Poloniums entsteht das Tochternuklid immer unmittelbar im Grundzustand. Befindet sich auch das Polonium im Grundzustand, so wird aufgrund der Massenbilanz die Gesamtenergie 8,95 MeV frei.

   b) Eine Messung ergibt aber, dass fast alle emittierten α-Teilchen die Energie 8,78 MeV haben. Geben Sie eine Erklärung für diese Abweichung.

   c) Einzelne der von Polonium emittierten α-Teilchen weisen eine Energie von 9,50 MeV auf. Erläutern Sie anhand eines Energieniveauschemas der drei auftretenden Nuklide, wie es zu α-Teilchen dieser Energie kommt.

3. Zerfallsgesetz
   Das Strontiumisotop ^{90}Sr wandelt sich durch zwei β^--Zerfälle in stabiles Zirkonium um

   $$^{90}Sr \xrightarrow{T\,=\,28{,}5\,a} Y \xrightarrow{T\,=\,64{,}1\,h} Zr \qquad (T:\text{Halbwertszeit})$$

   Vor 15 Jahren wurde ein reines ^{90}Sr-Präparat der Masse $3{,}0 \cdot 10^{-11}\,\text{kg}$ hergestellt.

a) Welche Aktivität hatte das Präparat zum Zeitpunkt der Herstellung?
b) Wie viele Sr-Atome sind bis heute zerfallen? [Ergebnis: $1{,}5 \cdot 10^5 \, \text{s}^{-1}$]
c) Warum ist die Gesamtaktivität des entstandenen ^{90}Sr/Y-Präparats doppelt so groß wie die Aktivität des noch vorhandenen Strontiums?
d) Wie viele Y-Atome enthält das Präparat heute?

12.2 Beta-Zerfälle

12.2.1 Das β-Spektrum

Aus der Nebelkammeraufnahme der β-Strahlung eines radioaktiven Präparates (Seite 61) wurde geschlossen, dass die ausgesandten β-Teilchen keine einheitliche Energie besitzen. Mit dem folgenden Versuch wird das β-Spektrum eines ^{204}Tl-Strahlers quantitativ bestimmt.

1. Versuch:

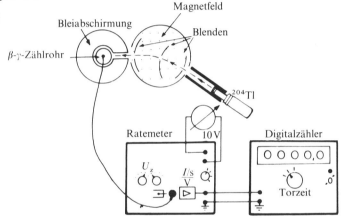

Von der Strahlung des Präparates wird durch den Kollimator ein feines Bündel ausgeblendet. Nach Eintritt in das Magnetfeld mit kreisförmigem Querschnitt durchlaufen die β-Teilchen Kreisbahnen. Durch das Blendensystem gelangen nur diejenigen Teilchen, deren Ablenkung nach Durchlaufen des Magnetfeldes einen Winkel von 40° beträgt. Die β-Teilchen werden mit einem β-γ-Zählrohr nachgewiesen und mit einem Digitalzähler gezählt.

Berechnung des Impulses derjenigen β-Teilchen, die um α = 40° abgelenkt werden:

Aus dem Ablenkwinkel α und dem Durchmesser d des kreisförmig begrenzten Magnetfeldes kann der Radius des von den β-Teilchen beschriebenen Kreisstückes bestimmt werden.

Es gilt $\dfrac{\frac{d}{2}}{r} = \tan\left(\dfrac{\alpha}{2}\right)$ und somit $r = \dfrac{d}{2 \cdot \tan\left(\dfrac{\alpha}{2}\right)}$

Bei dem durchgeführten Versuch war $d = 55 \cdot 10^{-3}$ m; $\alpha = 40°$ und somit $r = 7{,}56 \cdot 10^{-2}$ m. Aus dem Krümmungsradius r und der Kraftflussdichte B kann der Impuls der β-Teilchen bestimmt werden. Es gilt:

$$\frac{m \cdot v^2}{r} = e \cdot B \cdot v;\ \text{oder}\ m \cdot v = e \cdot B \cdot r;\ \text{da}\ p = m \cdot v\ \text{ist, gilt für den Impuls}\ p:$$

$$\boxed{p = e \cdot B \, \frac{d}{2 \cdot \tan\left(\frac{\alpha}{2}\right)}}$$

Zur Aufnahme des Impulsspektrums, werden für verschiedene Werte von p und damit von B die Zählraten bestimmt. Dabei ist aber zu berücksichtigen, dass für einen festen Wert von B nicht nur Teilchen eines festen Impulses p nachgewiesen werden. Durch die endliche Breite der Blenden gelangen Teilchen in das Zählrohr, für die der Bahnradius im Intervall $[r - \Delta r; r + \Delta r]$ liegt. Dies bedeutet aber, dass auch die Impulse der nachgewiesenen Teilchen nicht einheitlich sind, sondern in einem Intervall $[p - \Delta p; p + \Delta p]$ liegen. Aufgrund der Beziehung $p = e \cdot B \cdot r$ gilt nun:

$p_{r-\Delta r} = e \cdot B \cdot (r - \Delta r)$ und $p_{r+\Delta r} = e \cdot B \cdot (r + \Delta r)$. Damit ergibt sich für $2 \cdot \Delta p$:

$$2 \cdot \Delta p = p_{r+\Delta r} - p_{r-\Delta r} = 2 \cdot e \cdot B \cdot \Delta r.$$

$$\boxed{\Delta p = p \, \frac{\Delta r}{r}}$$

Die Breite des Impulsintervalles ist also proportional zum mittleren Impuls der Teilchen. Je nach Größe von p und damit von B sind die Impulsintervalle unterschiedlich groß. Ein Vergleich der Zählraten für verschiedene p und damit B ist jedoch nur bei gleicher Breite der Impulsintervalle sinnvoll. Bei der verwendeten Anordnung ist Δp relativ klein. In diesem Fall kann man annehmen, dass die Zählrate proportional zur Breite $2 \cdot \Delta p$ des Intervalles ist. Dividiert man die Zählraten durch die Breite des Impulsintervalles, so erhält man Zählraten, die auf gleichbreite Impulsintervalle bezogen sind. Da für das Impulsspektrum relative Werte der Zählraten genügen, kann die gemessene Zählrate auch durch den Impuls p oder die dazu proportionale Größe $B \cdot r$ dividiert werden. Es gilt nämlich:

$$\Delta p \sim p \sim B \cdot r$$

Wie bereits bei dem Versuch zum Halleffekt (1. Semester) gezeigt wurde, ist die Kraftflussdichte B im Luftspalt zwischen den Polschuhen des Elektromagneten zum Strom durch die Feldspulen nicht proportional. Es wird daher zunächst die Kraftflussdichte B in Abhängigkeit vom Spulenstrom durch einen Induktionsversuch bestimmt. Dieser Versuch muss schon vor der eigentlichen Messung des Impulsspektrums durchgeführt werden, da das beschriebene Blendensystem keine B-Messung mehr im Luftspalt zulässt.

Bei dem durchgeführten Versuch war die Nullrate $\left(\frac{Z}{t}\right)_0 = 6{,}2 \cdot 10^{-1}\,\text{s}^{-1}$.

Zahl der Impulse Z	Messzeit t in s	Impulsrate $\frac{Z}{t}$ in 10^{-1} s^{-1}	Impulsrate abz. Nullrate $\left[\frac{Z}{t} - \left(\frac{Z}{t}\right)_0\right]$ in 10^{-1} s^{-1}	Kraftflussdichte B in 10^{-2} Vs/m^2	$B \cdot r$ in 10^{-4} Vs/m	$\dfrac{\frac{Z}{t} - \left(\frac{Z}{t}\right)_0}{B \cdot r}$ in 10^2 m/Vs^2	kinet. Energie E_{kin} in 10^5 eV
399	600	6,7	0,5	0,00	0,00	—	—
1000	936	10,7	4,5	0,65	4,92	9,12	0,22
1000	719	13,9	7,7	0,88	6,67	11,55	0,38
1000	526	19,0	12,8	1,19	9,01	14,21	0,68
1000	394	25,4	19,2	1,47	11,12	17,24	
1000	319	31,3	25,1	1,71	12,93	19,44	1,32
1000	244	41,0	34,8	1,95	14,75	23,58	1,66
1000	212	47,2	41,0	2,23	16,86	24,30	
1000	208	48,1	41,9	2,51	18,96	22,08	2,55
1002	217	46,2	40,0	2,79	21,07	18,97	
1000	254	39,4	33,2	3,08	23,29	14,29	3,56
1000	329	30,4	24,2	3,38	25,52	9,49	
1000	598	16,7	10,5	3,87	29,26	3,59	5,06
1034	1041	9,9	3,7	4,43	33,48	1,11	
1000	1455	6,9	0,7	4,94	37,34	0,18	7,22

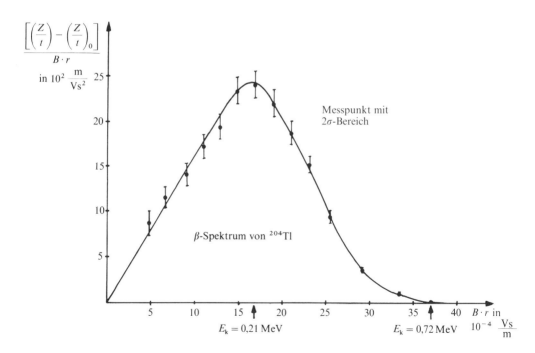

In der grafischen Darstellung kennzeichnen die Striche über bzw. unter den Kurvenpunkten die Intervallgrenzen der 2σ-Umgebung. Bei einem festen $B \cdot r$ ergeben sich bei Wiederholung der Messung unterschiedliche Messraten und damit unterschiedliche Kurvenpunkte. Etwa 95% aller möglichen Kurvenpunkte liegen in der skizzierten 2σ-Umgebung.

1. Aufgabe:
Für die energiereichsten noch nachgewiesenen β-Teilchen ergibt sich aus der grafischen Darstellung ein $B \cdot r = 37{,}3 \cdot 10^{-4}$ Vs/m, für die am häufigsten vorkommenden β-Teilchen ein $B \cdot r = 16{,}8 \cdot 10^{-4}$ Vs/m.
Berechnen Sie für beide Teilchengruppen die kinetischen Energien der Teilchen.

Zusammenfassung der Versuchsergebnisse:
a) Das Impuls- und damit das Energiespektrum der β-Teilchen ist kontinuierlich.
b) Die maximale kinetische Energie der bei ^{204}Tl beobachteten β-Teilchen betrug etwa 0,7 MeV; dies ist in guter Übereinstimmung mit den Werten der Nuklidtafel.
c) Die am häufigsten vorkommende β-Energie beträgt ungefähr $\frac{1}{3}$ der Maximalenergie. Dies ist eine Erscheinung, die für β-Spektren charakteristisch ist.

2. Aufgabe: Leistungskurs-Abitur 1975, IV, Teilaufgabe 2a, b
Das Präparat $^{90}_{38}$Sr (Strontium) zerfällt unter Emission von β-Strahlung.
a) Die Maximalenergie (kinetisch) der ausgesandten Elektronen beträgt 0,54 MeV. Welche Geschwindigkeit besitzen die Elektronen mit der Maximalenergie?
b) Ein Teil der ausgesandten Elektronen beschreibt in einem Magnetfeld der magnetischen Flussdichte $B = 0{,}02 \, \frac{\text{Vs}}{\text{m}^2}$ eine Kreisbahn mit dem Durchmesser $d = 8{,}6$ cm. Berechnen Sie $\beta = \frac{v}{c}$ für diese Elektronen.

3. Aufgabe: Leistungskurs-Abitur 1980, II
1. In einem elektrischen Längsfeld durchlaufen Elektronen mit der Anfangsgeschwindigkeit $0 \, \frac{\text{m}}{\text{s}}$ eine Potentialdifferenz U und treten dann durch eine Lochblende in einem feinen Strahl waagrecht in das homogene Feld (Feldstärke E) eines Plattenkondensators ein.

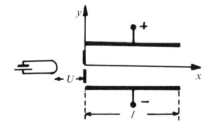

Die gesamte Anordnung befinde sich im Vakuum. Die Elektronen besitzen nach Durchlaufen der Spannung U eine Geschwindigkeit $v < 0{,}1 \, c$. Von der Gravitationswirkung soll abgesehen werden.
a) Stellen Sie für die Elektronen die Gleichung ihrer Bahnkurve für $0 \le x \le l$ auf.
b) Berechnen Sie den Winkel φ, unter dem der Elektronenstrahl gegenüber seiner ursprünglichen Richtung den Kondensator verlässt, wenn $U = 433$ V, $E = 5{,}00 \cdot 10^3 \, \frac{\text{V}}{\text{m}}$ und $l = 10{,}0$ cm ist.
c) Welche Geschwindigkeit haben die Elektronen der Teilaufgabe 1 b) beim Verlassen des Kondensators?

2. Zur Bestimmung des Impulses und der kinetischen Energie von Elektronen kann man unter anderem die Ablenkung in magnetischen Feldern benutzen.
   a) Welche Voraussetzungen müssen das magnetische Feld und die Einschussrichtung der Elektronen erfüllen, damit die Elektronen im Magnetfeld
   α) eine Kreisbahn,
   β) eine gradlinige Bahn,
   γ) eine schraubenförmige Bahn auf einem Kreiszylinder durchlaufen? Geben Sie zu Ihren Antworten eine knappe Begründung.
   b) Zur Bestimmung der kinetischen Energie der von β^--Strahlern ausgesandten Elektronen kann man die folgende Anordnung benutzen:
   Mithilfe von Blenden wird ein sehr enges Bündel der Elektronen ausgeblendet und wie in der Skizze dargestellt in einem homogenen Magnetfeld abgelenkt. Das Magnetfeld sei auf den quadratisch gezeichneten Bereich begrenzt. Die Elektronen bewegen sich in der Zeichenebene.
   Welche Orientierung muss das Magnetfeld besitzen, damit die Elektronen wie in der Skizze abgelenkt werden?

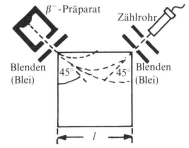

   c) Das β-Zählrohr mit den Blenden ist so justiert, dass nur solche Elektronen registriert werden, die, wie skizziert, das Feld unter einem Winkel von 45° gegen die Quadratseite verlassen.
   α) Wie lassen sich mit einem solchen Versuchsaufbau ohne Veränderung der räumlichen Anordnung die verschiedenen kinetischen Energien der vom Präparat ausgesandten Elektronen ermitteln? Qualitative Beantwortung genügt.
   β) Leiten Sie eine Beziehung her, in der die kinetische Energie der registrierten β-Teilchen in Abhängigkeit von B und l angegeben wird (bezügl. l siehe Skizze).
   Beachten Sie, dass die Elektronen von β-Strahlern Energien bis zu einigen MeV besitzen!
   [Ergebnis: $W_{kin} = \sqrt{(m_0 c^2)^2 + \frac{1}{2}(Belc)^2} - m_0 c^2$]
   d) Die schnellsten bei einem solchen Versuch festgestellten Elektronen traten bei $l = 7,1$ cm für $B = 0,14$ Vs/m² auf.
   Berechnen Sie die Geschwindigkeit dieser Elektronen.
3. Die Messung der Flussdichte B kann mit einer Hallsonde vorgenommen werden.
   a) Erklären Sie anhand einer beschrifteten Skizze das Zustandekommen der Hallspannung.
   b) Leiten Sie die Beziehung her, die den Zusammenhang zwischen der Hallspannung U_H, der magnetischen Flussdichte B, der Geschwindigkeit v der Ladungsträger und der Breite b des Sonderplättchens angibt.

4. Aufgabe: Leistungskurs-Abitur 1979, V, Teilaufgabe 1 a – c
Beim radioaktiven Zerfall von ^{90}Sr tritt β-Strahlung mit einer maximalen Geschwindigkeit von $v = 0,87 \cdot c$ auf.

a) Durch ein geeignetes Geschwindigkeitsfilter wird aus dem kontinuierlichen Spektrum ein Strahl mit $v = 0{,}65 \cdot c$ ausgeblendet und in ein kreisförmig begrenztes ($2a = 4{,}2$ cm), homogenes Magnetfeld der Flussdichte $B = 0{,}015$ Vs/m² geleitet. Der Strahl wird dabei aus seiner ursprünglichen Richtung um $\alpha = 24°$ abgelenkt.

Berechnen Sie die spezifische Ladung dieser β-Teilchen. Entnehmen Sie die dazu benötigten geometrischen Beziehungen der nachstehenden Skizze.

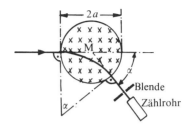

$$\left[\text{Ergebnis: } 1{,}32 \cdot 10^{11} \frac{\text{As}}{\text{kg}}\right]$$

b) Zeigen Sie, dass die in Teilaufgabe a) berechnete spezifische Ladung mit der spezifischen Ladung von Elektronen übereinstimmt.

c) Bei obigem Versuch wird zur Registrierung der β-Teilchen ein Auslösezählrohr verwendet. Beschreiben Sie anhand einer Skizze Aufbau und Wirkungsweise dieses Zählrohrs.

12.2.2 Probleme bei der Deutung des kontinuierlichen β^--Spektrums – Die Neutrinohypothese

Beim β^--Zerfall findet wie beim α-Zerfall eine Kernumwandlung statt. Ein Kern $_Z^A\text{X}$ geht von einem bestimmten Zustand aus in den Kern $_{Z+1}^A\text{Y}$ mit ebenfalls wohldefiniertem Energiezustand über. Nach dieser Vorstellung würde man wie beim α-Zerfall auch beim β^--Zerfall diskrete Energiewerte der emittierten Teilchen erwarten. Dies ist jedoch nicht der Fall, wie der Versuch zeigt. Es kommen β^--Teilchen mit allen Energiewerten zwischen 0 und der Maximalenergie $E_{\max}$ vor. Die Energie, die bei dieser Kernumwandlung frei wird, ist aus der Massendifferenz von Ausgangs- und Endkern berechenbar und stimmt sehr gut mit der β^--Maximalenergie überein.

5. Aufgabe:
Für den β^--Zerfall von ^{204}Tl ergeben genaue Messungen: $E_{\max} = 0{,}77$ MeV. Die Masse des $_{81}^{204}$Tl-Kernes ist $m_{\text{Tl}} = 203{,}92945\,\text{u}$, die des $_{82}^{204}$Pb-Kernes $m_{\text{Pb}} = 203{,}92809\,\text{u}$ und die Masse des Elektrons ist $m_e = 5{,}48597 \cdot 10^{-4}\,\text{u}$. Zeigen Sie, dass in sehr guter Näherung gilt: $Q = E_{\max}$

Das Versuchsergebnis zeigt jedoch, dass nur ein sehr kleiner Teil der auftretenden Elektronen diese Energie besitzt. Die weitaus meisten β^--Teilchen haben eine geringere Energie.

6. Aufgabe:
Auch die Annahme, dass der Rückstoßkern die Energiedifferenz zwischen der maximalen Energie und der Energie des β-Teilchens aufnimmt, ist nicht haltbar. Begründen Sie dies!

Zunächst wurde vermutet, dass der fehlende Energiebetrag an das radioaktive Präparat abgegeben wird. Genaue kalorische Messungen ergaben jedoch, dass dies nicht der Fall ist (vgl. Schpolski: Atomphysik II, Seite 462).
Es schien so, als würde beim β^--Zerfall der Energieerhaltungssatz verletzt. Aus den Ergebnissen sehr aufwendiger Experimente musste man zudem annehmen, dass auch der Impulserhaltungssatz verletzt ist (siehe z. B. Schpolski: Atomphysik II, Seite 464). Da beide Erhaltungssätze bisher nie verletzt wurden, nahm **Pauli** (1930) an, dass beim β-Zerfall ein weiteres bisher noch nicht beobachtetes Teilchen, das »**Neutrino**« auftritt.
Damit lässt sich das Zustandekommen des kontinuierlichen β^--Spektrums *qualitativ* erklären: Bei *jedem* β^--Zerfall wird der feste Energiebetrag $Q \approx E_{max}$ frei, jedoch verteilt auf das Elektron und das »Neutrino«. Nimmt man an, dass diese Energieaufteilung statistisch erfolgt, so sind für die Elektronen kontinuierlich Energien von 0 bis E_{max} möglich, wenn die zugehörigen Neutrinos die jeweiligen Restenergien zwischen E_{max} und 0 übernehmen. Mithilfe der Neutrinohypothese und einer geeigneten Statistik gelang es **Fermi** kurze Zeit später (1934), auch die genaue **Form des β^--Spektrums** theoretisch herzuleiten. Der direkte experimentelle Nachweis des von Pauli postulierten Neutrinos glückte jedoch erst 1956 unter erheblichem experimentellen Aufwand*. Der Grund hierfür ist die außerordentlich kleine Wahrscheinlichkeit, mit der ein Neutrino mit Materie in Wechselwirkung tritt.
Aus Experimenten konnte man schließen, dass die Ruhemasse des Neutrinos wesentlich kleiner ist als die des Elektrons (obere Schranke $m_{v,0} < \frac{1}{1000} m_{e,0}$). Nimmt man an, dass die Ruhemasse des Neutrinos exakt null ist, so beträgt seine Geschwindigkeit in jedem Bezugssystem c.

---

7. Aufgabe: Leistungskurs-Abitur 1978, V, Teilaufgabe 2 a – c

Bei der Bestrahlung von $^{103}_{45}$Rh mit thermischen Neutronen entsteht das Rhodiumisotop $^{104}_{45}$Rh, das von zwei verschiedenen Energiezuständen aus in Palladium $^{104}_{46}$Pd übergeht.

a) Um welche Zerfallsart handelt es sich beim Zerfall von $^{104}_{45}$Rh? Erläutern Sie die Modellvorstellung, die man sich von diesem Zerfall macht, und geben Sie die Zerfallsgleichung von $^{104}_{45}$Rh an.

b) Wie könnte man experimentell nachweisen um welchen Zerfall es sich bei $^{104}_{45}$Rh handelt? Knappe Darstellung des Versuchsprinzips genügt.

c) Nimmt man die Aktivität einer bestrahlten radioaktiven Probe auf, so erhält man folgende Messtabelle:

Zeit	0 s	20 s	40 s	60 s	150 s	5 min	10 min	15 min	20 min
Impulse/s	2000	1430	1030	750	300	100	45	21	9

---

* Vgl. Ford: Die Welt der Elementarteilchen, Springer-Verlag.

Die grafische Darstellung der Aktivität auf halblogarithmischem Papier ergibt die nebenstehende Messkurve. Deuten Sie diese Messkurve und bestimmen Sie aus den Messdaten die den Zerfall kennzeichnenden Größen Halbwertszeit und Zerfallskonstante.

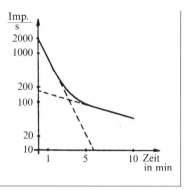

12.2.3 Überblick über die drei Beta-Zerfallsarten

a) β^--Zerfall

Der oben behandelte β-Zerfall wird als β^--Zerfall bezeichnet. Seine **Reaktionsgleichung** lautet allgemein:

$$^A_Z X \rightarrow ^A_{Z+1} Y + ^0_{-1} e + ^0_0 \bar{\nu}$$

Energiebilanz (Q-Gleichung mit Kernmassen; s. S. 127; Annahme: $m_{\bar{\nu}_0} = 0$):

$$Q = \{m_0(^A_Z X) - m_0(^A_{Z+1} Y) - m_{e_0}\} \cdot c^2$$

Diesen Zerfall deutet man als die Umwandlung eines Kernneutrons in ein Kernproton unter Emission eines Elektrons und eines Antineutrinos:

$$^1_0 n \rightarrow ^1_1 p + ^0_{-1} e + ^0_0 \bar{\nu}$$

Hinweis:
Dieser Zerfall wird auch bei freien Neutronen beobachtet, da diese Reaktion exotherm ist ($T_{\frac{1}{2}} = 12$ min).

---

8. Aufgabe:
a) Berechnen Sie den Q-Wert für den β^--Zerfall des freien Neutrons.
   Berechnen Sie die Rückstoßenergie des Protons für die Sonderfälle, dass:
b) ein Elektron mit maximaler Energie emittiert wird.
c) ein Antineutrino mit maximaler Energie emittiert wird.
   (Hinweis: Für alle Teilchen mit der Ruhemasse 0 gilt, wie beim Foton, die Energie-Impuls-Beziehung $E = c \cdot p$)

---

b) β^+-Zerfall

Reaktionsgleichung: $\quad ^A_Z X \rightarrow ^A_{Z-1} Y + ^0_{-1} e + ^0_0 \nu$

Energiebilanz (Q-Gleichung mit Kernmassen; Annahme $m_{\nu_0} = 0$):

$$Q = \{m_0(^A_Z X) - m_0(^A_{Z-1} Y) - m_{e_0}\} \cdot c^2$$

Diesen Zerfall deutet man als Umwandlung eines Kernprotons in ein Kernneutron unter Emission eines Positrons und eines Neutrinos.

$$_1^1p \;\rightarrow\; _0^1n + \;_{+1}^{\;0}e^+ + \;_0^0\nu$$

Hinweis:
Freie Protonen können nach diesem Schema nicht von selbst zerfallen.

> **9. Aufgabe:**
> Welcher Q-Wert ergäbe sich für den »β^+-Zerfall des freien Protons«?

c) EC-Prozess (electron-capture-process) oder K-Einfang

Reaktionsgleichung: $\quad _{-1}^{\;0}e + \;_Z^A X \;\rightarrow\; _{Z-1}^{\;\;A}Y + \;_0^0\nu$

Diesen Prozess deutet man als Umwandlung eines Kernprotons mit einem Elektron der Hülle (i. A. K-Elektron) in ein Kernneutron unter Emission eines Neutrinos.
Im Unterschied zum β^+- und β^--Zerfall handelt es sich beim EC-Prozess um einen Zwei-Teilchen-Zerfall. Da die Impulse des Y-Kerns und des Neutrinos im Ruhesystem des X-Kerns entgegengesetzt gleich groß sind, eröffnet dieser Prozess die Möglichkeit über Betrag und Richtung des Neutrino-Impulses Aussagen zu machen.
Der EC-Prozess wird wegen des Auffüllens der K-Schale i. A. von der Emission charakteristischer Röntgenstrahlung begleitet.

Energiebilanz (Q-Gleichung mit Kernmassen; Annahme: $m_{\nu_0} = 0$):

$$Q = \{m_0(_Z^A X) + m_{e_0} - m_0(_{Z-1}^{\;\;A}Y)\} \cdot c^2$$

> **10. Aufgabe:**
> Für den K-Einfang $_4^7\text{Be} + \;_{-1}^{\;0}e \;\rightarrow\; _3^7\text{Li} + \;_0^0\nu$ ist die Rückstoßenergie des Li-Kernes zu berechnen.
> a) Berechnen Sie den Q-Wert der Reaktion: $m(_4^7\text{Be}) = 7{,}0169307$ u.
> b) Berechnen Sie unter der Annahme, dass das Neutrino wie ein Teilchen der Ruhemasse null zu behandeln ist, die Rückstoßenergie des Li-Kernes.

Der bei Aufgabe 10b) berechnete Wert wurde experimentell tatsächlich festgestellt. Dies ist eine indirekte Bestätigung der Annahme, dass das Neutrino ein Teilchen mit der Ruhemasse null ist.

> **11. Aufgabe:** Leistungskurs-Abitur 1980, V, Teilaufgaben 1a–d, 2a, b
> **1. a)** Skizzieren Sie den Verlauf des Energiespektrums bei einem β^--Zerfall qualitativ und beschreiben Sie dessen wesentliche Merkmale.
> **b)** Die Deutung des Energiespektrums führte anfänglich zu Widersprüchen. Man nahm an, dass beim β^--Zerfall im Kern ein Neutron in ein Proton und ein Elektron zerfällt. Begründen Sie ohne Rechnung am Zerfall eines freien ru-

henden Neutrons, dass mit einem so angenommenen Neutronenzerfall ein kontinuierliches β^--Spektrum nicht erklärt werden kann.

c) Erläutern Sie kurz, wie Pauli im Jahre 1931 diesen Widerspruch beseitigt hat. Geben Sie die vollständige Reaktionsgleichung des β^--Zerfalls eines freien Neutrons an.

d) Ein β^--Spektrum soll mithilfe eines Geschwindigkeitsfilters aufgenommen werden. Beschreiben Sie, wie man mit einer geeigneten Anordnung eines elektrischen und eines magnetischen Feldes Elektronen einer bestimmten Geschwindigkeit v aussondern kann. Geben Sie in einer Skizze Art und Richtung der erforderlichen Felder an und bestimmen Sie allgemein aus den charakteristischen Feldgrößen die Geschwindigkeit v der Elektronen, die das Filter durchlaufen können.

2. Beim Zerfall von $^{14}_{6}C$ wird β^--Strahlung der maximalen Energie W_m emittiert. Die Nuklidmasse von $^{14}_{6}C$ ist 13,9999503 u.

a) Geben Sie die Reaktionsgleichung des angeführten β^--Zerfalls an.

b) Berechnen Sie die maximale Energie W_m.

12. Aufgabe:
Ein Blick auf die Nuklidkarte zeigt, dass bei leichten Kernen vorwiegend der β^+-Zerfall auftritt, während bei schweren Kernen der EC-Prozess überwiegt. Geben Sie hierfür eine Erklärung.

13. Aufgabe: Leistungskurs-Abitur 1973, IV, Teilaufgabe 2a–d
Das Isotop $^{40}_{19}K$ ist nicht stabil. Ein gewisser Teil aller $^{40}_{19}K$-Kerne geht durch β^--Strahlung, der Rest durch Elektroneneinfang in stabile Kerne über.

a) Geben Sie für die genannten Reaktionen jeweils die entsprechende Reaktionsgleichung an.

b) Berechnen Sie die mittlere Bindungsenergie pro Nukleon in MeV für den Kern $^{40}_{19}K$.

c) Beschreiben Sie den experimentell gefundenen Zusammenhang zwischen der mittleren Bindungsenergie pro Nukleon und der Massenzahl.

d) Welche Aussage können Sie allein aus der Stabilität der Tochterkerne von $^{40}_{19}K$ über deren mittlere Bindungsenergie pro Nukleon im Vergleich zum Mutterkern machen?

14. Aufgabe: Leistungskurs-Abitur 1977, IV, Teilaufgabe 3a, b

a) Zeigen Sie allgemein, dass bei einem β^+-Zerfall die *Atom*masse des Mutterelementes die *Atom*masse des Tochterelementes mindestens um einen Betrag übertreffen muss, der einer Energie von 1,02 MeV entspricht. (Energiebetrachtung ohne Berücksichtigung des Neutrinos.)

b) Der zum β^+-Zerfall konkurrierende Prozess ist der »K-Einfang«, bei dem ein Elektron der K-Schale in den Kern aufgenommen wird. Der K-Einfang ist von einer charakteristischen Röntgenstrahlung begleitet, die beim β^+-Zerfall fehlt. Erläutern Sie ihr Zustandekommen und berechnen Sie die Wellenlänge ihrer K_α-Linie beim K-Einfang des Atoms $^{49}_{23}V$.

12.2 Beta-Zerfälle

15. Aufgabe: Leistungskurs-Abitur 1980, V, Teilaufgabe 4a, b

Der β^--Zerfall von $^{60}_{27}$Co ist im nebenstehenden Termschema dargestellt. Es treten zwei angeregte Zustände X_1^* und X_2^* des Tochterkerns X auf, die jeweils durch γ-Strahlung in den nächsttieferen Zustand übergehen.

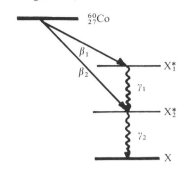

Die maximale kinetische Energie der beiden β^--Strahlungen ist $W_{\beta_1} = 0{,}312$ MeV und $W_{\beta_2} = 1{,}485$ MeV. Die γ_2-Strahlung hat die Energie $W_{\gamma_2} = 1{,}333$ MeV, die Nuklidmasse von $^{60}_{27}$Co ist 59,918997 u.

a) Berechnen Sie die Nuklidmasse des Tochterkerns X.
b) Berechnen Sie die Frequenz der γ_1-Strahlung.

---

16. Aufgabe: Leistungskurs-Abitur 1984, V, Teilaufgabe 1a–f.

Kalium 40 ist ein im natürlichen Kalium zu 0,012 % enthaltenes Kaliumisotop, das mit einer Halbwertszeit von $1{,}28 \cdot 10^9$ Jahren zerfällt.

Bei der Analyse der dabei emittierten Strahlung stellt man neben β^--Strahlung mit $E_{\beta,\max} = 1{,}32$ MeV auch γ-Strahlung mit der Energie $E_\gamma = 1{,}46$ MeV fest. Diese entsteht bei Elektroneneinfang (EC) aus der K-Schale.

a) Schreiben Sie die Gleichungen für die beiden Reaktionen ausführlich an.
b) Berechnen Sie die beim EC-Prozess insgesamt freiwerdende Energie.
c) Zeichnen Sie mit den bisher bekannten Daten ein qualitatives Energieniveauschema, welches das Mutternuklid, die Übergänge mit den freiwerdenden Energien und die Tochternuklide enthält.
d) Welchen Höchstwert hat die Energie des beim β^--Zerfall freiwerdenden Antineutrinos bzw. des beim EC-Prozess entstehenden Neutrinos?
e) Beim EC-Prozess wird zusätzlich eine weiche Röntgenstrahlung frei. Erklären Sie ihr Zustandekommen und berechnen Sie die Wellenlänge.
f) Berechnen Sie die Aktivität von 1,00 kg käuflichem Kaliumchlorid (Formel: KCl).

---

17. Aufgabe: Leistungskurs-Abitur 1988, V, Teilaufgabe 1a–e.

Das Nuklid ^{137}Cs ist ein β^--Strahler. Das Folgeprodukt (Tochternuklid) befindet sich zunächst in einem angeregten Zustand und geht durch Aussendung eines γ-Quants der Energie 662 keV in den Grundzustand über.

a) Geben Sie für den β^--Zerfall des ^{137}Cs die vollständige Reaktionsgleichung an.
b) Für die Massen der beteiligten Nuklide im Grundzustand findet man 136,8766481 u bei ^{137}Cs und 136,8748395 u beim Tochternuklid. Berechnen Sie die maximale kinetische Energie der β^--Teilchen.
c) Wie erklärt man sich, dass die β^--Strahlung nicht monoenergetisch ist? Skizzieren Sie das Energiespektrum qualitativ.

d) Erläutern Sie anhand einer beschrifteten Skizze eine Anordnung, mit der man unter Verwendung eines Geiger-Müller-Zählrohrs das Energiespektrum von β^--Strahlung aufnehmen kann. Entwickeln Sie dazu einen formelmäßigen Zusammenhang zwischen dem Impuls der β^--Teilchen und den Messgrößen Ihrer Anordnung.

e) ^{137}Cs hat die Halbwertszeit 30,2 a, der angeregte Zustand des Tochternuklids hat die Halbwertszeit 2,6 min.
Bei der Untersuchung von 1 kg einer Pilzsorte werden pro Sekunde 2500 γ-Quanten registriert, die aufgrund ihrer Energie dem Zerfall des Tochternuklids zuzuordnen sind.
Berechnen Sie, welche Masse an ^{137}Cs in 1 kg Pilzen enthalten sein muss.

---

18. Aufgabe: Leistungskurs-Abitur 1987, V.

1. Wenn Deuteronen in einem ^{56}Fe-Kern eindringen, kommt es zu einer exothermen (d, n)-Kernreaktion.
   a) Stellen Sie für die (d, n)-Reaktion bei ^{56}Fe die Reaktionsgleichung auf.
   b) ^{56}Fe-Kerne haben den Radius $5{,}36 \cdot 10^{-15}$ m.
   Berechnen Sie die kinetische Energie, die Deuteriumkerne mindestens haben müssen, um den »Coulomb-Wall« der ^{56}Fe-Kerne überwinden zu können. Der Radius der Deuteriumkerne kann vernachlässigt werden.
   c) Der Deuteriumkern soll nun eine kinetische Energie besitzen, mit der er den Potentialwall eben überwinden kann. Berechnen Sie die gesamte kinetische Energie der beiden Reaktionsprodukte.
   Nuklidmassen: $m(^{56}\text{Fe}) = 55{,}9206689$ u; $m(^{57}\text{Co}) = 56{,}9211943$ u.

2. ^{57}Co ist ein instabiler Kern, der durch K-Einfang (Elektroneneinfang) in das stabile ^{57}Fe übergeht. Nebenstehend ist das Energieniveauschema dargestellt. Nuklidmasse: $m(^{57}\text{Fe}) = 56{,}9211309$ u.

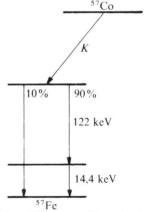

   a) Beschreiben Sie die Vorgänge beim K-Einfang.
   b) Berechnen Sie aus einer Energiebilanz die Energie der beim K-Einfang von ^{57}Co entstehenden Neutrinos.
   c) Worin unterscheidet sich der β^+-Zerfall vom K-Einfang?
   Zeigen Sie, dass β^+-Zerfall bei ^{57}Co energetisch unmöglich ist.
   d) Der K-Einfang wird von einer charakteristischen Röntgenstrahlung begleitet. Erklären Sie ihren Ursprung und zeigen Sie, dass eine Quantenenergie von 6,4 keV zu erwarten ist.
   e) Der ^{57}Fe-Kern in der niedrigen 14,4-keV-Anregungsstufe weist eine Besonderheit auf:
   Nur in 30 % der Fälle strahlt er wie erwartet ein γ-Quant von 14,4 keV ab, zu 70 % gibt er die Anregungsenergie direkt an ein K-Elektron ab. Als Folgeerscheinung beobachtet man freie Elektronen. Warum ist deren kinetische Energie erheblich kleiner als 14,4 keV?

Auch hier entsteht wieder Röntgenstrahlung. Wie kommt diese zustande und welche Energie hat sie?

3. ^{57}Co hat die Halbwertszeit 256 d. Ein ^{57}Co-Präparat habe die Anfangsaktivität $A_0 = 2{,}7 \cdot 10^7\,\text{s}^{-1}$.

   a) Berechnen Sie die anfängliche Gesamtmasse von ^{57}Co im Präparat.

   b) Ermitteln Sie anhand des Energieniveauschemas und der Angaben in Teilaufgabe 2 die Gesamtzahl aller anfänglich in einer Sekunde vom Präparat abgegebenen Strahlungsquanten. (Sekundär entstehende L-Röntgenstrahlung kann außer Betracht bleiben.)

   c) Berechnen Sie die Anzahl der im Laufe eines Jahres von dem Präparat emittierten Neutrinos.

---

19. Aufgabe: Leistungskurs-Abitur 1986, V, Teilaufgaben 3, 4.

3. Das Natriumisotop ^{22}Na ist überwiegend ein β^+-Strahler, nur zu etwa 9 % tritt Umwandlung durch Elektroneneinfang auf. Beim β^+-Zerfall ist die maximale Energie der emittierten Positronen $E_{max} = 0{,}55\,\text{MeV}$, außerdem tritt dabei eine γ-Strahlung der Energie $E = 1{,}28\,\text{MeV}$ auf.

   a) Erstellen Sie für die beiden Möglichkeiten des Zerfalls die vollständige Reaktionsgleichung.

   b) In beiden Fällen tritt ein bisher im Text nicht erwähntes Teilchen auf. Erläutern Sie kurz, welcher Erhaltungssatz beim β^+-Zerfall das Auftreten dieses Teilchens fordert.

   c) Wie lässt sich experimentell nachweisen, dass neben β^+-Zerfall auch Elektroneneinfang auftritt? Kurze Begründung!

   d) Zeigen Sie allgemein, dass beim »K-Einfang« stets eine um 1,02 MeV höhere Energie frei wird als beim β^+-Zerfall. Warum überwiegt bei leichten Nukliden dennoch β^+-Zerfall?

   e) Zeichnen Sie ein Termschema des β^+-Zerfalls bei ^{22}Na.

   f) Berechnen Sie aus den Daten des β^+-Zerfalls die Nuklidmasse von ^{22}Na.

4. Ein ^{22}Na-Präparat befindet sich in einem homogenen Magnetfeld der Flussdichte $B = 0{,}02\,\text{Vsm}^{-2}$. Eine Lochblende ist so angebracht, dass nur Positronen, die eine halbkreisförmige Flugbahn mit dem Radius $r = 0{,}10\,\text{m}$ durchlaufen haben, zu einer Aluminiumfolie gelangen. Die gesamte Anordnung befindet sich im Vakuum. Einige der Positronen werden beim Durchqueren der Aluminiumfolie »im Flug vernichtet«. Dabei entstehen wenigstens zwei γ-Quanten, die in diesem Fall in den Detektoren D_1 und D_2 nachgewiesen werden:

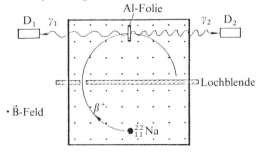

a) Welchen Impuls besitzen diejenigen Positronen, die den Halbkreis durchlaufen und auf die Aluminiumfolie treffen?
b) Schätzen Sie mithilfe des Ergebnisses von a) ab, ob für diese Positronen klassisch oder relativistisch zu rechnen ist.
c) Welche kinetische Energie besitzen die auftreffenden Positronen?
d) Begründen Sie, warum Paarvernichtung (bei Abwesenheit eines dritten Partners) nur stattfindet, wenn mindestens zwei γ-Quanten gebildet werden.
e) Berechnen Sie die Energie der beiden γ-Quanten.
Rechnung mit Energie- und Impulssatz im Laborsystem!

20. Aufgabe: Leistungskurs-Abitur 1982, V, Teilaufgaben 2a, b, 3a–c

2. ^{64}Cu zerfällt auf mehrere Arten mit der Halbwertszeit 12,8 h. Dabei erfolgen 38 % der Zerfälle durch β^--Emission.
   a) Geben Sie die vollständige Formel für diesen Zerfall an.
   b) Ein ^{64}Cu-Präparat wird hergestellt und verschlossen. Nach 20 Tagen beträgt die β^--Aktivität noch 20 Zerfallsakte pro Sekunde.
   Welche Masse (in μg) besaß der ^{64}Cu-Anteil des Präparats bei der Herstellung?

3. Das nebenstehende Kernenergieniveauschema zeigt andere Zerfallsmöglichkeiten des ^{64}Cu. Dort sind neben dem in Teilaufgabe 2 bereits betrachteten Zerfall (1) noch zwei weitere Zerfallsprozesse (2) und (3) des ^{64}Cu, die auf ^{64}Ni führen, eingezeichnet.

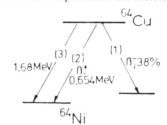

   a) Beim Zerfall (2) handelt es sich um β^+-Emission. Die maximale kinetische Energie der β^+-Teilchen beträgt hierbei 0,654 MeV. Berechnen Sie aus diesen Angaben und unter Verwendung der Kernmasse von ^{64}Cu, 63,913850 u, die Nuklidmasse des ^{64}Ni. [Ergebnis: 63,912599 u]
   b) Bei der Kernumwandlung (3) wird die Energie 1,68 MeV frei. Dies ist erheblich mehr als die dem Unterschied der Nuklidmassen von ^{64}Cu und ^{64}Ni entsprechende Energie.
      α) Beschreiben Sie die Kernumwandlung (3) und erklären Sie, woher der zusätzliche Energiebetrag kommt.
      β) Zeigen Sie durch Rechnung, dass bei dieser Kernumwandlung tatsächlich 1,68 MeV pro Zerfall frei werden, und erklären Sie, wie dieser Energiebetrag abgeführt wird.
   c) Die Kernumwandlung (3) ist experimentell durch eine für ^{64}Ni charakteristische Röntgenstrahlung nachweisbar.
      α) Mit welcher Versuchsanordnung kann man die Wellenlängen dieser Röntgenstrahlung bestimmen?
      Geben Sie das Wesentliche zu Aufbau und Ausführung des Experimentes anhand einer übersichtlichen Skizze an.
      β) Erklären Sie, wie es zu dieser Röntgenstrahlung kommt, und berechnen Sie näherungsweise die Wellenlänge der intensivsten Spektrallinie dieser Strahlung.

21. Aufgabe: Leistungskurs-Abitur 1981, V

Das Kobaltisotop ^{57}Co zerfällt mit einer Halbwertszeit von 270 Tagen in das Eisenisotop ^{57}Fe.

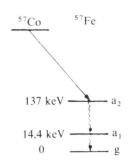

1. Für diesen Zerfall gilt das nebenstehende (vereinfachte) Energieniveauschema:

   a) Erläutern Sie kurz dieses Schema.

   b) Der Zerfall von ^{57}Co könnte durch Aussendung eines Positrons erfolgen (β^+-Zerfall). Dabei würde aber stets noch ein weiteres Teilchen ausgesandt.

   α) Geben Sie den wesentlichen experimentellen Befund an und schildern Sie die Gedankengänge, die zur Postulierung dieses weiteren Teilchens führten.

   β) Schreiben Sie nun an, wie die vollständige Reaktionsgleichung des Zerfalls lauten müsste.

   c) Weisen Sie durch eine Energiebetrachtung nach, dass β^+-Zerfall von ^{57}Co sehr unwahrscheinlich ist.

   Nuklidmasse von ^{57}Co: 56,921194 u $\Big\}$ im Grundzustand
   Nuklidmasse von ^{57}Fe: 56,921130 u

   d) Die ^{57}Co-Kerne gehen nicht durch β^+-Zerfall in ^{57}Fe über, sondern durch Einfang eines Elektrons, z. B. aus der K-Schale (»K-Einfang«).

   α) Welche Reaktion muss dabei im Kern im Wesentlichen stattfinden?

   β) Bestätigen Sie durch Rechnung, dass beim K-Einfang stets eine um 1,02 MeV höhere Energie frei wird als beim entsprechenden β^+-Zerfall, und zeigen Sie, dass dadurch der Übergang von ^{57}Co zu ^{57}Fe im Zustand a_2 möglich ist.

   γ) Geben Sie einen Grund an, warum bei leichteren Kernen mit Protonenüberschuss im Allgemeinen β^+-Zerfall und nur selten der K-Einfang auftritt.

2. Wir betrachten nun im Folgenden nur die 14,4 keV-Strahlung, die beim Übergang des ^{57}Fe-Nuklids vom Zustand a_1 zum Grundzustand g freigesetzt wird.
Trägt man die Anzahl N der in einer bestimmten Beobachtungszeit mit einem geeigneten Detektor registrierten γ-Quanten gegen ihre Energie auf, so erhält man anstelle einer scharfen Linie eine Verteilung (vgl. Skizze):

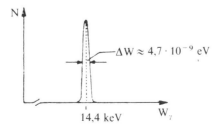

   a) Berechnen Sie den Impuls eines γ-Quants mit der Energie 14,4 keV.

b) Bei der Emission des 14,4 keV-Quants erfährt das ^{57}Fe-Atom einen Rückstoß. Welche kinetische Energie hat das Atom nach der Aussendung, wenn es vorher in Ruhe war? Die Atommasse beträgt 56,9354 u.

[Ergebnis: $2,0 \cdot 10^{-3}$ eV]

Erklären Sie nun, warum die Energie des emittierten Quants nicht genau gleich dem Energieunterschied zwischen den Kernzuständen a_1 und g sein kann.

c) Kann ein solches Quant von einem anderen ^{57}Fe-Nuklid absorbiert werden, wenn sich dieses in Ruhe und im Grundzustand g befindet? Begründen Sie Ihre Antwort.

3. Ein Physiker benötigt eine Quelle für 14,4 keV-γ-Quanten mit der Anfangsaktivität $A_0 = 5,0 \cdot 10^6$ s^{-1}.

a) Wie viele ^{57}Co-Atome müssen in der Probe enthalten sein?

b) Wie viele Gramm Kobalt muss er für seine Probe verwenden, wenn sie im Wesentlichen aus natürlich vorkommendem Kobalt besteht und der Anteil an ^{57}Co-Atomen 0,004 Promille beträgt?

c) Wie lange kann er mit dieser Probe arbeiten, bis die Aktivität auf $A' = 4,0 \cdot 10^6$ s^{-1} abgesunken ist?

---

22. Aufgabe:

Wie im Kapitel 11.3 dargelegt wurde, liegen die stabilen Kerne im N-Z-System der Nuklidkarte auf der so genannten Stabilitätslinie. Man bekommt noch mehr Information über die Nuklide, wenn man neben den N- und Z-Werten eines Nuklids auch die mittlere Energie pro Nukleon (s. S. 37) angibt. Eine übersichtliche Darstellung ist ein dreidimensionales N-Z-$\frac{B}{A}$-System (ein materielles Modell eines solchen Systems steht in der Kernphysikabteilung des Deutschen Museums in München).

Die Verhältnisse sollen an einem Isobarenschnitt (z. B. für $A = 72$) näher untersucht werden.

a) Wo liegen im N-Z-System isobare Kerne?

Betrachtet werden nun folgende Kerne:

Nuklid	$^{72}_{34}$Se	$^{72}_{33}$As	$^{72}_{32}$Ge	$^{72}_{31}$Ga	$^{72}_{30}$Zn
Masse in u	71,92934	71,92643	71,92174	71,92603	71,92774

b) Berechnen Sie die Bindungsenergie pro Nukleon $-B/A$ als Funktion von Z dar.

Rechtswertachse: $Z \in [29;\ 36]$; Einheit 2 cm;

Hochwertachse: $-B/A \in [-8,52$ MeV; $-8,36$ MeV$]$; 0,01 MeV $\hat{=}$ 1 cm

Zeichnen Sie in dieses Diagramm auch die »Zerfallspfeile« ein. Verwenden Sie die Farbe blau für einen β^--Zerfall; Farbe rot für einen β^+-Zerfall bzw. für einen EC-Prozess.

c) Erläutern Sie den Begriff »Tal der stabilen Kerne«, der im Zusammenhang mit der dreidimensionalen Darstellung gebraucht wird.

23. Aufgabe: Leistungskurs-Abitur 1976, IV, Teilaufgabe 3a–d
a) Erläutern Sie die Modellvorstellung, die man sich vom β^+-Zerfall macht. Stellen Sie die Zerfallsgleichung für den β^+-Zerfall von $^{22}_{11}$Na auf.

b) Nebenstehende Skizze zeigt ein typisches β-Spektrum in vereinfachter Form. Beschreiben Sie anhand dieser Skizze die Energieverteilung.

c) Die Schwierigkeiten bei der Deutung der β-Spektren beseitigte 1931 Pauli, indem er hypothetisch die Existenz von Neutrinos annahm. Stellen Sie die Schwierigkeiten dar und geben Sie Eigenschaften des Neutrinos an.

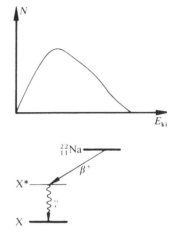

d) Berechnen Sie für den in a) beschriebenen β^+-Zerfall von $^{22}_{11}$Na die maximale kinetische Energie der emittierten β^+-Teilchen. Berücksichtigen Sie dabei, dass der entstehende Tochterkern (X*) zunächst angeregt ist und unter Emission eines γ-Quants der Energie 1,277 MeV in den Grundzustand des Tochterkerns (X) übergeht.
[Nuklidmasse von $^{22}_{11}$Na: 21,988400 u; Atommasse von $^{22}_{11}$Na: 21,994435 u]

12.3 Teilchen-Antiteilchen

Wie schon auf Seite 56 erläutert wurde, gibt es zum Elektron ein Antiteilchen, das so genannte Positron. Dieses Teilchenpaar kann bei der Materialisation von γ-Strahlung im Feld eines Kernes entstehen (Paarbildung). Andererseits können beide Teilchen verschwinden, wenn sie in Wechselwirkung treten. Dabei entsteht γ-Strahlung (Paarvernichtung). Mit der Entwicklung leistungsfähiger Beschleuniger gelang neben der Erzeugung einer Vielzahl von neuen Elementarteilchen z. B. auch die Bildung von Antiproton $\bar{p}$ (Träger einer negativen Elementarladung) und Antineutron $\bar{n}$.

24. Aufgabe:
Welche Mindestenergie muss γ-Strahlung haben, damit ein p-$\bar{p}$-Paar entstehen kann?

Wie es zu jedem Elementarteilchen ein *Antiteilchen* gibt, so wäre zur gesamten Materie eine so genannte *Antimaterie* denkbar. Zum Beispiel würde der Antiwasserstoff ein Antiproton als negativen Kern besitzen und ein Positron als Hülle. Auf unserer Erde bzw. in unserem Milchstraßensystem kann sich diese Antimaterie jedoch nicht lange halten, da sie sofort mit der vorhandenen Materie zerstrahlen würde.

Literaturhinweise: Ford: Die Welt der Elementarteilchen, Springer-Verlag.
MNU 25 (1972), Seite 196.

25. Aufgabe: Leistungskurs-Abitur 1980, V

1. a) Skizzieren Sie den Verlauf des Energiespektrums bei einem β^--Zerfall qualitativ und beschreiben Sie dessen wesentliche Merkmale.

b) Die Deutung des Energiespektrums führte anfänglich zu Widersprüchen. Man nahm an, dass beim β^--Zerfall im Kern ein Neutron in ein Proton und ein Elektron zerfällt. Begründen Sie ohne Rechnung am Zerfall eines freien ruhenden Neutrons, dass mit einem so angenommenen Neutronenzerfall ein kontinuierliches β^--Spektrum nicht erklärt werden kann.

c) Erläutern Sie kurz, wie Pauli im Jahre 1931 diesen Widerspruch beseitigt hat. Geben Sie die vollständige Reaktionsgleichung des β^--Zerfalls eines freien Neutrons an.

d) Ein β^--Spektrum soll mithilfe eines Geschwindigkeitsfilters aufgenommen werden. Beschreiben Sie, wie man mit einer geeigneten Anordnung eines elektrischen und eines magnetischen Feldes Elektronen einer bestimmten Geschwindigkeit v aussondern kann. Geben Sie in einer Skizze Art und Richtung der erforderlichen Felder an und bestimmen Sie allgemein aus den charakteristischen Feldgrößen die Geschwindigkeit v der Elektronen, die das Filter durchlaufen können.

2. Beim Zerfall von $^{14}_{6}C$ wird β^--Strahlung der maximalen Energie W_m emittiert. Die Nuklidmasse von $^{14}_{6}C$ ist 13,9999503 u.

a) Geben Sie die Reaktionsgleichung des angeführten β^--Zerfalls an.

b) Berechnen Sie die maximale Energie W_m.

3. Bei abgestorbenem Holz lässt sich über den Zerfall von $^{14}_{6}C$ eine Altersbestimmung durchführen:
In lebendem Holz findet man als Mittelwert unter $1,0 \cdot 10^{12}$ stabilen $^{12}_{6}C$-Atomen je ein instabiles $^{14}_{6}C$-Atom. Die Halbwertszeit von $^{14}_{6}C$ ist $T = 5,74 \cdot 10^3$ a. Wenn das Holz abgestorben ist, werden keine neuen $^{14}_{6}C$-Atome mehr eingelagert.
Ein ausgegrabenes Holzstück, bei dem der Kohlenstoffanteil die Masse $m = 50$ g hat, zeigt eine Restaktivität $A = 4,8 \cdot 10^2$ min^{-1}.

a) Wie viele $^{14}_{6}C$-Atome sind noch in diesem Holzstück enthalten?

b) Vor wie vielen Jahren starb das Holzstück ab?

4. Der β^--Zerfall von $^{60}_{27}Co$ ist im nebenstehenden Termschema dargestellt.
Es treten zwei angeregte Zustände X_1^* und X_2^* des Tochterkerns X auf, die jeweils durch γ-Strahlung in den nächsttieferen Zustand übergehen.
Die maximale kinetische Energie der beiden β^--Strahlungen ist $W_{\beta 1} = 0,312$ MeV und $W_{\beta 2} = 1,485$ MeV.
Die γ_2-Strahlung hat die Energie $W_{\gamma 2} = 1,333$ MeV, die Nuklidmasse von $^{60}_{27}Co$ ist 59,918997 u.

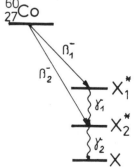

a) Berechnen Sie die Nuklidmasse des Tochterkerns X.

b) Berechnen Sie die Frequenz der γ_1-Strahlung.

13. Grundlagen der Kernenergietechnik

13.1 Kernspaltung

Die Entdeckung der Kernspaltung*

Seit der Entdeckung des Neutrons (Chadwick 1932) stand den Kernphysikern ein ideales Geschoss zur Auslösung von Kernreaktionen zur Verfügung, da diese Teilchen nicht den Coulombwall des beschossenen Kernes überwinden müssen. Aus dem Beschuss mittelschwerer Kerne wusste man, dass die Neutronen meist Reaktionen des Typs (n, α), (n, p) oder (n, γ) hervorrufen. Die Reaktionsprodukte waren also Nachbarelemente der bestrahlten Kerne mit etwas niedrigerer Ordnungszahl oder Isotope.

Da man bei der Suche nach diesen Nachbarelementen durch Bestrahlung der schweren Kerne Uran und Thorium zunächst nicht fündig wurde, stellte Fermi 1934 die Vermutung auf, dass bei der Neutronenbestrahlung schwerer Kerne so genannte **Transurane** (Kerne schwerer als Uran) entstehen.

Die beobachteten β^--Zerfälle der Reaktionsprodukte schienen diese Vermutung zu stützen, da doch hierbei ein Kernneutron in ein Kernproton umgewandelt wird, sich also die Kernladungszahl erhöht.

In Paris (Joliot, Curie) und Berlin (Hahn, Straßmann und Meitner) wurden die Experimente Fermis wiederholt. Die Gruppen versuchten mit Mitteln der Chemie die Reaktionsprodukte, die nur in geringsten Mengen zur Verfügung standen, zu identifizieren. Dabei war man inzwischen wieder der Meinung, dass beim Neutronenbeschuss von Uran das Element Radium entstehen müsste.

Hahn und Straßmann konnten dies jedoch aufgrund ihrer am 19.12.1938 abgeschlossenen Untersuchungen nicht bestätigen. In einem ersten Bericht schreiben sie sehr vorsichtig:

»… nun müssen wir aber noch auf einige neuere Untersuchungen zu sprechen kommen, die wir der seltsamen Ergebnisse wegen nur zögernd veröffentlichen … unsere ›Radiumisotope‹ haben die Eigenschaften des Bariums; als Chemiker müssten wir eigentlich sagen, bei den neuen Körpern handelt es sich nicht um Radium, sondern um Barium … als der Physik in gewisser Weise nahe stehende ›Kernchemiker‹ können wir uns zu diesem allen bisherigen Erfahrungen der Kernphysik widersprechenden Sprung noch nicht entschließen. Es könnten doch noch vielleicht eine Reihe seltsamer Zufälle unsere Ergebnisse vorgetäuscht haben.«

Hahn und Straßmann hatten hiermit als Erste belegt, dass beim Beschuss von Uran dieser Kern in zwei »mittelschwere« Bruchstücke gespalten wird. Die zugehörige Reaktionsgleichung lautet:

$$^{235}_{92}\text{U} + ^{1}_{0}\text{n} \longrightarrow \ ^{89}_{36}\text{Kr} + ^{144}_{56}\text{Ba} + 3 \cdot ^{1}_{0}\text{n} + ^{0}_{0}\gamma$$

Die folgende Abbildung zeigt die im Deutschen Museum aufbewahrte Versuchsanordnung von Hahn und Straßmann, die zur Entdeckung der Kernspaltung führte:

13. Grundlagen der Kernenergietechnik

Batterien für Verstärker
Verstärkerteile
mechanischer Impulszähler

Radium-Beryllium Mischung Neutronenquelle
Radium-Beryllium Mischung
Paraffinblock zur Neutronenverlangsamung
Uranpräparat für Nachweis mit radiochemischen Methoden
Laborbuch
Geiger-Müller Zählrohr
Batterien für Zählrohre (1200 V)

Auf der rechten Seite befindet sich die Neutronenquelle, die von einem zylindrischen Paraffinblock umgeben ist, nebst Uranprobe. In der Tischmitte sind die zwei Röhrenverstärker für die Zählrohre zu erkennen.

Wenige Monate nach der Entdeckung der Kernspaltung gelang Joliot in Paris der Nachweis, dass bei der Uranspaltung eine **Kettenreaktion** möglich ist. Bei einer Spaltung frei werdende Neutronen können für weitere Spaltprozesse verwendet werden, sodass in kurzer Zeit sehr viel Energie zur Verfügung steht.

Besonders die USA trieben die Ausnutzung der Kernenergie für militärische Zwecke seit 1941 in großem Stil voran. Man befürchtete dort nämlich, dass Deutschland aufgrund der Entdeckungen von Hahn und Straßmann bald im Besitz einer Atombombe sein könnte.

Um möglichst viel spaltbares Material anzusammeln, wurden zwei Wege verfolgt:
- Isolierung des spaltbaren Uranisotops $^{235}_{92}U$, das nur zu 0,7% im Natururan vorkommt;
- Erbrüten des spaltbaren Plutoniums $^{239}_{94}Pu$ in einem zu entwickelnden Reaktor.

Schon 1942 erreichte man in Chicago unter Leitung von Fermi die erste geregelte Kettenreaktion in einem Reaktor.

Nach dem Krieg setzte die Entwicklung leistungsfähiger Reaktortypen in den Vereinigten Staaten ein. Sie wurden u.a. auch zum Antrieb von U-Booten verwendet.

Die friedliche Nutzung der Kernenergie begann in Deutschland 1957 mit der Inbetriebnahme des Forschungsreaktors in Garching bei München, der ausschließlich wissenschaftlichen Zwecken dient. Das erste Kernkraftwerk wurde in Kahl installiert, es hatte eine Leistung von 16 MW.

13.1.1 Experimentelle Befunde über den Spaltungsprozess

a) Spaltprodukte – Die Asymmetrie der Spaltung

Eine Nebelkammeraufnahme aus neuerer Zeit zeigt eine Spaltreaktion an $^{235}_{92}$U. Man erkennt im obersten Teil des Bildes zwei dicke Nebelspuren der Kernbruchstücke, die in entgegengesetzte Richtung weisen. Die vertikale Spur stammt von einem gleichzeitig frei werdenden Alpha-Teilchen.

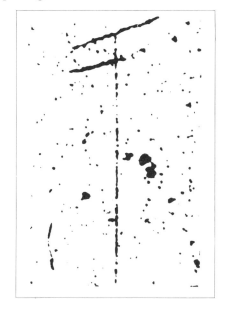

Die genaue Analyse der entstehenden Kernbruchstücke ergab die folgende Häufigkeitsverteilung für die prozentuale Ausbeute in Abhängigkeit von der Massenzahl.

Die Spaltprodukt-Verteilung nach Einfang thermischer Neutronen in ^{235}U zeigt:

1. Die Spaltung in zwei etwa gleich große Bruchstücke (»symmetrische Spaltung«) ist äußerst unwahrscheinlich.
2. Am häufigsten treten Spaltprodukte mit den Massenzahlen $A \approx 95$ und $A \approx 140$ auf, d.h. eine Aufteilung der Gesamtmasse etwa im Verhältnis 2:3 (»asymmetrische Spaltung«).

Bei der Spaltung mit schnellen Neutronen zeigen sich die gleichen Tendenzen, aber weniger deutlich ausgeprägt.

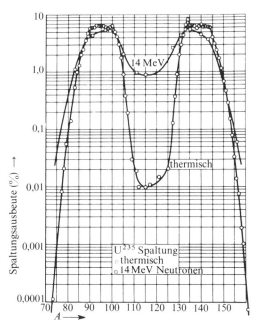

b) Spaltneutronen

Neben den Kernbruchstücken treten als Ergebnis einer Kernspaltung u.a. auch Neutronen mit Energien von der Größenordnung 1 MeV (schnelle Neutronen) auf. Ihre Zahl beträgt pro Spaltung im Mittel etwa 2,5 bis 3, wodurch die Möglichkeit einer Kettenreaktion entsteht (vgl. 13.1.2).

Beispiel für eine durch Neutronen induzierte Kernspaltung in $^{235}_{92}U$:

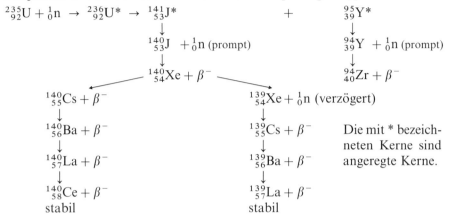

Von den bei der Spaltung auftretenden Neutronen sind die meisten **prompte Neutronen**, die in ca. 10^{-6} s nach der Spaltung auftreten. Nur 0,75 % der entstehenden Neutronen sind so genannte **verzögerte Neutronen**, die beim Zerfall von Kernbruchstücken entstehen. Trotz ihres zahlenmäßig geringen Anteils sind die verzögerten Neutronen aber von größter Bedeutung für die Regelung von Kernreaktoren (vgl. S. 170).

c) Energetische Bedingungen für das Eintreten der Kernspaltung

Im Kapitel 3.2 wurde bereits auf die Möglichkeit des Energiegewinns bei Spaltreaktionen hingewiesen.

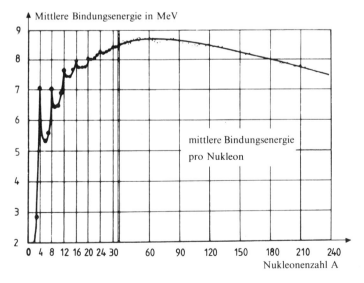

Aus dem Verlauf der Kurve für die mittlere Bindungsenergie pro Nukleon müsste man annehmen, dass bei einer Spaltungsreaktion von Kernen mit $A > 60$ Energie gewonnen wird. Aus experimenteller Erfahrung weiß man jedoch, dass nur wenige Kerne mit $A > 60$ leicht gespalten werden können und damit für eine großtechnische Energiegewinnung infrage kommen. Zur Erklärung dieser Tatsache kann man die folgende Überlegung anstellen:

Man betrachtet die Energie, die nötig ist, um die Spaltprodukte wieder zu einem Kern zusammenzufügen. Diese Energie hat in Abhängigkeit vom Abstand r der Schwerpunkte beider Bruchstücke folgenden qualitativen Verlauf:

Ist der Abstand r größer als die Reichweite der Kernkräfte, so sind nur die Coulomb'schen Abstoßungskräfte zu berücksichtigen. Die potentielle Energie ist in diesem Bereich proportional $\frac{1}{r}$. Wird der Ab-

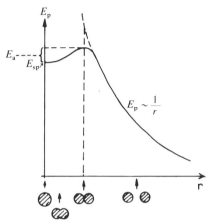

stand r kleiner als die Reichweite der Kernkräfte, so erfahren die beiden Bruchstücke zusätzlich eine anziehende Kraft. Dies führt zu einer Abnahme der potentiellen Energie bis auf den Wert E_{sp}. E_{sp} ist diejenige Energie, die bei der Spaltung frei wird.

> **1. Aufgabe:**
> Berechnen Sie die Energie E_{sp} für eine symmetrische Spaltung von $^{238}_{92}\text{U}$.
> $A_r(^{238}_{92}\text{U}) = 238{,}05076$; $\quad A_r(^{119}_{46}\text{Pd}) = 118{,}9059$

Um eine Kernspaltung auszulösen muss dem Kern die Energie E_a zugeführt werden. Die Energiezufuhr ist am leichtesten mit ungeladenen Teilchen möglich, da für diese der Coulombwall nicht existiert. In der Regel verwendet man zur Einleitung der Spaltung Neutronen. Ein Neutron gibt bei Anlagerung an den Kern seine kinetische Energie ab. Dazu kommt noch ein Energiebetrag, der gleich der Bindungsenergie E_B des Neutrons ist.

> **2. Aufgabe:**
> Berechnen Sie die Bindungsenergie des letzten Neutrons in $^{236}_{92}\text{U}$, demjenigen Kern, der bei Anlagerung eines Neutrons an $^{235}_{92}\text{U}$ entsteht.
> $A_r(^{236}_{92}\text{U}) = 236{,}04573$; $\quad A_r(^{235}_{92}\text{U}) = 235{,}04393$

Ist $E_{kin} + E_B > E_a$, so ist eine Spaltung des Kernes energetisch möglich. In der folgenden Tabelle sind die Anregungsenergie E_a und die Bindungsenergie E_B, die bei Anlagerung eines Neutrons an den betreffenden Kern frei wird, dargestellt.

Kern	E_a in MeV	E_B in MeV
$^{235}_{92}U$	6,5	6,8
$^{238}_{92}U$	7,0	5,5
$^{239}_{94}Pu$	5,0	6,6
$^{233}_{92}U$	6,0	7,0
$^{232}_{90}Th$	7,5	5,4

Aus der Tabelle ersieht man, dass Neutronen z. B. bei $^{235}_{92}U$ und $^{239}_{94}Pu$ schon mit geringster kinetischer Energie eine Spaltung auslösen können. Bei $^{238}_{92}U$ ist dagegen eine kinetische Energie von ca. 1,5 MeV nötig.

d) Abhängigkeit der Spaltausbeute von der Neutronenenergie
Für eine technische Nutzung der Kernspaltungsenergie ist es nicht nur wichtig, dass eine bestimmte Spaltreaktion energetisch möglich ist, vielmehr ist auch die Wahrscheinlichkeit für das Eintreten einer solchen Reaktion von Bedeutung. Ein Maß für diese Wahrscheinlichkeit ist der so genannte Wirkungsquerschnitt (Einheit des Wirkungsquerschnitts: 1 barn = 10^{-24} cm^2).

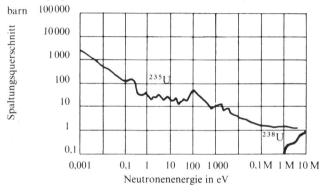

In der Abbildung ist der Wirkungsquerschnitt für die Spaltung von $^{235}_{92}U$ und $^{238}_{92}U$ mit Neutronen in Abhängigkeit von der Neutronenenergie dargestellt. Mit wachsender Neutronenenergie nimmt der Spaltquerschnitt für $^{235}_{92}U$ stark ab. Der Spaltquerschnitt von $^{238}_{92}U$ setzt, wie zu erwarten, erst bei ca. 1,5 MeV ein und steigt mit wachsender Neutronenenergie stufenweise an.

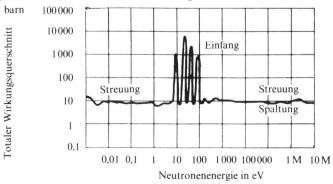

Der totale Wirkungsquerschnitt von $^{238}_{92}$U (Maß für die Wahrscheinlichkeit, dass ein Neutron überhaupt mit dem U-Kern in Wechselwirkung tritt) zeigt, dass im Bereich 10–1000 eV eine hohe Wahrscheinlichkeit für den Neutroneneinfang besteht. Dieser Einfang führt nicht zu einer Spaltung des Kernes, da hierfür eine Energie von ca. 1,5 MeV notwendig wäre. Für große Neutronenenergien bleibt der Wirkungsquerschnitt für Streuung und Spaltung ($E_{\text{Neutron}} > 1,5$ MeV) nahezu konstant. Der maximale Wirkungsquerschnitt für Spaltung ist bei $^{238}_{92}$U wesentlich geringer als bei $^{235}_{92}$U.

13.1.2 Grundlagen der Reaktorphysik

Im Mittel entstehen bei einer Kernspaltung 2,5–3,0 Neutronen. Das Auftreten von mehr als einem Neutron bei der Spaltung ermöglicht die Entstehung einer **Kettenreaktion**:

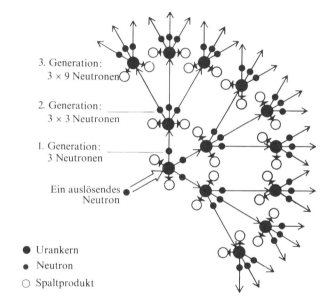

Man darf nun nicht erwarten, dass sich – wie in der obigen Grafik naiv dargestellt – die Zahl der Neutronen von Generation zu Generation tatsächlich um den Faktor 2,5–3,0 erhöht, da der Kettenreaktion durch zahlreiche Prozesse Neutronen entzogen werden und damit für die Spaltung verloren gehen.

Das Verhältnis der tatsächlichen Neutronenzahl einer Generation zur Neutronenzahl in der vorhergehenden Generation wird als **Multiplikationsfaktor** k bezeichnet. Für $k < 1$ nimmt die Zahl der für die Spaltung zur Verfügung stehenden Neutronen ab, für $k > 1$ steigt sie an. $k = 1$ ist die Bedingung für eine konstant bleibende Neutronenzahl und somit die Bedingung für den stationären Betrieb eines Reaktors.

a) Neutronen-Bilanz in einem Uranreaktor*

Der Multiplikationsfaktor k wird im Wesentlichen durch die vier folgenden Prozesse bestimmt:

1. Ein Teil der Neutronen wird durch $^{235}_{92}U$ und $^{238}_{92}U$ eingefangen. Es finden dabei (n,γ)-Reaktionen statt.
   Geht man z. B. davon aus, dass 100 Neutronen eine Spaltung verursachen, so kann man damit rechnen, dass nach der Spaltung ca. 250 schnelle Neutronen zur Verfügung stehen. Durch den obigen Absorptionsprozess wird die Zahl der schnellen Neutronen auf ca. 130 verringert.

2. Schnelle Neutronen können $^{235}_{92}U$ und $^{238}_{92}U$ spalten. Der Wirkungsquerschnitt ist jedoch sehr gering im Vergleich zum Spaltquerschnitt von $^{235}_{92}U$ in Bezug auf langsame Neutronen. Durch diesen Prozess erhöht sich die Zahl der zur Verfügung stehenden schnellen Neutronen geringfügig.

3. Da der Wirkungsquerschnitt für die Spaltung von $^{235}_{92}U$ nur für sehr langsame (thermische) Neutronen sehr hoch ist (ca. 1000 barn), müssen die schnellen Neutronen abgebremst werden. Würden die Neutronen ihre Energie durch Stöße mit Uran-Kernen verlieren, so führten erst sehr viele Stöße zur notwendigen Energieverringerung. Dies ist auf den großen Massenunterschied zwischen den Neutronen und den Uran-Kernen zurückzuführen.

---
3. Aufgabe:
Berechnen Sie den prozentualen Energieverlust eines Neutrons beim zentralen elastischen Stoß mit einem anfangs ruhenden $^{238}_{92}U$-Kern (Nehmen Sie ganze Massenzahlen an!).

Aufgrund der nur langsam ablaufenden Energieabnahme des Neutrons durch die Stöße mit Uran-Kernen besitzen die Neutronen für längere Zeit auch eine Energie im Bereich von 10–1000 eV. Gerade in diesem Bereich ist aber der Wirkungsquerschnitt für den Neutroneneinfang durch $^{238}_{92}U$ sehr groß, sodass ein hoher Anteil der Neutronen für die Spaltung von $^{235}_{92}U$ verloren ginge. Bringt man jedoch zwischen das zu Stäben geformte Uran (**Brennstäbe**) Stoffe, deren relative Atommasse vergleichbar mit der des Neutrons ist (z. B. Graphit, Beryllium, Natrium oder Wasser), so erreicht man mit wesentlich weniger Stößen und damit in kürzerer Zeit eine Abbremsung (**Moderation**) der Neutronen. Am häufigsten benutzt man in den zur Zeit betriebenen Reaktoren als Bremssubstanz (Moderator) Wasser, das zusätzlich als Kühlmittel dient.

Von den 130 schnellen Neutronen des Zahlenbeispiels verbleiben etwa noch 120 thermische Neutronen.

---

* Als Brennstoff dient nicht das natürlich vorkommende Uran (99,3 % $^{238}_{92}U$ und 0,7 % $^{235}_{92}U$), sondern mit $^{235}_{92}U$ angereichertes Natur-Uran, da der Wirkungsquerschnitt für Spaltung bei $^{235}_{92}U$ wesentlich größer ist als bei $^{238}_{92}U$.

Vergleich verschiedener Moderatoren

Moderator	Wasser-stoff ^1_1H	Schwerer Wasser-stoff $^2_1H(D)$	Beryl-lium ^9_4Be	Kohlen-stoff (Graphit) $^{12}_6C$	Uran $^{238}_{92}U$
Zahl der Zusammen-stöße zur Energie-verminderung von 1,75 MeV auf 0,025 eV	18	25	86	114	2172
Einfangquerschnitt für thermische Neutronen (in barn)	0,325	0,0008	0,0085	0,005	2,8

Normales (leichtes) Wasser hat den Nachteil, dass es zum Teil Neutronen absorbiert ($^1_0n + ^1_1p \rightarrow ^2_1H + \gamma$). Es wäre deshalb günstig, wenn man schweres Wasser D$_2$O verwenden würde (D = ^2_1H). Auf das teure schwere Wasser kann man verzichten, wenn man den Anteil von $^{235}_{92}U$ erhöht. Moderne Reaktoren arbeiten mit normalem Wasser und Brennelementen, in denen $^{235}_{92}U$ einen Anteil von 3% besitzt.

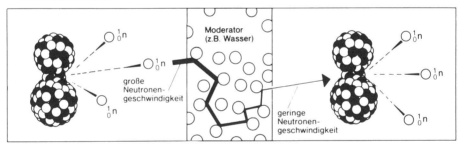

Abbremsung schneller Neutronen durch einen Moderator

4. Von den nun thermischen Neutronen werden einige durch die entstehenden Spaltprodukte oder von Reaktormaterialien eingefangen. Insbesondere das bei der Spaltung entstehende Xenon hat den sehr hohen Einfangquerschnitt von ca. $3,5 \cdot 10^6$ barn. Man bezeichnet Xenon daher als Neutronengift. Außerdem entweicht stets ein Teil der langsamen, aber auch der schnellen Neutronen aus dem Reaktor, da dieser nur eine endliche Ausdehnung besitzt. Die Zahl der entweichenden Neutronen kann verkleinert werden, wenn man das Verhältnis von Volumen zu Oberfläche des Reaktorkernes vergrößert (Reaktorkern ist die Zone in der sich die Brennstäbe befinden). Man kann den Neutronenverlust auch noch dadurch verkleinern, dass man den Reaktorkern mit einem Material umgibt, das die entweichenden Neutronen in den Reaktor reflektiert (man verwendet hierzu Be).

Trotz der aufgeführten Verluste bleibt bei einem Reaktor mit angereichertem Uran in üblicher Ausführung der Multiplikationsfaktor k knapp über 1. Würde man nicht durch zusätzliche Vorrichtungen zum Neutroneneinfang den Multiplikationsfaktor verkleinern, so würde die einmal angelaufene Kettenreaktion zu einem nicht mehr kontrollierbaren Anwachsen der Neutronen und damit der Spaltreaktionen führen. In der Regel benützt man als Neutronenabsorber Cadmium-Stäbe, die zwischen die stabförmigen Uran-Brennelemente geschoben werden.

b) Aufbau des Reaktorkerns

Bei den meisten der heute betriebenen Kernreaktoren übernimmt das Wasser nicht nur die Abbremsung der Neutronen, sondern auch die Kühlung der Brennelemente.
Ein **Brennelement** besteht z. B. aus 64 **Brennstoffstäben** (Länge 4,5 m; Durchmesser 12 mm). Dies sind dicht verschweißte Metallrohre, die mit Uranoxidtabletten gefüllt sind. Ein großer Reaktor enthält mehrere hundert Brennelemente, die in ihrer Gesamtheit den **Reaktorkern** bilden. Ein 700 MW Reaktor enthält etwa 100 t Uranoxid.
Das als **Moderator** und **Kühlmittel** dienende Wasser fließt zwischen den

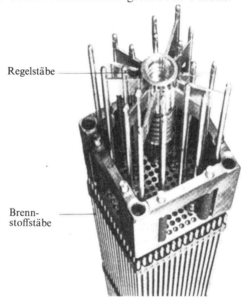

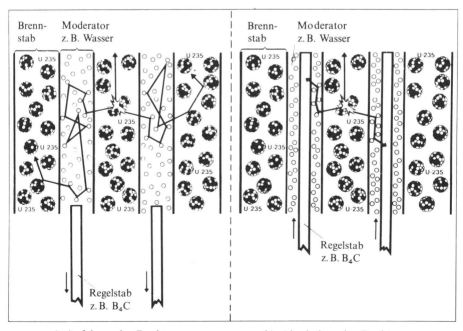

a) Anfahren des Reaktors b) Abschalten des Reaktors

Brennstäben. Zur Regelung der Kettenreaktion können zwischen die Brennstoffstäbe noch **Regelstäbe** eingeführt werden, die aus Neutronen absorbierenden Substanzen (Bor, Cadmium) aufgebaut sind.
Durch Einführen dieser Regelstäbe zwischen die Brennstoffstäbe kann die Leistung des Reaktors gemindert oder die Kettenreaktion ganz unterbrochen werden. Für den Dauerbetrieb wird die Neutronenausbeute k auf dem Wert 1 gehalten.

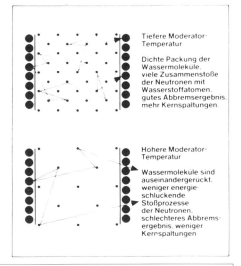

Neben der Regelung von außen gibt es auch noch eine Selbststeuerung des Reaktors. Steigt z. B. die Spaltrate, so erhöht sich die Temperatur des Wassers, seine Dichte sinkt. Wie das nebenstehende Bild zeigt, ist dann die Neutronenmoderation nicht mehr so effektiv. Die Spaltrate sinkt, da der Wirkungsquerschnitt für Spaltung bei schnelleren Neutronen geringer ist.

4. Aufgabe: Leistungskurs-Abitur 1979, V, Teilaufgabe 3b)
Warum kann bei natürlichem Uran eine Kettenreaktion nur in Verbindung mit einem Moderator ablaufen? Welche Bedingungen sind an einen geeigneten Moderator zu stellen?

c) Anfahren (Inbetriebnahme) eines Reaktors

Zu Beginn sind die Neutronen absorbierenden Cd-Stäbe so weit zwischen die Brennelemente eingefahren, dass keine Kettenreaktion abläuft, da $k < 1$ ist. An einer geeigneten Stelle zwischen den Brennstäben befindet sich eine Neutronenquelle, die in der Zeiteinheit S Neutronen emittiert. In einer Messkammer möge aufgrund der Neutronenquelle eine Zählrate Z_0 gemessen werden. Diese Zählrate würde von Generation zu Generation um etwa den Faktor k abnehmen ($k < 1$), wenn die Neutronenquelle nur einmalig Neutronen liefern würde. Bei der 1. Generation wäre die Zählrate etwa $k \cdot Z_0$, bei der 2. Generation etwa $k^2 \cdot Z_0$ usw. Da jedoch der Fluss der Neutronenquelle zeitlich konstant ist, treten im stationären Fall alle Neutronengenerationen nebeneinander auf, d.h. die Zählrate Z ergibt sich als Summe der Zählraten für die einzelnen Generationen (geometrische Reihe):

$$Z = Z_0 + k \cdot Z_0 + k^2 \cdot Z_0 + \ldots + k^n \cdot Z_0 + \ldots$$

Nach genügend langer Zeit strebt die Zählrate einem konstanten Grenzwert zu, der durch den Summenwert der unendlichen geometrischen Reihe bestimmt ist:

$$Z = \frac{Z_0}{1-k}$$

Hat sich die Zählrate dem konstanten Wert genähert, so wird durch geringfügiges Herausziehen der Cd-Stäbe der Wert von k minimal auf den Wert k' erhöht. Die Zählrate steigt an und nähert sich, wenn $k' < 1$ ist, wieder einem Grenzwert.

Die folgende Abbildung zeigt das Anwachsen der Neutronenflussdichte mit der Zeit bedingt durch stufenweises Erhöhen von k.

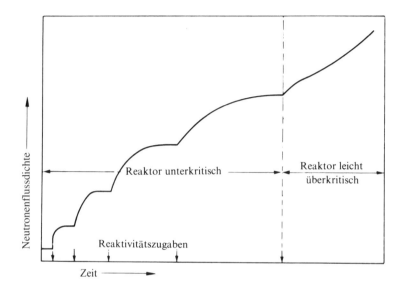

Der Reaktor wird kritisch, wenn die Neutronenflussdichte nicht mehr einem konstanten Grenzwert zustrebt, sondern laufend wächst. Würden bei den Spaltprozessen nur prompte Neutronen auftreten, so verliefe, auch bei kleinster Überschreitung von $k = 1$, das Anwachsen der Neutronenflussdichte so rasch, dass eine Regelung mit den Cd-Stäben zu träge wäre. Die neben den prompten Neutronen auftretenden verzögerten Neutronen verlangsamen jedoch bei einer geringfügigen Überschreitung von $k = 1$ das Anwachsen des Flusses so weit, dass eine Regelung noch möglich ist.

d) Technische Ausführung von Kernreaktoren

Konventionelles Dampfkraftwerk

Zum Vergleich soll zunächst ein herkömmliches Dampfkraftwerk betrachtet werden. Chemische Energie wird dazu verwendet, Wasserdampf zu erzeugen. Dieser Dampf treibt die Turbine an und wird nach der Arbeitsverrichtung mittels Kühlwasser kondensiert. Das kondensierte Wasser wird in den Kessel zurückgepumpt. Der Wirkungsgrad eines Dampfkraftwerkes ist etwa 40 %.

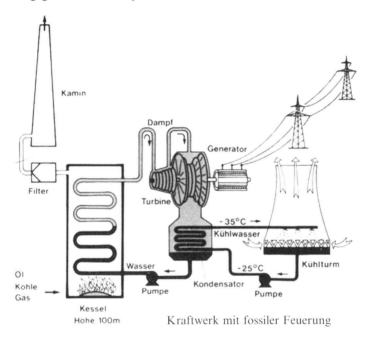

Kraftwerk mit fossiler Feuerung

chemische Energie ⇨ Wärme ⇨ innere Energie des Dampfes ⇨ mechanische Energie ⇨ elektrische Energie

Siedewasserreaktor

Der Siedewasserreaktor weist eine große Ähnlichkeit mit dem Dampfkraftwerk auf. An die Stelle der chemischen Energie tritt hier jedoch die Kernenergie. Der Dampf besitzt beim Siedewasserreaktor eine Temperatur von ca. 285 °C und einen Druck von etwa 70 bar. Der Wirkungsgrad eines Kernreaktors ist ungefähr 33 %.

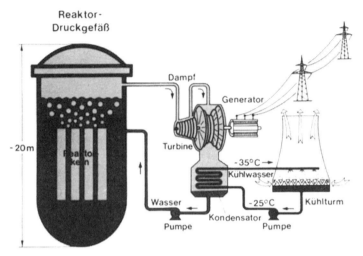

Kernkraftwerk mit Siedewasserreaktor (SWR)

Kern-energie $\Rightarrow$ Wärme $\Rightarrow$ innere Energie des Dampfes $\Rightarrow$ mechanische Energie $\Rightarrow$ elektrische Energie

Druckwasserreaktor

Im Gegensatz zum Siedewasserreaktor befindet sich im Druckwasserreaktor im Primärkreis kein Wasserdampf, sondern Wasser unter hohem Druck (ca. 150 bar), der durch den so genannten Druckhalter (mit Heiz- und Kühleinrichtungen) konstant gehalten wird. Die Temperatur des Wassers beträgt 330 °C. Das Wasser im Primärkreis heizt im Wärmeaustauscher das Wasser des Sekundärkreises auf. Der entstehende Dampf treibt wie beim Siedewasserreaktor die Turbine an. Bei diesem Reaktortyp gelangen die radioaktiven Stoffe des Primärkreises nicht zu den Turbinen. Dies ist ein Vorteil bei eventuellen Reparaturarbeiten.

13.1 Kernspaltung 173

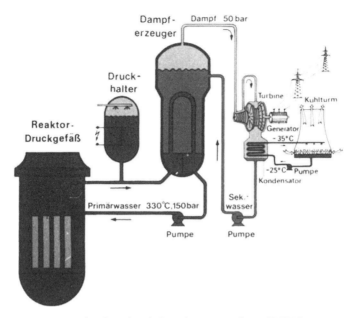

Kernkraftwerk mit Druckwasserreaktor (DWR)

Die Abbildung auf S. 174 gibt einen Überblick über die 1987 in Deutschland betriebenen bzw. geplanten Kernkraftwerke. Die neueren Kraftwerkseinheiten haben meist eine Leistung von ca. 1200 MW.

Die Kernenergie wird in der Bundesrepublik Deutschland fast ausschließlich zur Stromerzeugung eingesetzt. 1985 trug die Kernenergie in Deutschland 36%, in Bayern sogar 62% zur öffentlichen Stromversorgung bei.

Bezeichnung und Standorte (in Betrieb/im Bau)	Nettoleistung MW$_e$	Kommerzieller Betriebsbeginn
KKB, Brunsbüttel	771	1976
KBR, Brokdorf	1340	1987
KKK, Krümmel	1260	1983
KKS, Stade	640	1972
KKU, Rodenkirchen	1230	1978
KKE, Emsland, Lingen	1242	1988
KWG, Grohnde	1300	1985
KWW, Würgassen	640	1973
SNR-300, Kalkar	280	–
THTR-300, Hamm-Uentrop	296	1987
AVR, Jülich	13	1969
Mühlheim-Kärlich	1227	1986
KKG, Grafenrheinfeld	1235	1982
Biblis A	1146	1974
Biblis B	1240	1977
KWO, Obrigheim	340	1968
KKP-1, Philippsburg	864	1979
KKP-2, Philippsburg	1268	1985
GKN-1, Neckarwestheim	795	1976
GKN-2, Neckarwestheim	1255	1989
KNK-II, Karlsruhe	17	1979
KKI-1, Ohu	870	1979
KKI-2, Ohu	1285	1988

Kernkraftwerke in der BRD, Stand 1987

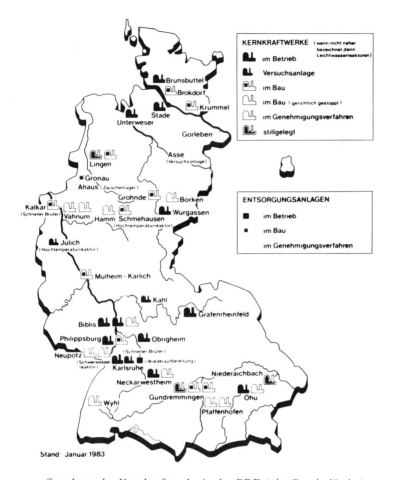

Standorte der Kernkraftwerke in der BRD (alte Bundesländer)

5. Aufgabe:
Geben Sie die Energieumwandlungen beim Druckwasserreaktor anhand einer schematischen Skizze wieder.

6. Aufgabe:
Ein Spaltreaktor liefert die elektrische Leistung von ca. 1000 MW. Der Wirkungsgrad sei $\eta = 30\%$.
a) Berechnen Sie über die Einstein'sche Beziehung die pro Jahr vernichtete Masse.
b) Wie viel $^{235}_{92}U$ wird pro Jahr verbraucht, wenn bei der Spaltung eines Kernes die Energie von 200 MeV frei wird?

7. Aufgabe:
a) Erklären Sie den »Selbstregelungseffekt« im Spaltreaktor bei einem Leistungsanstieg, wenn Wasser als Moderator verwendet wird.

b) Der Reaktor von Tschernobyl verwendet als Moderator Graphit und als Kühlmittel Wasser. Warum verhält sich dieser Reaktor bei einem Leistungsanstieg instabil? Bedenken Sie, dass beim Leistungsanstieg Wasser verdampfen kann.

e) Brutreaktor

Die heute bekannten ökonomisch nutzbaren Uranvorräte haben weniger Energieinhalt als die noch nutzbaren fossilen Energieträger. Bei dem hohen Energiebedarf der wachsenden Weltbevölkerung ist also die »Energiegewinnung« durch die soeben besprochenen Reaktortypen, die das selten vorkommende $^{235}_{92}U$ ausnützen, eine Lösung auf begrenzte Zeit.

Brutreaktoren nützen die Tatsache aus, dass durch Beschuss mit **schnellen Neutronen** (daher der Name »schneller Brüter«) das häufig vorkommende $^{238}_{92}U$ in das spaltbare $^{239}_{94}Pu$ umgewandelt wird. Die Reaktionsgleichung für diesen Prozess lautet:

$$^{238}_{92}U\,(n,\gamma)\,^{239}_{92}U \xrightarrow{\beta^-} {}^{239}_{93}Np \xrightarrow{\beta^-} {}^{239}_{94}Pu$$

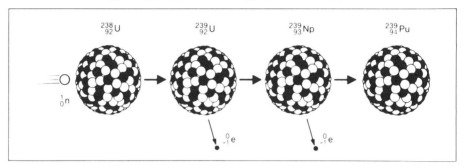

Der Reaktorkern des schnellen Brüters besteht aus einer Spaltzone, die 80 % UO_2 (bestehend aus Natururan) und 20 % PuO_2 enthält. Aufgrund der gegenüber $^{235}_{92}U$ hohen Neutronenausbeute bei hohen Energien verwendet man als Spaltstoff Plutonium. Die Spaltzone ist von einem »Brutmantel« aus UO_2 (Natururan) umgeben.

Da der Wirkungsquerschnitt für die Spaltung von Pu durch schnelle Neutronen geringer ist als für die Spaltung von $^{235}_{92}U$ durch thermische Neutronen, muss der schnelle Brüter eine etwa zehnmal so hohe Spaltstoffkonzentration besitzen wie ein Leichtwasserreaktor.

Die Kühlung erfolgt nicht durch Wasser (es würde die Neutronen zu schnell abbremsen), sondern durch das gut Wärme abführende flüssige Natrium, das jedoch bei eventuellen Störfällen sehr heftig mit Wasser reagieren würde.

Die Technologie der schnellen Brüter ist noch nicht so ausgereift wie die der Leichtwasserreaktoren. Außerdem erfordern sie eine Wiederaufarbeitungsanlage, in der die Neutronen absorbierenden Spaltprodukte aus den Brennstäben entfernt werden.

In einem Brutreaktor werden mehr spaltbare Pu-Kerne »erbrütet«, als durch die Spaltung verlorengehen. Auf diese Weise könnten die Uranreserven etwa um einen Faktor 60 gestreckt werden.

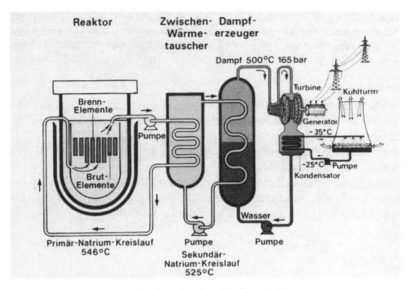

Kernkraftwerk mit schnellem Brüter

| Kern-
energie ⇨ Wärme ⇨ | innere Energie
des Primär-
Natriums ⇨ | innere Energie
des Sekundär-
Natriums ⇨ | innere Energie
des Dampfes ⇨ | mechanische
Energie ⇨ | elektrische
Energie |

8. Aufgabe:
a) Warum verwendet man beim Brutreaktor keinen Moderator?
b) Warum erfordert der Betrieb eines Brutreaktors die Wiederaufarbeitung der Brennelemente (d.h., eine direkte Endlagerung ist hier nicht sinnvoll)?

13.1.3 Reaktorsicherheit, Entsorgung, Wiederaufarbeitung

a) Sicherheitsvorkehrungen bei Leichtwasserreaktoren

Die radioaktive Strahlung im Reaktor hat folgende Bestandteile:
- Neutronen- und γ-Strahlung, die bei der Spaltung entstehen
- Strahlung der Spaltprodukte
- Strahlung der Aktivierungsprodukte, die durch Neutroneneinfang entstehen.

Um diese Strahlung von der Umwelt fernzuhalten, werden verschiedene Barrieren errichtet (vgl. S. 177 oben).

Neben diesen passiven Sicherheitsvorkehrungen sind noch eine Reihe aktiver Vorkehrungen üblich. Mit einer Vielzahl verschiedenartiger Messgeräte werden alle wichtigen Betriebsdaten ständig überwacht (Reaktorschutzsystem). Das Reaktorschutzsystem löst bei Störungen automatisch Schutzmaßnahmen aus. Besonders wichtig sind dabei die Reaktorschnellabschaltung durch das Einschießen der Regelstäbe zwischen die Brennstoffstäbe und die Not- und Nachkühlsysteme, welche die Nachwärme, die trotz Reaktorabschaltung entsteht, abführen.

①: Die dicht verschweißten Hüllrohre der Brennstoffstäbe sollen das Entweichen der Spaltprodukte verhindern.

②: Der Reaktordruckbehälter aus Stahl (Wandstärke ca. 14 cm) soll allen Belastungen durch Druck, Temperatur und Strahlung standhalten.

③: Der »biologische Schild«, eine Betonkammer, ist zur Strahlenabschirmung bestimmt.

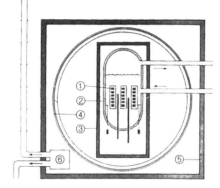

④: Der Sicherheitsbehälter aus Stahl umgibt den gesamten nuklearen Teil des Reaktors (ein solcher Behälter fehlte beim »Tschernobyl-Reaktor«).

⑤: Die Stahlbetonhülle soll den Reaktor vor äußeren Störungen (z. B. Flugzeugabsturz) schützen.

⑥: Der Unterdruck, der zwischen Sicherheitsbehälter und Stahlbetonhülle herrscht, soll das Entweichen radioaktiver Gase verhindern.

b) Gefahren für die Umwelt

Im störungsfreien Betrieb stellt die **Abwärme** der Reaktoren die größte Umweltbelastung dar.

> **9. Aufgabe:**
> Unter dem Wirkungsgrad η eines Kraftwerkes versteht man den Quotienten aus elektrischer und thermischer Leistung. Das Kernkraftwerk Biblis B liefert eine elektrische Leistung von 1240 MW. Wie groß ist die thermische Leistung, wenn ein Wirkungsgrad von 33 % angenommen wird?

Zur Kühlung der Kraftwerke kann Flusswasser verwendet werden (vergleichen Sie hierzu die Standorte der Kraftwerke auf Seite 174). Gerade im Sommer ist jedoch die **Flusskühlung** problematisch, denn als Folge der Erwärmung löst sich weniger Sauerstoff im Wasser, die Selbstreinigungskraft des Flusses sinkt.
In modernen Kraftwerken erfolgt die Kühlung des Wassers meist in einem **Kühlturm** (h ≈ 150 m). In dem starken, nach oben gerichteten Luftzug wird das Kühlwasser fein verrieselt. Die fallenden Wassertropfen kühlen sich dabei von ca. 35 °C auf 25 °C ab.
Abgesehen von der Schwadenbildung des Wasserdampfes in der Kühlturmumgebung ist diese Art der Kühlung umweltfreundlicher als die Flusskühlung. Allerdings bleibt zu bedenken, dass jede im großen Stil erfolgende Umwelterwärmung Auswirkungen auf unser Klima haben kann.
Die Belastung der Luft durch Schadstoffe ist bei einem Kernkraftwerk ohne Störfall wesentlich geringer als z. B. bei einem Kohle- oder Ölkraftwerk. Die folgende Tabelle stellt die Beeinflussung der Umwelt pro Jahr und Megawatt dar. Dabei

sei noch erwähnt, dass der Anteil der Kraftwerke am gesamten Schadstoffausstoß ca. 16 %, der durch den Verkehr bedingte Schadstoffanfall dagegen 48 % beträgt.

Umweltbeeinflussung		Kohlekraft-werke	Ölkraft-werke	Kernkraft-werke
gasförmig:				
O_2-Verbrauch	10^3 t	8	8	–
CO_2-Abgabe	10^3 t	10	10	–
SO_x-Abgabe	t	140	55	–
NO_x-Abgabe	t	20	20	–
CO-Abgabe	t	0,5	0,01	–
Staubabgabe	t	5	0,7	–
C_xH_x-Abgabe	t	0,2	0,7	–
^{226}Ra-Abgabe	μCi	13	0,15	–
Edelgasabgabe	Ci	–	–	25
flüssig:				
Spaltprodukte	mCi	–	–	2
^{3}H (Tritium)	Ci	–	–	1,2
Wärme	MW	1,7	1,7	2,0
feste Abfälle:				
Asche (10 %)	kg	350 000	–	–
Spaltprodukte	kg	–	–	1,1
Luftbedarf:				
Verbrennung	10^6 m^3	29	29	–
Abgase	10^6 m^3	180 000	73 000	0,08
Wasserbedarf:				
Kühlung	10^6 m^3	5,5	5,5	7,5
radioaktive Abwasser	10^6 m^3	–	–	0,09
Platzbedarf	m^2/MW	15	15	10

Trotz umfangreicher Vorsichtsmaßnahmen lassen sich aber radioaktive Substanzen in Ablauf und Abwasser auch im Betrieb ohne Störfall nicht völlig zurückhalten. Die daraus resultierende Umweltbelastung ist jedoch so gering, dass sie im Vergleich zur natürlichen Strahlenbelastung (vgl. 8.3) kaum ins Gewicht fällt.

c) Entsorgung von Kernkraftwerken

Die folgende Abbildung zeigt den Brennstoffkreislauf, wie er in der BRD zurzeit für die kommenden Jahrzehnte geplant ist.

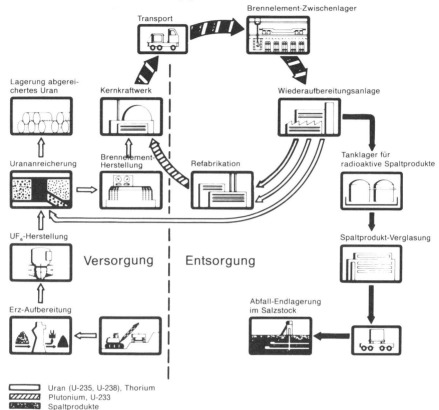

Nach der Erzgewinnung und -aufbereitung (Deutschland bezieht das gesamte Uran vom Ausland, vorwiegend aus Australien, Südafrika und Kanada) wird eine gasförmige Uranverbindung (UF_6) hergestellt, die für die Anreicherung des $^{235}_{92}U$-Isotops gut geeignet ist. Anschließend führt man die gasförmige Verbindung in festes Uranoxid (UO_2) über, mit dem die Brennstoffrohre gefüllt werden.

Da sich während des Abbrandes im Reaktor in den Brennstäben Neutronen absorbierende Spaltprodukte bilden, der U-235-Anteil sinkt und außerdem das Hüllmaterial nur von begrenzter mechanischer Stabilität ist, tauscht man die Brennelemente nach etwa 3 Jahren Betriebsdauer aus. Die nebenstehende Tabelle zeigt die Zusammensetzung von 1000 g

Ausgangsmaterial:	1000 g Uran
Anreicherung:	3,3 %
Gewichtsanteil	
Uran	957,8 g
U-235	8,6 g
U-236	4,2 g
U-238	945,0 g
Plutonium	9,3 g
Spaltprodukte	32,5 g

Uran, das mit 3,3% des Isotops $^{235}_{92}U$ abgereichert war, nach dem Abbrand. Von den ursprünglich 33 g spaltbaren Materials ist noch knapp die Hälfte (U-235 und Plutonium) vorhanden.
Nach der Lagerung in einem Abklingbecken des Reaktors (6–12 Monate) sinkt die anfangs vorhandene Aktivität auf etwa 1/1000 ab. Nach einer weiteren Zwischenlagerung (mehrere Jahre) gelangen die Brennstäbe in eine Wiederaufarbeitungsanlage.

d) Wiederaufarbeitung

Bei der Wiederaufarbeitung werden die Brennstäbe zersägt und beim so genannten PUREX-Prozess (**P**lutonium-**U**ranium-**R**eduktion und **Ex**traktion) in Salpetersäure aufgelöst. Nach einer Reihe chemischer Prozesse gelingt es, das Uran und Plutonium zu isolieren und wieder dem Brennstoffkreislauf zuzuführen. Die in flüssigen Lösungen vorliegenden Spaltprodukte werden nach einer Abklingzeit von weiteren 5 Jahren verglast (d.h. in Glas eingeschmolzen) und für die Endlagerung vorbereitet.

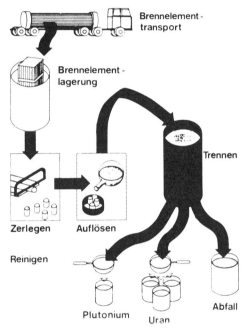

Das Konzept der Wiederaufbereitung ist nicht unumstritten. So wird in der Abluft doch erheblich mehr radioaktive Verunreinigung erwartet als bei Kernkraftwerken. Jedoch werden die Belastungen unterhalb der in der Strahlenschutzverordnung festgelegten Grenzwerte liegen.
Ein weiterer Punkt, der gegen die Wiederaufarbeitung spricht, ist der Anfall von Plutonium, welches für die Herstellung von Kernwaffen verwendet werden könnte.
Nicht zuletzt sind es die enormen Kosten dieser Anlage, die eine direkte Endlagerung der Brennelemente überlegenswert erscheinen lassen.
Die Befürworter der Wiederaufarbeitung können dagegen ins Feld führen, dass durch den Trennprozess die besonders langlebigen Uran- und Plutoniumisotope nicht für die Endlagerung anfallen und somit die Aktivität des abgelagerten Materials in den Salzstöcken schneller abklingt.
Darüber hinaus wird durch die Wiederaufbereitung der Uranbedarf der Kernkraftwerke um ca. 35% verringert, was insbesondere bei der sich abzeichnenden Uranverknappung ein Vorteil wäre.

13.2 Die Kernfusion

Aus der Darstellung der mittleren Bindungsenergie pro Nukleon in 3.2 ist zu ersehen, dass neben der Spaltung schwerer Kerne auch eine **Verschmelzung (Fusion) leichter Kerne** exotherm ablaufen kann.

---

1. Aufgabe:
Berechnen Sie die Reaktionsenergie der folgenden Prozesse:

$$^2_1H + {}^2_1H \longrightarrow {}^3_2He + {}^1_0n \qquad \text{D-D-Reaktion}$$
$$^3_1H + {}^2_1H \longrightarrow {}^4_2He + {}^1_0n \qquad \text{T-D-Reaktion}$$

Die Kernmasse von ^3_1H (Tritium) ist 3,015501 u.

---

2. Aufgabe:
Berechnen Sie mithilfe des Energie- und Impulserhaltungssatzes die Energie des α-Teilchens (^3_2He) und des Neutrons bei der in Aufgabe 1 dargestellten D-D-Reaktion. Nehmen Sie zur Vereinfachung an, dass die Ausgangsprodukte vor der Reaktion in Ruhe waren.

Eine Kernfusion tritt nur dann ein, wenn sich die Kerne so weit annähern, dass die anziehenden Kernkräfte wirksam werden. Dazu müssen die Coulomb'schen Abstoßungskräfte überwunden werden. Dies ist am leichtesten bei Kernen niedriger Ordnungszahl möglich, da die Abstoßungskraft proportional zum Produkt der Kernladungszahlen der beiden Reaktionspartner ist.

---

3. Aufgabe:
Mit welcher kinetischen Energie muss ein Deuteriumkern auf einen ruhenden Deuteriumkern geschossen werden, damit der Coulombwall gerade überwunden wird?

Hinweis:
Gehen Sie hierzu vom umgekehrten Vorgang aus:
Zwei sich berührende Deuteriumkerne, von denen einer festgehalten wird, fliegen auseinander. Die kinetische Energie des sich wegbewegenden Kerns in großer Entfernung sei auch diejenige, die zur Überwindung des Coulombwalles nötig ist.

Im Prinzip könnte man die leichten geladenen Kerne im Beschleuniger auf genügend hohe kinetische Energie bringen, sodass beim Zusammentreffen der Kerne der Coulombwall überwunden wird. Diese Methode scheidet jedoch wegen des zu geringen Wirkungsgrades für eine großtechnische Energiegewinnung aus.

Man versucht heute die Fusion auf ähnliche Art zu erreichen, wie sie in den Fixsternen vor sich geht. Dort befindet sich die Materie im so genannten Plasmazustand. Unter einem **Plasma** versteht man ein System von frei beweglichen positiv geladenen Ionen und freien Elektronen, das nach außen hin neutral ist. Die weitgehende Ionisierung der Materie ist nur bei sehr hohen Temperaturen (auf der Sonne ca. 10^7 K) beständig. Sowohl die Ionen als auch die Elektronen besitzen unterschiedliche Geschwindigkeiten. Nur ein kleiner Anteil der Kerne dieses Plasmas besitzt eine genügend hohe Geschwindigkeit um Kernfusionen auszulösen. Aufgrund der hohen Teilchendichte und des großen Plasmavolumens im Fixstern finden genug Fusionsreaktionen statt, sodass die nötige hohe Temperatur für den Plasmazustand aufrechterhalten wird.

Bethe und Weizsäcker konnten 1938 unabhängig voneinander die Energieproduktion in den Sternen durch den folgenden Zyklus erklären (**Bethe-Weizsäcker-Zyklus**):

Reaktion	frei werdende Energie in MeV	Halbwertszeit
$^{12}_{6}C + ^{1}_{1}H \longrightarrow ^{13}_{7}N + \gamma$	1,93	10^6 a
$^{13}_{7}N \longrightarrow ^{13}_{6}C + ^{0}_{1}e^+ + \nu + \gamma$	1,20	10 min
$^{13}_{6}C + ^{1}_{1}H \longrightarrow ^{14}_{7}N + \gamma$	7,60	$5 \cdot 10^4$ a
$^{14}_{7}N + ^{1}_{1}H \longrightarrow ^{15}_{8}O + \gamma$	7,39	$5 \cdot 10^7$ a
$^{15}_{8}O \longrightarrow ^{15}_{7}N + ^{0}_{1}e^+ + \nu + \gamma$	1,71	2 min
$^{15}_{7}N + ^{1}_{1}H \longrightarrow ^{12}_{6}C + ^{4}_{2}He$	4,99 24,82	20 a

Zusammenfassung:

$$4 \cdot ^{1}_{1}H \longrightarrow ^{4}_{2}He + 2 \cdot ^{0}_{1}e^+ + 5 \cdot \gamma + 2 \cdot \nu + 25 \text{ MeV}$$

Bei dem dargestellten Reaktionszyklus ist zu sehen, wie die Bildung von Helium aus Wasserstoff erfolgt. Der Kohlenstoff stellt dabei eine Art Katalysator dar.

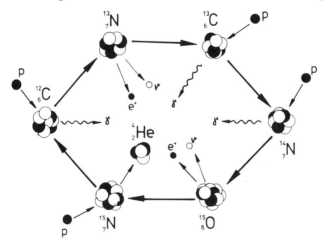

13.2 Die Kernfusion

Im Labor ist es nicht möglich, Plasmen so großer Ausdehnung und solch hoher Teilchendichte herzustellen. Um trotzdem genügend viele Fusionsreaktionen zu erreichen, müsste ein Plasma, bei dem Protonen zu Helium verschmolzen werden, eine Temperatur von mindestens 100 Millionen Kelvin haben. Für die Fusion von Deuterium mit Tritium würde dagegen eine Temperatur von ca. 50 Millionen Kelvin genügen. Diese Fusionsreaktion läuft nach der folgenden Gleichung ab:

$$^{2}_{1}H + ^{3}_{1}H \longrightarrow ^{4}_{2}He + ^{1}_{0}n + 17{,}56 \text{ MeV} \qquad \textbf{D-T-Reaktion}$$

Plasmen so hoher Temperatur kann man nicht in Gefäßen mit materiellen Wänden einschließen, da die Wärmeverluste an den Wänden zu groß wären. Ein Verdampfen der Gefäßwand hätte außerdem eine Verunreinigung des Plasmas mit Kernen, die für eine Fusion wegen ihrer hohen Ordnungszahl ungeeignet sind, zur Folge.

Zum berührungslosen Einschluss des Plasmas benutzt man daher sehr starke Magnetfelder. Geladene Teilchen kreisen um die Magnetfeldlinien, können sich also quer zu den Magnetfeldlinien nicht wegbewegen, während sie sich längs der Feldlinien ungehindert ausbreiten. Das Magnetfeld einer Zylinderspule ist zum Einschluss eines Plasmas nicht geeignet, da Verluste durch ausströmendes Plasma an den Enden der Spule auftreten würden. Man verwendet daher meist toriodförmige Konfigurationen.

Durch verschiedene Instabilitäten im Plasma gelingt der berührungslose Einschluss des heißen Gases noch nicht auf Dauer. Unter den vielen Versuchsanordnungen mit Magnetfeldern hat sich das so genannte **Tokamak-Prinzip** besonders bewährt. Im Folgenden wird es kurz und stark vereinfacht dargestellt. Das Plasmagefäß ist ein Torus mit einem Radius von einigen Metern, um den eine Spule gewickelt ist. Das Magnetfeld dieser Spule verhindert den Kontakt des Plasmas mit der Gefäßwand.

Zur Aufheizung des Plasmas und zur Erzielung eines Gleichgewichtszustandes benötigt man zusätzlich einen im Plasma fließenden Strom. Wie in der Abbildung zu sehen ist, kann man das Plasma als Sekundärwicklung eines Transformators auffassen. Ein Strompuls auf der Primärseite induziert einen Plasmastrom

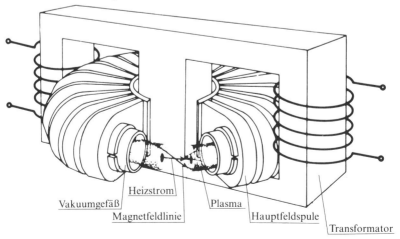

(Größenordnung einige hunderttausend Ampere). Die längsten bis heute erreichten Einschlusszeiten liegen im Sekundenbereich.

Neben der Ohm'schen Heizung des Plasmas durch einen induzierten Strom dient in neuerer Zeit auch der Einschuss energiereicher neutraler Teilchen zur Temperaturerhöhung. Darüber hinaus praktiziert man auch noch die Aufheizung des Plasmas durch die Einstrahlung von hochfrequenten elektromagnetischen Wellen. Mit diesen Maßnahmen erreichte man inzwischen schon Plasmatemperaturen von 100 Millionen Kelvin.

4. Aufgabe:
Warum kann man zur zusätzlichen Aufheizung eines Plasmas nicht geladene Teilchen in den Torus einschießen?

Mit zunehmender Einschlusszeit des Plasmas steigt die Zahl der Fusionsreaktionen. Bis heute ist es jedoch noch nicht gelungen, Plasmen genügend hoher Temperatur und Dichte über eine ausreichend lange Zeit in einem Magnetfeld einzuschließen, sodass es zum so genannten thermonuklearen Brennen kommt. Die folgende Abbildung zeigt die Entwicklung der Fusionsexperimente bis zum

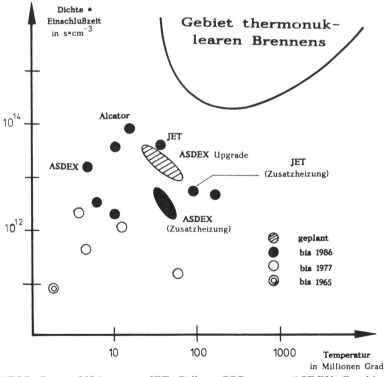

ALCATOR: Boston USA   JET: Culham GBR   ASDEX: Garching BRD

heutigen Stand. In Europa versucht man mit dem so genannten **JET**-Projekt (**J**oint **E**uropean **T**orus), der weltweit größten Tokamakanlage, den Zündbedingungen des Plasmas möglichst nahe zu kommen. In den nächsten Jahrzehnten soll mit dem international geförderten Projekt **ITER** (**I**nternational **T**hermonuclear **E**xperimental **R**eactor) ein weiterer Schritt auf einen wirtschaftlich arbeitenden Fusionsreaktor hin getan werden.

Wie man sich den prinzipiellen Aufbau eines Fusionsreaktors vorstellt, zeigt die folgende Skizze. Das eigentliche Fusionsgefäß ist von einem Brutmantel aus Lithium umgeben. Neutronen, die bei der D-T-Reaktion frei werden, reagieren mit Lithium unter Bildung des als Brennstoff benötigten Tritiums.

$$^6_3\text{Li} + ^1_0\text{n} \longrightarrow ^4_2\text{He} + ^3_1\text{H} + 4,8 \text{ MeV}$$

Der Lithiummantel dient also zur »Erbrütung« von Tritium. Das entstehende Tritium wird gesammelt und zusammen mit Deuterium dem Fusionsgefäß wieder zugeführt. Im Brutmantel werden die bei der D-T-Reaktion entstehenden schnellen Neutronen abgebremst. Die dabei entstehende Wärme erzeugt über das Kühlmittel und den Wärmetauscher Dampf, der schließlich eine Turbine zur Erzeugung elektrischer Energie antreibt.

Wegen der enormen physikalischen und technischen Probleme rechnet man erst Mitte des 21. Jahrhunderts mit der Fertigstellung eines funktionierenden Reaktors.

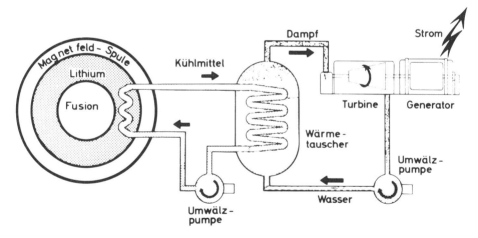

Fusionsreaktor

Ein Fusionsreaktor hätte gegenüber einem Spaltreaktor folgende Vorteile:
– Keine extrem langlebigen radioaktiven Folgeprodukte,
– Nahezu unerschöpfliche Vorräte von Deuterium in den Weltmeeren,
– Möglichkeit der direkten Gewinnung elektrischer Energie (vgl. hierzu Band 1, Seite 86: Der MHD-Generator),
– Ein »Durchgehen«, d.h. ein unkontrollierter Leistungsanstieg des Reaktors ist bei einer Fusionsanlage nicht möglich.

Allerdings ist die Freisetzung von Tritium im Brutmantel ein nicht unerhebliches Sicherheitsproblem. Auch die Aktivierung der Wand des Fusionsgefäßes durch die intensive Neutronenstrahlung führt zu radioaktiven Folgeprodukten. Deren Halbwertszeit ist jedoch nicht so hoch wie die von den Spaltprodukten im Kernreaktor.

5. Aufgabe: Leistungskurs-Abitur 1978, V, Teilaufgabe 3a–c
Bei der kontrollierten Kernfusion ist eine der angestrebten Kernreaktionen

$$^2_1D + {}^2_1D \longrightarrow {}^3_2He + {}^1_0n + 3{,}27 \text{ MeV}.$$

Um diese Kernreaktion in einem Fusionsreaktor herbeiführen zu können, muss im Reaktionsgas, das die Deuterium-Ionen enthält (Plasma), die Temperatur ungefähr den Wert $T = 1 \cdot 10^8$ K erreichen. Die Teilchendichte sollte etwa $n = 1 \cdot 10^{22}$ m^{-3} sein.

a) Welche mittlere kinetische Energie $\bar{E}$ hat ein Deuterium-Ion bei der Temperatur T? (Angabe in eV)

b) Bei obiger Reaktion ergibt sich aufgrund der Coulombkräfte für den Deuteriumkern ein Potentialwall in der Größenordnung von $E_c = 1$ MeV. E_c ist wesentlich größer als $\bar{E}$. Warum können bei den gegebenen Daten trotzdem Fusionsreaktionen stattfinden?

c) Berechnen Sie die kinetische Energie des $^3_2$He-Kernes und des Neutrons bei obiger Reaktion. Bei der Rechnung kann davon ausgegangen werden, dass die kinetische Energie der Deuteriumkerne gegenüber 3,27 MeV zu vernachlässigen ist. Nichtrelativistische Rechnung!

6. Aufgabe:
Bei einer Laserleistung von $P = 1 \cdot 10^{10}$ W (über eine Dauer von $\Delta t = 10^{-10}$ s) traten in dem vom Target abgedampften Plasmastrom $7 \cdot 10^7$ Fusionsreaktionen des Typs $d + d = {}^3_2He + {}^1_0n$ auf.

a) Überlegen Sie sich eine Möglichkeit, wie man nachweisen kann, dass eine solche Reaktion stattgefunden hat.

b) Welchen Wirkungsgrad hätte ein solcher »Fusionsreaktor«, wenn man annimmt, dass die gesamte, dem Q-Wert obiger Reaktion entsprechende Energie ausgenützt werden könnte?

Literatur: Kernfusion; Bild der Wissenschaft 10/1980.

14. Ausblick auf die Elementarteilchenphysik

14.1 Die Grundkräfte der Natur

Vor etwa 50 Jahren kannte man an »Grundbausteinen« der Materie nur Protonen, Neutronen, Elektronen, Positronen, Fotonen und Neutrinos.

Das Neutrino wurde zwar erst 1956 experimentell nachgewiesen, aber bereits 1930 von Pauli zur Rettung des Energie- und Impulserhaltungssatzes beim β^--Zerfall gefordert.

Das Positron fand Anderson 1932 über eine Nebelkammerspur. Auch dieses Teilchen war bereits Jahre vorher von Dirac für eine umfassende Theorie des Elektrons gefordert worden.

Von den Kräften, die zwischen diesen Teilchen wirken, war die **elektromagnetische Wechselwirkung**, die zwischen geladenen Teilchen wirkt, schon lange und sehr genau bekannt. Von der Kraft zwischen den Nukleonen, der Kernkraft oder **starken Wechselwirkung**, wusste man, dass sie um mehrere Zehnerpotenzen stärker als die elektromagnetische Wechselwirkung ist, jedoch nur eine sehr geringe Reichweite von etwa 10^{-15} m besitzt. Von den oben genannten Teilchen wirkt nur auf Proton und Neutron die starke Wechselwirkung. Die Neutrinos unterliegen einer äußerst schwachen Kraft, der **schwachen Wechselwirkung**, mit einer noch geringeren Reichweite. Damit wird verständlich, warum sie so selten mit Nukleonen der Materie in Wechselwirkung treten und dementsprechend schwer nachweisbar sind (vgl. 12.2).

Zwischen allen Teilchen mit Masse besteht außerdem noch die allerschwächste bekannte Wechselwirkung, die **Gravitationswechselwirkung**. Gegenüber den anderen Wechselwirkungen kann sie i. A. vernachlässigt werden. Die folgende Tabelle gibt einen Überblick über relative Stärke und Reichweite der besprochenen Wechselwirkungen.

Art der Wechselwirkung	relative Stärke	Reichweite in m
starke Wechselwirkung	1	10^{-15}
elektromagnetische Wechselwirkung	10^{-2}	∞
schwache Wechselwirkung	10^{-14}	10^{-17}
Gravitationswechselwirkung	10^{-40}	∞

Im Vordergrund der Untersuchungen stand in der damaligen Zeit die Kernkraft. Hierzu lieferte der japanische Physiker Yukawa 1935 entscheidende theoretische Überlegungen, in denen nicht nur ein neues »Teilchen« vorausgesagt wurde, das wir heute Pi-Meson (Pion) nennen, sondern in denen auch eine völlig neue Betrachtungsweise des Zustandekommens der Wechselwirkungen vorgestellt wurde. Während die Voraussage des neuen Teilchens gewissermaßen den Start zur Suche nach weiteren Teilchen bildete und geradezu eine Flut von Entdeckungen in den folgenden Jahrzehnten ermöglichte, erwies sich der zweite Aspekt von entscheidender Bedeutung für das heutige Verständnis vom Wesen der Wechselwirkungen und vom Aufbau der Materie. Er soll deshalb hier wenigstens in den Grundzügen angesprochen werden.

14.2 Kräfte durch Austausch von Teilchen

Wir haben bisher an vielen Beispielen kennen gelernt, dass zur Kraftwirkung zwischen zwei Körpern kein unmittelbarer Kontakt notwendig ist. Schon in der Mitte des 19. Jahrhunderts wurde der Feldbegriff eingeführt um die Kraftwirkung auf Distanz verständlich zu machen. So erklärt man etwa die Kraft der Zentralladung am Ort der Probeladung, indem man das elektrische Feld der Zentralladung am Ort der Probeladung als Ursache für diese Kraft ansieht.

Bei der Wechselwirkung des elektromagnetischen Feldes mit Materie haben wir die quantenhafte Struktur dieses Feldes kennen gelernt. Für das Feldquant des elektromagnetischen Feldes führte man den Begriff »Foton« ein.

Diese Entdeckung der quantenhaften Feldstruktur führte zu einer völlig neuen Vorstellung von Feldern, zur **Quantenfeldtheorie**. In ihr betrachtet man das Feld mehr als Eigenschaft von Teilchen, die fortlaufend erzeugt und wieder vernichtet werden. Was man etwa als kontinuierlichen Ablauf der Bewegung zweier Teilchen unter gegenseitiger Kraftwirkung ansieht, ist in dieser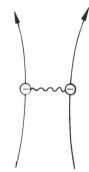

Elektronenabstoßung aufgrund eines Fotonenaustausches

Theorie nichts anderes als die Folge einer fortgesetzten wechselseitigen Emission und Absorption von Feldquanten durch diese Teilchen. Man nennt diese Feldquanten daher auch **Austauschteilchen**.

Das von Yukawa postulierte Pi-Meson ist das Austauschteilchen, das die Kernkraft hervorruft.

Die Emission eines Feldquants (Energiequant) ist mit Energieaufwand verbunden. Wir haben dies z. B. bei der Emission eines Fotons durch ein Atom genauer dargestellt. Das Atom verlor bei der Emission durch den Quantensprung eines Hüllenelektrons an innerer Energie und das Äquivalent dafür wurde mit dem Foton fortgetragen.

Wie sollen aber beliebige Teilchen, etwa ein Proton, Energiequanten emittieren können?

Um dies zu verstehen, wird zunächst einmal ein typischer Prozess betrachtet, bei dem Pionen erzeugt werden. Dabei werden z. B. Protonen auf Protonen geschossen. Die Reaktion lautet:

$$p + p \rightarrow p + n + \pi^+$$

Man kann diese Gleichung auch so deuten, dass ein Proton in ein Neutron und ein Pion zerfällt, also:

$$p \rightarrow n + \pi^+$$

Der Prozess erfüllt aber nicht den Energieerhaltungssatz, da die Masse von Neutron und Pion zusammen erheblich größer als die des Protons ist. Möglich wird diese Reaktion offensichtlich nur, weil ein Teil der Bewegungsenergie des stoßenden Protons nach der Einstein-Gleichung in Masse umgewandelt wird.

Einem einzelnen Proton steht diese Zusatzenergie nicht zur Verfügung. Dennoch gibt es auch in diesem Fall eine Möglichkeit zur Emission eines Pions. Die dazu notwendige Verletzung des Energiesatzes wird durch die Heisenberg'sche Unschärferelation verständlich. Diese Beziehung haben wir in der Form $\Delta x \cdot \Delta p_x \geq h$ kennen gelernt.

Wenn man den Ort eines Teilchens auf Δx einengt, so hat dies eine Unschärfe bei der Impulsbestimmung zur Folge, die umso größer wird, je kleiner Δx ist (vergleiche 3. Sem.). Das Produkt $\Delta x \cdot \Delta p_x$ hat die Dimension einer Wirkung mit der Einheit $J \cdot s$. Das Wirkungsquantum »h« bestimmt die Unschärfe von Ort bzw. Impuls.

Diese Unschärfebeziehung gilt auch für andere Größen mit der Dimension einer Wirkung. So lässt sie sich z. B. auch in der Form $\Delta E \cdot \Delta t \geq h$ schreiben. In dieser Form besagt sie, dass für einen sehr kurzen Zeitraum Δt eine sehr große Energieunschärfe vorliegt und damit in einem System beträchtliche Energiewerte auftreten können.

Die Pionenmasse (rund $200 \cdot m_e$) entspricht etwa der Energie von 140 MeV. Mit $h = 4 \cdot 10^{-21}$ MeV$\cdot$s ergibt dies für Δt nach der Heisenberg'schen Unschärferelation eine Zeitspanne von etwa $5 \cdot 10^{-24}$ s. In dieser Zeit können trotz der höheren Gesamtenergie statt des Protons ein Neutron und ein Pion existieren. Das Pion kann sich allerdings nicht weit vom Neutron entfernen, selbst wenn es sich mit der größtmöglichen Geschwindigkeit, der Lichtgeschwindigkeit, bewegt. Nach Yukawa findet der Prozess.

$$p \leftrightarrow n + \pi^+ \quad \text{fortlaufend statt.}$$

Ein Proton sendet dauernd positive Pionen aus und absorbiert sie wieder in der oben errechneten kurzen Zeitspanne. Es ist von einer Pionenwolke umgeben. Diese momentan existierenden Pionen sind nicht »wirklich«, in dem Sinn, dass sie etwa an ihrer Spur in einer Nebelkammer nachgewiesen werden könnten. Die Energieerhaltung verhindert ihre Entfernung vom Proton. Man nennt sie deshalb **virtuelle Pionen**.

Durch äußere Energiezufuhr kann jedoch ein solches Pion den engen Bereich verlassen und zurück bleibt anstelle des Protons ein Neutron, wie wir dies beim Prozess der Pionenerzeugung gesehen haben.

Neben dem Proton sind auch andere Teilchen von einer Wolke virtueller Feldquanten umgeben. Im Falle geladener Teilchen sind es **virtuelle Fotonen**, die wie Fotonen des elektromagnetischen Feldes die Ruhmasse 0 besitzen und sich daher mit Lichtgeschwindigkeit bewegen.

Kommen nun zwei Nukleonen, etwa ein Proton und ein Neutron, im Kern einander sehr nahe, so können Pionen innerhalb der kurzen Zeit zum Nachbarnukleon übergehen, anstatt zum emittierenden Nukleon zurückzukehren. Proton und Neutron vertauschen dabei ihre Rolle. Diese wechselseitige Emission und Absorption erzeugt die starke Anziehungskraft zwischen den Nukleonen. Neben Pionen sind dabei noch andere Austauschteilchen in geringem Maße beteiligt.

Da die Reichweite der Kernkräfte ungefähr bekannt war und etwa mit der Größe der Wolke übereinstimmt, konnte Yukawa abschätzen, wie lange ein solches virtuelles Teilchen existiert. Über die Unschärfebeziehung zwischen der Zeit und der Energie war ihm schließlich der Schluss auf die Energie und damit die Masse des Teilchens möglich. Er fand damit, dass diese zunächst noch hypothetischen Teilchen eine Ruhemasse von etwa 200 Elektronenmassen besitzen müssen*.
Heute ist die Beschreibung von Wechselwirkungen über Austauschteilchen allgemein anerkannt und experimentell weitgehend gesichert. Sie hat sich als außerordentlich erfolgreich erwiesen.
- Die starke Wechselwirkung wird durch Mesonenaustausch bewirkt.
- Die elektromagnetische Wechselwirkung entsteht durch Fotonenaustausch.
- Die schwache Wechselwirkung erzeugen Weakonen mit einer außerordentlich geringen Reichweite (10^{-17} m) und der großen Masse von 39 Protonenmassen.
- Die Gravitationswechselwirkung schreibt man einem Austausch von Gravitonen zwischen den Körpern zu. Ihr Nachweis ist bis jetzt noch nicht gelungen.

14.3 Der Elementarteilchen-»Zoo«

1937, also zwei Jahre nach der Vorhersage von Yukawa, wurden in der Höhenstrahlung Teilchen von etwa 200 Elektronenmassen entdeckt, die aber aufgrund ihres weiteren Zerfalls keine Pionen sein konnten. Sie heißen **Myonen** und erwiesen sich später als Zerfallsprodukte der gesuchten Pionen. Heute weiß man, dass Myonen »schwere« Verwandte des Elektrons sind. Erst 1946/47 wurden die Pionen gefunden.

Das Verfahren zur Auffindung solcher Teilchen war ebenso einfach wie billig: Es war schon lange bekannt, dass energiereiche Teilchen in fotografischen Schichten Spuren entwickelbarer Emulsionskörner hinterlassen. Man setzte solche Platten mangels anderer energiereicher Teilchen der Höhenstrahlung auf möglichst hochgelegenen Punkten der Erde aus. Wegen der geringen Dicke der Emulsion wurden die entwickelten Fotoplatten unter dem

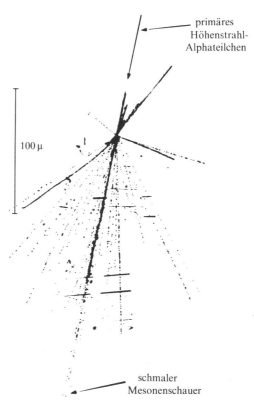

Kernverdampfung auf Kernspurplatte

---

* E. Segré: Die großen Physiker und ihre Entdeckungen, Seite 225, Piper-Verlag

Mikroskop ausgewertet. Dies besorgten zahlreiche Hilfskräfte, die bei Entdeckung interessanter Spuren einen Physiker zu Rate zogen. Das Zusammentreffen der energiereichen Höhenstrahlung mit Atomen der Emulsion führte zu regelrechten Kernexplosionen, bei denen aber nicht nur Protonen und Neutronen, sondern aus dem Energieüberschuss noch eine große Zahl anderer Teilchen unterschiedlicher Masse entstanden. Darunter wurden auch die Pionen entdeckt.
Die Zahl der experimentell gefundenen »Elementarteilchen« wuchs in den nächsten Jahren sprunghaft an.
Die Höhenstrahlung als Quelle energiereicher Teilchen hatte jedoch einen entscheidenden Nachteil. Die Prozesse waren weitgehend dem Zufall überlassen.

Die Bilder zeigen den mehrere Kilometer langen Stanford-Linearbeschleuniger bei Palo Alto, USA. Im unteren Bild sieht man die Vakuumröhre, in der Elektronen bis auf eine Energie von 20 GeV beschleunigt werden können.

Man konnte weder die Art der stoßenden Teilchen festlegen noch mit unterschiedlichen Energien arbeiten.
Mit der zunehmenden Erholung der Welt von den Folgen des Krieges standen auch wieder größere Geldmittel zur Verfügung, und damit setzte verstärkt der Bau von immer leistungsfähigeren Teilchenbeschleunigern ein. Anfang der fünfziger Jahre wurden Energiewerte erreicht, die größer als die Energie der Höhenstrahlung sind (1 GeV). Nun konnte man auch die Art der stoßenden Teilchen auswählen und damit Prozesse einleiten, die mit der Höhenstrahlung nicht möglich gewesen wären.
Hand in Hand mit der Entwicklung der Beschleuniger ging auch die der Nachweisgeräte. Da für hochenergetische Teilchen Nebelkammern wegen der geringen Teilchendichte nicht in Frage kommen, baute man mit großem technischem Aufwand Blasenkammern (vgl. Seite 48), zunächst mit einigen hundert Litern Inhalt, heute mit bis zu 10 000 Litern flüssigem Wasserstoff. Die Spurenbildungen in den Kammern wurden mit automatischen Kameras registriert. Die Auswertung des Bahnverlaufes, bei der außerordentlich großen Zahl von Bildern, geschah mit Computern.
Mit zunehmender Entwicklung der Elektronik ging man dann dazu über, den Stoßraum mit einer großen Zahl höchstempfindlicher Detektoren zu umgeben, die zusammen mit angeschlossenen Computern weitgehend die Analyse der Stoßvorgänge selbst durchführen. Die Bilder zeigen Ihnen die Dimensionen heutiger

Elektronischer Detektor für ein Neutrinoexperiment
Länge 20 m – Masse 1400 t

Untersuchungsanordnungen. Hier zeichnet sich bereits eine Grenze der finanziellen Möglichkeiten einzelner Länder ab, sodass solche Anlagen im Allgemeinen multinational betrieben werden.

Mit der Steigerung des experimentellen Aufwandes wuchs die Zahl der entdeckten Teilchen unaufhaltsam weiter, sodass schließlich von Seiten der Theoretiker Versuche unternommen wurden, eine gewisse Ordnung in diesen **Elementarteilchen-Zoo** zu bringen.

In der Tabelle sind einige der bekannten Elementarteilchen dargestellt. Dabei wurden nur solche berücksichtigt, deren Lebensdauer nicht extrem kurz ist. Auf die Zuordnung der Teilchen zu verschiedenen Gruppen wird noch im folgenden Kapitel eingegangen.

»Langlebige« Elementarteilchen

		Bezeichnung		Masse	Ladung	Lebensdauer
Foton		γ		0	0	∞
Leptonen		ν_e	$\bar{\nu}_e$	0	0	∞
		ν_μ	$\bar{\nu}_\mu$	0	0	∞
		e^-	e^+	1	$+e/-e$	∞
		μ^-	μ^+	207	$+e/-e$	$2{,}2 \cdot 10^{-6}$ s
Hadronen	Mesonen	π^-	π^+	273	$+e/-e$	$2{,}6 \cdot 10^{-8}$ s
			π^0	264	0	$0{,}8 \cdot 10^{-16}$ s
		K^-	K^+	966	$+e/-e$	$1{,}2 \cdot 10^{-8}$ s
	Baryonen – Nukleonen	p	$\bar{p}$	1836	$+e/-e$	∞
		n	$\bar{n}$	1838	0	918 s
	Baryonen – Hyperonen	Λ^0	$\bar{\Lambda}^0$	2183	0	$2{,}6 \cdot 10^{-10}$ s
		Σ^+	$\bar{\Sigma}^+$	2327	$+e/-e$	$0{,}8 \cdot 10^{-10}$ s
		Σ^0	$\bar{\Sigma}^0$	2334	0	$< 1{,}0 \cdot 10^{-14}$ s
		Σ^-	$\bar{\Sigma}^-$	2342	$-e/+e$	$1{,}5 \cdot 10^{-10}$ s
		Ξ^0	$\bar{\Xi}^0$	2573	0	$3{,}0 \cdot 10^{-10}$ s
		Ξ^-	Ξ^+	2586	$-e/+e$	$1{,}7 \cdot 10^{-10}$ s
		Ω^-	Ω^+	3272	$-e/+e$	$1{,}3 \cdot 10^{-10}$ s

14.4 Die Urbausteine der Materie

a) Das Quark-Modell der Hadronen

Um 1960 entwickelten die amerikanischen Physiker Gell-Mann und G. Zweig unabhängig voneinander aufgrund rein mathematischer Ordnungsprinzipien eine Hypothese für den inneren Aufbau einer Gruppe von Elementarteilchen, die man unter dem Begriff »**Hadronen**« zusammenfasst. Dazu gehören die Nukleonen Proton und Neutron und andere schwere Teilchen mit etwa 2000 oder mehr Elektronenmassen (man nennt sie auch **Baryonen**) und mittelschwere Teilchen mit einigen hundert bis etwa 1000 Elektronenmassen, die man als **Mesonen** bezeichnet. Alle Hadronen besitzen die gemeinsame Eigenschaft, dass sie der starken Wechselwirkung unterliegen.

In dieser Hypothese wurde angenommen, dass Hadronen aus noch kleineren Teilchen aufgebaut sind, die Gell-Mann nach einem Kunstwort in einem Roman von James Joyce als »**Quarks**« bezeichnete. Diese Wortbildung soll klarmachen, dass solch merkwürdige Namen und weitere, die uns noch begegnen werden, nicht auf ihren Sinngehalt zu untersuchen sind. Sie stehen einfach als Kürzel für einen physikalischen Sachverhalt.

Gell-Mann nahm zunächst an, dass es drei verschiedene Quarks gibt, die mit »u« (up), »d« (down) und »s« (strange oder sideways) bezeichnet werden. Später stellte sich dann heraus, dass es noch mehr Quarks gibt, insbesondere existiert zu jedem Quark ein Antiquark. Man bezeichnet sie durch einen Querstrich über dem Symbol.

Um die Größe der Ladung der Hadronen erklären zu können, musste man die recht ungewöhnliche Annahme machen, dass die Quarks *Bruchteile der Elementarladung* tragen.

Das u-Quark besitzt danach die Ladung $+\frac{2}{3}e$, das d-Quark und das s-Quark $-\frac{1}{3}e$. Die Antiquarks besitzen die entsprechenden entgegengesetzten Ladungen.

Proton

Man kann sich leicht überzeugen, dass damit die ganzzahligen Elementarladungen der »Elementarteilchen« erklärbar sind:

Das **Proton** besteht aus 2 u-Quarks und einem d-Quark (uud). Für die Ladung ergibt sich $Q = 2 \cdot \frac{2}{3}e + \left(-\frac{1}{3}e\right) = +e$.

Neutron

Das **Neutron** besteht aus einem u- und zwei d-Quarks (udd). Für die Ladung erhält man $Q = \frac{2}{3}e + 2 \cdot \left(-\frac{1}{3}e\right) = 0$.

Die Antiteilchen der Nukleonen (Antiproton und Antineutron) sind aus Antiquarks zusammengesetzt. Trotz Ladungsfreiheit und gleicher Masse sind damit Neutron und Antineutron zwei verschiedene Teilchen.

Noch nie wurden in der Natur trotz immer verfeinerter Experimentiermethoden Bruchteile der Elementarladung nachgewiesen. Sollten die Quarks aber mehr als nur ein Hilfsbegriff zur Herstellung einer mathematischen Ordnung sein, so musste es dafür einen **physikalischen Grund** geben.

Zur Suche nach den Quarks benutzte man ein ähnliches Verfahren, wie es schon Rutherford bei der Erforschung des Atomaufbaues verwendet hat. Man weiß aus der Optik, dass man eine Struktur nur erkennen kann, wenn das verwendete »Licht« eine kürzere Wellenlänge als die Abmessungen in der Struktur besitzt. Bei

14.4 Die Urbausteine der Materie

Das Bild zeigt das Elektronennachweisgerät, mit dessen Hilfe die Feinstruktur des Protons am Stanford-Linearbeschleuniger gefunden wurde.

Verwendung von Teilchen zur »Ausleuchtung«, also zu Streuversuchen, handelt es sich dabei um die Materiewellenlänge (vgl. 3. Sem.).

Energiereiche α-Teilchen haben eine so kurze Wellenlänge, dass aus ihrer Streuung an Atomen auf den winzigen »harten« Kern im Zentrum des Atoms geschlossen werden konnte. Dies war ja das entscheidende Ergebnis der Rutherford'schen Streuversuche.

Um etwa die Struktur eines Protons zu untersuchen, sind demgegenüber erheblich geringere Wellenlängen, also Teilchen mit noch größerem Impuls erforderlich. Außerdem sollten diese Teilchen nicht durch die starke Wechselwirkung beeinflusst werden. Infrage kommen dafür hochenergetische Elektronen.

1964 lagen Ergebnisse der mit sehr großem Aufwand durchgeführten Streuversuche von Elektronen (20 GeV) an Protonen vor (vgl. Abbildung). Es zeigte sich, dass die Elektronen im Allgemeinen wenig abgelenkt wurden, wie man dies bei einer homogenen Verteilung der Protonenmasse erwarten würde, jedoch auch Ablenkungen um große Winkel vorkamen. Wie schon bei den Rutherford-Versuchen besprochen wurde, ist das nur möglich, wenn Elektronen mit sehr kleinen »harten« Bestandteilen im Innern des Protons in Wechselwirkung treten. Dies war der erste Nachweis der im Proton gebundenen Quarks.

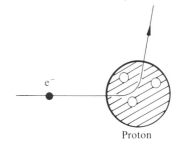

Wie man sich heute die Zusammensetzung der wichtigsten Hadronen aus Quarks vorstellt, ist in der folgenden Tabelle dargestellt.

	Hadronen	Quarks
Mesonen	π^- π^+ π^0 K^- K^+	$\bar{u}d$ $\bar{d}u$ $\bar{u}u$ bzw. $\bar{d}d$ $s\bar{u}$ $u\bar{s}$
Nukleonen	p $\bar{p}$ n $\bar{n}$	uud $\overline{uud}$ ddu $\overline{ddu}$

Weiter musste man aus den Versuchen schließen, dass sich noch andere ungeladene Teilchen in den Nukleonen befinden, die neben den Quarks auch einen Teil zum gesamten Impuls des Nukleons beitragen. Man nennt sie heute **Gluonen** (engl. glue, Klebstoff). Bei ihnen handelt es sich um die Austauschteilchen, die für die Kraft zwischen den Quarks sorgen. Da man keine freien Quarks direkt beobachten konnte, muss es sich um außerordentlich starke Kräfte handeln.

Ein schwerwiegendes Problem gab es noch in dieser sonst so erfolgreichen Ordnungstheorie, nämlich die Gültigkeit des **Pauli-Prinzips**. Wir haben es bereits bei der Elektronenanordnung in der Atomhülle und der Nukleonenanordnung im Kern kennen gelernt. Es besagt, dass zwei Teilchen (gebundene Elektronen bzw. Nukleonen) nicht in allen Eigenschaften übereinstimmen dürfen. Die beiden Elektronen in der K-Schale sind nur möglich, weil sie sich in ihrem Eigendrehimpuls, dem Spin, unterscheiden.

Da aber alle Quarks den Spin $+\frac{1}{2}$ oder $-\frac{1}{2}$ besitzen, musste man ihnen noch eine weitere Eigenschaft zuordnen, sodass sich die drei u-Quarks, aus denen sich das kurzlebige Δ^{++}-Teilchen zusammensetzt, unterscheiden können. Man wählte dafür den Begriff »**Farbe**«. So wie die elektrischen Ladungen die Quelle der elektrischen Kraft sind, deutete man die Farbe als eine neue Art von Ladung, welche die Ursache der starken Gluonenkräfte darstellt.

Da sich die Gluonenkräfte über das Nukleon hinaus aufheben, so, wie dies die elektrischen Kräfte des positiv geladenen Atomkerns und der negativen Elektronenhülle in größerer Entfernung tun, nahm man drei Farben, Rot, Grün und Blau, die bekanntlich gemischt die Neutralfarbe Weiß ergeben.

Es gibt also die Farbladungen Rot, Grün und Blau und die Antifarben Antirot (man denke an die Komplementärfarbe zu Rot, die mit Rot zusammen Weiß ergibt), Antigrün und Antiblau.

Mesonen setzen sich im Gegensatz zu Nukleonen aus 2 Quarks zusammen, einem Quark und einem Antiquark. Auch sie sind nach außen hin »weiße« Objekte. Vergleiche hierzu die Zusammenstellung der Teilchen und der in ihnen enthaltenen Quarks.

Bei unseren bisherigen Beispielen fällt auf, dass das s-Quark nur selten vorkommt. Dies hat seinen Grund darin, dass der größte Teil der Materie aus u- und d-Quarks

14.4 Die Urbausteine der Materie

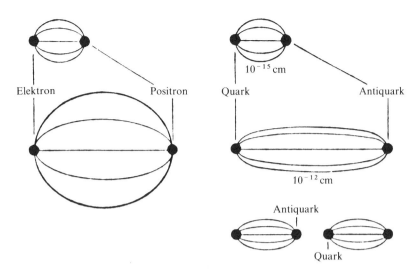

Die Bilder zeigen schematisch den Unterschied zwischen dem Auseinanderziehen zweier elektrischer Ladungen und zweier Farbladungen: im elektrischen Fall wird die Feldliniendichte immer geringer, die Anziehungskraft damit schwächer.

sowie ihren Antiteilchen aufgebaut ist. Teilchen, die das s-Quark enthalten, verlieren bald ihre Identität und verwandeln sich in stabile Teilchen. Auch die Gluonen sind »farbige« Teilchen. Dies macht ihre Wechselwirkung mit den »farbigen« Quarks verständlich.

Die Farbladung der Gluonen bewirkt eine besondere Eigenschaft der Farbkraft zwischen den Quarks. Zieht man nämlich zwei Quarks auseinander, so wird die seitliche Ausdehnung des Gluonenschwarmes nicht größer als der Nukleonendurchmesser. Dafür sorgen die Farbkräfte zwischen den Gluonen. Dadurch bleibt die Kraft zwischen einem Quark und einem Antiquark auch bei Vergrößerung des Abstandes konstant (Vergleich: zwei geladene Platten, zwischen denen ein homogenes elektrisches Feld besteht, werden unter konstanter Kraft auseinandergezogen).

Weil die Anziehungskraft konstant bleibt, wächst die Energie, die in das Quark-Antiquark-System gesteckt wird, mit zunehmender Entfernung auf extrem große Werte an.

Dies geht nur so lange, bis aus der gespeicherten Energie ein Quark und ein Antiquark materialisiert werden. Zusammen mit den vorhandenen Quarks entstehen damit aus einem Meson zwei Mesonen, aber keine freien Quarks.

Die nebenstehende Bildfolge soll Ihnen die Entstehung eines neuen Mesons veranschaulichen.

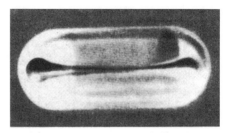

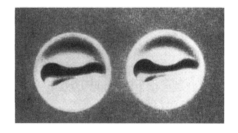

Die heute verfügbaren Energien reichen nicht aus um Nukleonen in Quarks zu zerlegen. Dennoch gibt es eine Möglichkeit, die Entstehung eines Quark-Antiquark-Paares indirekt nachzuweisen.

In der großen Beschleunigeranlage DESY in Hamburg schoss man 1979 Elektronen und Positronen mit hoher Energie (je 20 GeV) aufeinander. Dabei beobachtete man in entgegengesetzter Richtung auseinander fliegende, eng begrenzte Bahnen von Mesonen. Man nennt sie Jets. Diese Jets sind die unmittelbare Folge zweier in entgegengesetzter Richtung auseinander fliegender Quarks, bei denen das »**Gluonenband**« zwischen ihnen mehrfach zerriss.

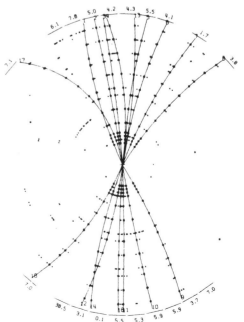

Computerauswertung des Mesonenschauers als Folge zweier auseinander fliegender Quarks

Nun kommen wir nochmals auf die Kernkraft, also die Kraft zwischen den Nukleonen zurück.

Wenn man sagt, ein Atom ist nach außen hin neutral, so meint man damit, dass eine Probeladung in größerer Entfernung von dem Atom keine Kraftwirkung erfährt. Dies gilt jedoch nicht, wenn diese Ladung nahe am Atom ist. Dort ist die Abschirmung der Kernladung durch die Ladung der Hülle nur unvollständig. Die elektrischen Ladungen »schimmern« etwas durch. Die Van-der-Waals'schen Kräfte zur Molekülbildung beruhen auf dieser unvollkommenen Kompensation der elektrischen Felder.

So ist es auch bei der Farbladung. Nach außen hin ist ein Nukleon farbneutral. In nächster Nähe schimmert jedoch die Farbe durch. Kommen sich also zwei Nukleonen nahe genug, so wirkt zwischen ihnen ein geringer Anteil der Gluonenwechselwirkung. Dieser Anteil ist es, den wir als Kernkraft bezeichnen. Aus der Größe dieser immer noch starken Restwechselwirkung kann man schließen, dass die Gluonenwechselwirkung noch erheblich größer sein muss.

Die Gluonenkraft zwischen zwei entfernten Quarks beträgt etwa 10^5 N, das entspricht der Gewichtskraft einer Masse von 10 t!

b) Die leichten Elementarteilchen

Zu den leichten Elementarteilchen mit dem Sammelbegriff **Leptonen** zählt außer dem Elektron noch das Myon (vgl. Seite 193). Wie das Elektron besitzt es eine negative Elementarladung, hat ein positives Antiteilchen und zeigt die gleiche Wechselwirkung mit anderen Elementarteilchen. Die zugehörigen Neutrinos sind ebenfalls sehr ähnlich.

Myonen können anstelle von Elektronen mit einem Kern ein Atom bilden. Die Untersuchung dieses Myonenatoms lieferte recht aufschlussreiche Erkenntnisse über den Kernaufbau.

Durch Streuversuche von Leptonen an Leptonen konnte man zeigen, dass sie sicher eine Ausdehnung von weniger als 10^{-19} m besitzen. Man nimmt an, dass sie punktförmig, also strukturlos sind. Sie enthalten also keine Quarks oder Gluonen. Nach heutiger Ansicht sind Leptonen und Quarks die elementaren strukturlosen Bausteine der Materie, aus denen alle übrigen »Teilchen« zusammengesetzt sind. Es könnte aber auch möglich sein, dass Leptonen und Quarks doch nicht elementar sind. Auch in dieser Richtung wird schon geforscht.

Anhang 1:
Lösungen zu den Aufgaben

S. 13/1

$$E_{kin} = \frac{2e \cdot Ze}{4\pi\varepsilon_0 r_{min}} \Rightarrow r_{min} = \frac{Ze^2}{2\pi\varepsilon_0 E_{kin}}$$

a) $r_{min} = 3{,}8 \cdot 10^{-14}$ m;
b) $r_{min} = 5{,}3 \cdot 10^{-15}$ m;
c) $r_{min} = 7{,}6 \cdot 10^{-15}$ m;
d) $r_{min} = 1{,}1 \cdot 10^{-15}$ m;
e) im Fall a): $r_{min} \gg r_k$; keine Abweichungen
    b) und c): $r_{min} \approx r_k$; Abweichungen bei großen Streuwinkeln ($\vartheta \approx 180°$)
    d): $r_{min} \ll r_k$; starke Abweichungen.

S. 15/2

a) $\lambda = \dfrac{h}{p}$ mit $p = \sqrt{\dfrac{E^2 - E_0^2}{c^2}} = \dfrac{1}{c}\sqrt{(E - E_0)(E + E_0)}$

b) $\lambda = 2{,}5 \cdot 10^{-15}$ m

c) $r_k = \dfrac{0{,}61 \cdot \lambda}{\sin \vartheta_1}$

Pb: $\vartheta_1 \approx 12°$; $r_k \approx 7{,}3 \cdot 10^{-15}$ m
O: $\vartheta_1 \approx 30°$; $r_k \approx 3{,}0 \cdot 10^{-15}$ m

S. 16/3

a) nicht-relativistisch: $E_{kin} = \dfrac{p^2}{2m}$; $p = \sqrt{2m E_{kin}}$

$\lambda = \dfrac{h}{\sqrt{2m E_{kin}}} = 7{,}4 \cdot 10^{-15}$ m

b) $r_k \sim A^{1/3}$; $\dfrac{r_k}{A^{1/3}} = \text{const} \approx \dfrac{8{,}5 \cdot 10^{-13}\ \text{cm}}{6{,}2}$

$\Rightarrow r_k \approx 1{,}4 \cdot 10^{-15}$ m $\cdot A^{1/3}$

c) Pb: $r_k \approx 8{,}3 \cdot 10^{-15}$ m; O: $r_k \approx 3{,}5 \cdot 10^{-15}$ m

S. 17/1 und S. 18/2
Lösungen siehe 1. Band Seite 132.

S. 19/3

a) $m(^{18}OH_2) = m(^{18}O) + 2\,m(H) = 20{,}0093242\,\text{u}$
$m(^{18}OD) = m(^{18}O) + m(D) = 20{,}0083246\,\text{u}$
$\Delta m' = m(^{18}OH_2) - m(^{18}OD) = 9{,}996 \cdot 10^{-4}\,\text{u}$; $\Delta m' = 10 \cdot \Delta m$ $\dfrac{m}{\Delta m} \approx \dfrac{20}{10^{-4}} = 2 \cdot 10^5$

b) Während die Moleküle z. B. nur einfach geladen waren, trugen die Argonatome die doppelte Ladung, sodass die Argonatome ($A_r \approx 40$) ungefähr die gleiche spezifische Ladung haben wie die Moleküle ($A_r \approx 20$).

c) Beispiele: Ionen mit 3 Ladungen und $A_r = 60$
4 Ladungen und $A_r = 80$ usw.

S. 21/1

Bei 2 Isotopen: $A_r(\text{El}) = \dfrac{N_1 A_{r1} + N_2 A_{r2}}{N_1 + N_2} = h_1 A_{r1} + h_2 A_{r2}$ wobei $h_{1/2} = \dfrac{N_{1/2}}{N_1 + N_2}$ die rel. Häufigkeiten der Isotope sind.

$\Rightarrow A_r(\text{B}) = \underline{10{,}814}$

Die Genauigkeit ist durch die Isotopenhäufigkeiten begrenzt!

S. 24/1

$\varrho_K = \dfrac{m_K}{V_K}$; $m_K = A \cdot 1\,\text{u} = \dfrac{A \cdot \text{kg}}{N_A}$; $V_K = \dfrac{4\pi}{3} r_K^3 = \dfrac{4\pi}{3} \cdot (1{,}4 \cdot 10^{-15}\,\text{m})^3 \cdot A$;

$\varrho_K = \dfrac{A \cdot 1\,\text{kg}}{N_A \cdot \dfrac{4\pi}{3} \cdot (1{,}4 \cdot 10^{-15}\,\text{m})^3 \cdot A} = 1{,}5 \cdot 10^{17}\,\dfrac{\text{kg}}{\text{m}^3}$.

S. 26/1

Lösung siehe 3. Band Seite 189.

S. 28/2

nicht-relativistisch: $E_{\text{kin}} = \dfrac{p^2}{2m}$; $p = eBr$

$\Rightarrow E_{\text{kin}} = \dfrac{e^2 (Br)^2}{2m} = \underline{5{,}97 \cdot 10^6\,\text{eV}}$ bzw. $\underline{2{,}30 \cdot 10^6\,\text{eV}}$

S. 31/3

a) $E_2 = E_1 \cdot \dfrac{m_k - m_p}{m_k + m_p} - E^* \cdot \dfrac{m_k}{m_k + m_p} = \dfrac{77}{79} E_1 - \dfrac{78}{79} E^*$

E^* in MeV	0	0,614	1,309	1,498
E_2 in MeV	3,90	3,29	2,61	2,42

b)

ΔE^* in MeV	0,614	0,695	0,189
ΔE_2 in MeV	0,61	0,68	0,19

Hier ist die Masse der gestreuten Teilchen schon sehr klein gegenüber der Kernmasse (1 : 78).

S. 32/1

Alle Energiewerte in keV: $282{,}57 \approx 396{,}1 - 113{,}81$; $251{,}46 \approx 396{,}1 - 144{,}85$;
$144{,}85 \approx 396{,}1 - 251{,}46$ $137{,}65 \approx 251{,}46 - 113{,}8$; $113{,}81 \approx 113{,}8 - 0$

S. 33/2

Energiebilanz: $\quad E_K^* = E_K + E_\gamma$; $\quad E_K^* = 396{,}1$ keV;

a) Vereinfachung: $\quad E_K = 0 \Rightarrow E_\gamma' = E_K^* = \underline{396{,}1 \text{ keV}}$;

b) c) Vgl. Text S. 33!

$$E_K = E_\gamma' - E_\gamma = \frac{1}{2}\frac{E_\gamma^2}{E_{Ko}} \approx \frac{1}{2}\frac{E_K^{*2}}{E_{Ko}} \approx \frac{(0{,}396 \text{ MeV})^2}{2 \cdot 175 \cdot 931 \text{ MeV}} = \underline{0{,}48 \text{ eV}}!$$

Die Rückstoßenergie ist hier viel kleiner als die Messgenauigkeit (ca. 0,1 keV = 100 eV).

$\Rightarrow \underline{E_\gamma = 396{,}1 \text{ keV}}$

S. 34/1

Energiebilanz: $\quad E_A^* = E_A + E_F$; $\quad E_A^* = 2{,}109$ eV;

a) Vereinfachung: $\quad E_A = 0 \Rightarrow E_F' = E_A^* = \underline{2{,}109 \text{ eV}}$;

b) c) Rechnung analog zu Aufg. **2b, c,** in **2.2**:

$E_A = E_F' - E_F \approx \underline{1{,}0 \cdot 10^{-10} \text{ eV}}!$

$\Rightarrow E_F = 2{,}109$ eV

S. 35/1

^{9}Be: $\Delta m = (4m_p + 5m_n) - m_{^9\text{Be}} = 0{,}0624$ u;

^{60}Ni: $\Delta m = (28 m_p + 32 m_n) - m_{^{60}\text{Ni}} = 0{,}5656$ u;

^{235}U: $\Delta m = (92 m_p + 143 m_n) - m_{^{235}\text{U}} = 1{,}9151$ u;

S. 36/2

$B = +\Delta m \cdot c^2$; $\quad \underline{\mathbf{1\,u \cdot c^2 = 931 \text{ MeV}}}$

$B(^9\text{Be}) = +0{,}0624 \text{ u} \cdot c^2 = \underline{+58{,}1 \text{ MeV}}$;

$B(^{60}\text{Ni}) = +0{,}5656 \text{ u} \cdot c^2 = \underline{+527 \text{ MeV}}$;

$B(^{235}\text{U}) = +1{,}915 \text{ u} \cdot c^2 = \underline{+1780 \text{ MeV}}$;

Mittlere Bindungsenergie pro Nukleon:

$\dfrac{B}{A} = \underline{+6{,}46 \text{ MeV}}$; $\quad \underline{+8{,}78 \text{ MeV}}$; $\quad$ bzw. $\quad \underline{+7{,}57 \text{ MeV}}$.

S. 38/3

a) $\Delta m = (8m_p + 8m_n) - m_{^{16}\text{O}} = \underline{0{,}1370 \text{ u}}$;

$B = +\Delta m \cdot c^2 = +0{,}1370 \text{ u} \cdot c^2 = +0{,}1370 \cdot 931 \text{ MeV} = \underline{+127 \text{ MeV}}$

$\dfrac{B}{A} = \underline{+7{,}97 \text{ MeV}}$;

b) Bindungsenergie des zuletzt gebundenen Protons:

$E_B = +\Delta m' c^2$; $\quad$ mit $\quad \Delta m' = (m_p + m_{^{15}\text{N}}) - m_{^{16}\text{O}} = 0{,}01302$ u;

$E_B = +0{,}01302 \cdot 931 \text{ MeV} = \underline{+12{,}12 \text{ MeV}}$

c) Nach dem einfachen Modell müsste der Betrag der Bindungsenergie des zuletzt gebundenen Nukleons *kleiner* sein als $\frac{B}{A}$. Es gibt jedoch auch im Kernaufbau eine »*Schalenstruktur*« mit abgeschlossenen »Schalen« bei bestimmten Protonen- bzw. Neutronenzahlen (sog. »magische Zahlen«, u.a. $N = 8$, $Z = 8$). ^{16}O ist als »doppelt-magischer« Kern ($N = Z = 8$) besonders stabil und das letzte Proton bzw. Neutron der abgeschlossenen Schalen hat jeweils eine besonders starke Bindung an den Kern (Analogie: Maxima der 1. Ionisierungsenergie bei den Edelgasatomen; 3. Sem., S. 223).

S. 38/4

Die Bindungsenergie ist die Energie, die beim Zusammenbau der Nukleonen zu einem Kern aufgrund der anziehenden Kernkräfte insgesamt frei wird.

$B = + \Delta m \cdot c^2$;
$B(^7\text{Li}) = +(3m_p + 4m_n - m_{^7\text{Li}}) \cdot c^2 = +0{,}0421\,\text{u} \cdot c^2 = \underline{+39{,}2\,\text{MeV}}$;

S. 38/5

b) $^{12}_{6}\text{C} + ^{0}_{0}\gamma \rightarrow ^{11}_{5}\text{B} + ^{1}_{1}\text{p}$;

d) Bindungsenergie des *zuletzt* gebundenen Protons in ^{12}C:
$E_B = (m_{^{11}\text{B}} + m_p - m_{^{12}\text{C}}) \cdot c^2 = +0{,}01713\,\text{u} \cdot c^2 = \underline{+15{,}9\,\text{MeV}}$;

S. 43/1

$I_s \approx 1{,}4 \cdot 10^{-10}\,\text{A}$; $\Delta t = 1\,\text{s}$;
$\Delta Q = I_s \cdot \Delta t = 1{,}4 \cdot 10^{-10}\,\text{As}$;
$N = \frac{\Delta Q}{e}$; $N = \frac{1{,}4 \cdot 10^{-10}}{1{,}6 \cdot 10^{-19}}$; $\underline{N = 8{,}8 \cdot 10^{8}}$

S. 44/2

a) $h \in [44\,\text{mm}; 52\,\text{mm}]$

b) Die registrierte Strahlung bildet auf ihrem Weg durch die Ionisationskammer ungefähr immer gleich viele Ionenpaare pro cm (stimmt am Ende der Bahn nicht ganz). Dies bedeutet in etwa $\Delta Q \sim h$; $\Rightarrow I_s \sim h$.

c) Im Intervall [44 mm; 52 mm] keine messbare Primärionisation, da Strom nicht mehr zunimmt.

S. 46/5

a) Entladung eines Kondensators (Zählrohr) über einen Widerstand (vgl. 1. Bd.)
Typische Zeit $\tau \approx R \cdot C$; $C = \frac{\tau}{R}$; $C = \frac{10^{-3}}{10^8} \frac{\text{s} \cdot \text{A}}{\text{V}} \approx \underline{10^{-11}\,\text{F}}$

b) Die Totzeit wird bei der Widerstandserhöhung verlängert, d.h. das Zählrohr kann schnelle Impulsfolgen nicht registrieren.

S. 49/8

Ein geladenes Teilchen mit konstanter Energie bewegt sich bei geeigneter Magnetfeldrichtung ($\vec{v} \perp \vec{B}$) auf einer Kreisbahn. Da jedoch die geladenen Teilchen in der Nebelkammer durch Ionisations- und Abstrahlungsprozesse (→ beschleunigte Ladung) laufend Energie verlieren, werden die Radien kontinuierlich kleiner ⇒ Spiralbahn.

S. 51/1

a) $N = 3748 \pm 61$

b) Als Maximalfehler wird 3σ verwendet
$N = 3748 \pm 183$

c) $Z = \dfrac{N}{\Delta t}$; $Z = (625 \pm 31)\,\text{min}^{-1}$

S. 52/2

a) $\underline{100}$ bzw. $\underline{10\,000}$ bzw. $\underline{1\,000\,000}$.

b) $\dfrac{3\sigma}{n} < 0{,}01 \;\Rightarrow\; n > \underline{90\,000}$.

S. 54/2

$\dfrac{h \cdot c}{\lambda} = E_\gamma$; $\quad \lambda = \dfrac{6{,}6 \cdot 10^{-34} \cdot 3 \cdot 10^8}{28{,}6 \cdot 10^3 \cdot 1{,}6 \cdot 10^{-19}}\,\text{m}$; $\quad \underline{\lambda = 4{,}3 \cdot 10^{-11}\,\text{m}}$

Gesetz von Moseley: $\dfrac{1}{\lambda} = \dfrac{3}{4} \cdot R \cdot (Z-1)^2$; $\quad Z = 53$; $\quad \to \lambda = 4{,}5 \cdot 10^{-11}\,\text{m}$

S. 55/3

$\Delta\lambda = \lambda_c (1 - \cos\vartheta) \qquad \Delta\lambda_{\max} = 2 \cdot \lambda_c = 4{,}86 \cdot 10^{-12}\,\text{m}$

$\lambda = \dfrac{h \cdot c}{E_\gamma}$; $\quad \lambda = 1{,}9 \cdot 10^{-12}\,\text{m}$; $\quad \lambda' = \lambda + \Delta\lambda_{\max} = 6{,}8 \cdot 10^{-12}\,\text{m}$

$E'_\gamma = \dfrac{h \cdot c}{\lambda'} = 182\,\text{keV} \qquad E_e = E_\gamma - E'_\gamma \approx 480\,\text{keV}$

S. 57/5

Die Entstehung nur eines γ-Quants würde die Erhaltungssätze verletzen.
Geht man in das Schwerpunktsystem von Elektron und Positron, so ist der Gesamtimpuls vor der Reaktion null. Bei der Entstehung nur eines γ-Quants kann dies nach der Reaktion aber nicht der Fall sein.

S. 57/6

a) Siehe Seite 52.

b) Jod ($Z = 53$) absorbiert γ-Strahlung wesentlich besser als Natrium ($Z = 11$)

c) Es liegt Fotoeffekt bei einer inneren Schale vor. Ein Elektron wird z. B. aus der K-Schale herausgeschlagen. Der nun freie Platz auf der K-Schale wird von einem Elektron einer höheren Schale aufgefüllt, dessen Platz dann wieder von einem Elektron der nächsthöheren Schale usw. Dabei entstehen mehrere Röntgenquanten.

d) Lichtenergie: $E = 66{,}2$ keV

$E_{\text{Foton}} = \dfrac{h \cdot c}{\lambda}; \qquad E_F = 2{,}8$ eV

Zahl der Fotonen $N = \dfrac{E}{E_F}; \qquad \underline{N = 2{,}4 \cdot 10^4}$

e) Zahl der Fotoelektronen:

$N_e = \dfrac{3}{10} \cdot \dfrac{7}{100} \cdot N; \qquad \underline{N_e = 500}$

f) Verstärkungsfaktor insgesamt: $a = 10^7$
Verstärkungsfaktor pro Stufe: a'

$a = (a')^{14}; \qquad a' = \sqrt[14]{a}; \qquad a' \approx 3{,}2$

$\Delta Q_{\text{ges}} = N_e \cdot a \cdot e; \qquad \Delta Q_{\text{ges}} = 500 \cdot 10^7 \cdot 1{,}6 \cdot 10^{-19}$ As; $\qquad \Delta Q_{\text{ges}} = 8{,}0 \cdot 10^{-10}$ As

g) $\bar{I} = \dfrac{\Delta Q}{\Delta t}; \qquad \bar{I} = \dfrac{8{,}0 \cdot 10^{-10}}{10^{-5}}$ A $= 8{,}0 \cdot 10^{-5}$ A

$\bar{U} = \bar{I} \cdot R; \qquad \underline{\bar{U} = 8{,}0 \text{ V}}$

h) Die Breite des Fotopeaks wird durch N_e bestimmt $\left(\dfrac{\sqrt{N_e}}{N_e} \approx 0{,}045\right)$.

Die anderen Zahlen sind für eine Standardabweichung von 5 % zu hoch.

S. 60/1

Einfluss des dünnen Glimmerfensters, durch das die Strahlung in das Endfensterzählrohr gelangt.

S. 61/3

γ-Strahlung ändert die Richtung im Magnetfeld nie.
α-Strahlung ist durch solch schwache Magnete kaum beeinflussbar und müsste außerdem noch in die andere Richtung abgelenkt werden.

S. 64/1

$2 \cdot d \cdot \sin\alpha = \lambda; \qquad \sin\alpha = \dfrac{\lambda}{2 \cdot d}; \qquad \sin\alpha = \dfrac{10^{-12}}{4 \cdot 10^{-10}} = 2{,}5 \cdot 10^{-3}; \qquad \underline{\alpha = 0{,}14°}$

S. 65/3

a) α) $\vec{E}$ nach oben.
   $\vec{B}$ aus der Zeichenebene heraus.

β) $qE = qvB$ und $\dfrac{mv^2}{r} = qvB;$

$\Rightarrow E = \dfrac{v^2}{r \cdot \left(\dfrac{q}{m}\right)}; \qquad B = \dfrac{v}{r \cdot \left(\dfrac{q}{m}\right)};$

γ) $\underline{v = 1{,}48 \cdot 10^7 \dfrac{m}{s}}; \qquad \underline{\dfrac{q}{m} = 4{,}81 \cdot 10^7 \dfrac{As}{kg}}$

b) Siehe 3. Band S. 177.

S. 69/1

Ein α-Zerfall und zwei β^--Zerfälle.

Beispiel: (4n + 3)-Reihe: ^{215}Po $\xrightarrow{\alpha}$ ^{211}Pb $\xrightarrow{\beta^-}$ ^{211}Bi $\xrightarrow{\beta^-}$ ^{211}Po

S. 69/2

Bei einem γ-Übergang eines Nuklids ändert sich dessen Position im *N-Z*-Diagramm nicht.

S. 69/3

Th-Reihe (4n); ^{232}Th; 4α- und 2β-Zerfälle.

S. 69/4

a) Tochterkern: ^{206}Pb; Mutterkern: ^{210}Bi;
b) 7α- und 6β-Zerfälle;
c) 210 = 4n + 2.

S. 70/1

a)

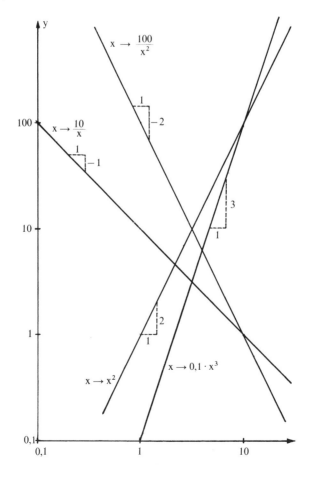

b)

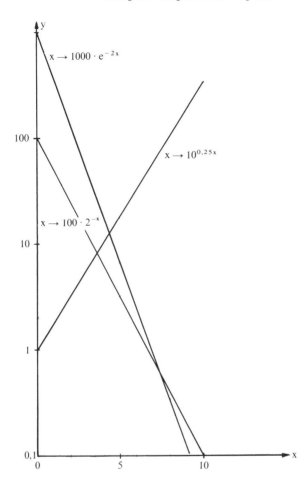

S. 72/2

a) Außer der Abnahme aufgrund der Geometrie spielt bei β-Strahlung und größerer Entfernung die Absorption in Luft eine Rolle.

b) Unterschiedliche Elektronenenergie!

S. 73/1

Man macht den klassischen Ansatz für die kinetische Energie. Ist die dabei berechnete Geschwindigkeit der Teilchen kleiner als $\frac{1}{10} \cdot c$, so war der Ansatz berechtigt, da die relativistische Rechnung stets noch kleinere Geschwindigkeiten erbringen würde.

$$\frac{1}{2} \cdot m_\alpha \cdot v^2 = E_{\text{kin}}; \quad v = \sqrt{\frac{2 \cdot E_{\text{kin}}}{m_\alpha}}; \quad v = \sqrt{\frac{2 \cdot 10 \cdot 10^6 \cdot 1{,}6 \cdot 10^{-19}}{6{,}64 \cdot 10^{-27}}} \frac{\text{m}}{\text{s}}; \quad v = 2{,}2 \cdot 10^7 \frac{\text{m}}{\text{s}}$$

Man muss noch nicht relativistisch rechnen.

S. 74/1

a) Das Diagramm von Seite 74 gibt an, welche Flächenmasse β-Teilchen einer bestimmten Energie durchdringen können.

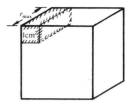

Beispiel: β-Teilchen mit 10 MeV kinetischer Energie können in einem Absorber die Flächenmasse $5 \cdot 10^3 \frac{mg}{cm^2}$ durchdringen. Die Masse des schraffierten Quaders mit 1 cm² Grundfläche darf $m = 5 \cdot 10^3$ mg betragen.

Ist die Dichte des Materials ϱ, so gilt allgemein $\quad A \cdot r_{max} \cdot \varrho = m$

$$r_{max} = \underbrace{\frac{m}{A}}_{\text{Flächenmasse}} \cdot \frac{1}{\varrho}$$

b) $\varrho_{Al} = 2{,}70 \frac{g}{cm^3} = 2{,}70 \cdot 10^3 \frac{mg}{cm^3}$

$E_1 = 0{,}76$ MeV $\to \left(\frac{m}{A}\right)_1 \approx 300 \frac{mg}{cm^2} \qquad r_{max_1} = \frac{300}{2700}$ cm $\approx 1{,}1$ mm

$E_2 = 2{,}26$ MeV $\to \left(\frac{m}{A}\right)_2 \approx 1{,}2 \cdot 10^3 \frac{mg}{cm^2} \qquad r_{max_2} = \frac{1200}{2700}$ cm $= 4{,}4$ mm

c) $\varrho_{Luft} = 1{,}3 \cdot \frac{mg}{cm^3} \qquad\qquad\qquad\qquad r_{max_1} = \frac{300}{1{,}3}$ cm $\approx 2{,}3$ m

$\qquad\qquad\qquad\qquad\qquad\qquad\qquad\qquad r_{max_2} = \frac{1200}{1{,}3}$ cm $\approx 9{,}2$ m

d) Das quadratische Abstandsgesetz gilt nur, wenn keine Absorption auftritt. Die Absorption der β-Teilchen findet aber über die ganze Laufstrecke statt, sodass die Abweichung vom quadratischen Abstandsgesetz schon bei einer Laufstrecke erkennbar wird, die wesentlich kleiner als die maximale Reichweite ist. Außerdem haben die Elektronen unterschiedliche Geschwindigkeiten (kontinuierliches Spektrum). Die langsamen Elektronen werden schon eher absorbiert als die schnellen.

S. 76/2

$\alpha_{Pb} = 0{,}69$ cm^{-1} (vgl. 1. Aufgabe)
Da die Quantenenergie $h \cdot f_\gamma = 1{,}33$ MeV ist und die Ruheenergie $m_{oe} \cdot c^2 = 0{,}51$ MeV ist, gilt für $\frac{h \cdot f_\gamma}{m_{oe} \cdot c^2} = 2{,}6$. Der aus dem Diagramm von Seite 58 ermittelte Absorptionskoeffizient stimmt sehr gut mit dem von Aufgabe 1 überein.

S. 76/4

a) Einfach-log. Papier: d lineare
$\qquad\qquad\qquad\qquad Z$ logar. $\quad$ Skala

b) $\alpha = \underline{0{,}13 \text{ cm}^{-1}}; \quad d_H = \underline{5{,}2 \text{ cm}}$
$Z_0 = \underline{10{,}0 \text{ s}^{-1}};$

S. 78/2

Halbwertsdicke des Pertinax bezüglich der Strahlung des ^{90}Sr:
$d_{\frac{1}{2}} = 0{,}75$ mm $\Rightarrow \alpha = 0{,}92$ mm^{-1}

Berechnung: $\dfrac{Z}{Z_0} = e^{-\alpha \cdot d}$

$$d = \frac{1}{\alpha} \cdot \ln \frac{Z_0}{Z}$$

$$d = \left(\frac{1}{0{,}92} \cdot \ln 100\right) \text{mm}; \quad d = 5 \text{ mm} \qquad \text{Aus Grafik:} \quad d \approx 4{,}9 \text{ mm}$$

S. 78/3

a) Vgl. Versuch 4.
Während die β-Strahlung (insbesondere weiche β-Strahlung) schon durch dünne Metallfolien merklich abgeschwächt wird, ist bei γ-Strahlung ein dicker Absorber mit hoher Ordnungszahl nötig.

b) Die untersuchte Strahlung besteht aus zwei Komponenten:
- Intensive Strahlungskomponente, die aber stark absorbiert wird: β-Strahlung
- Weniger intensive Strahlungskomponente (bzw. Komponente für die das Zählrohr weniger empfindlich ist). Diese Strahlung wird durch den Absorber nur wenig geschwächt: γ-Strahlung.

Der stückweise gerade Verlauf der Kurven im einfach logarithmischen Maßstab weist auf eine Gesetzmäßigkeit der Art: $Z \sim e^{-\alpha \cdot d}$ hin.

S. 83/1

$46 \cdot x\text{h} \cdot 1{,}5 \cdot 10^{-5} \dfrac{\text{Gy}}{\text{h}} \cdot 5 \leq \underline{5 \cdot 10^{-2} \text{ Sv}}$

$\Rightarrow x \leq \underline{14}$ (durchschnittlich höchstens 14 Stunden pro Woche).

S. 84/2

a) α) γ-Strahler: $q = 1$: Aufenthaltsdauer $\dfrac{10^{-3}}{10^{-4}}$ Std.;

Die Person darf sich in der Woche nur 10 Stunden an dem Arbeitsplatz aufhalten.

β) n-Strahler: $q = 10$: Aufenthaltsdauer 1 Stunde in der Woche.

b) Die Intensität nimmt quadratisch ab. Bei den gegebenen Werten ist keine Einschränkung in der Aufenthaltsdauer nötig.

S. 84/3

a) $\dfrac{N_1}{N_0} = \dfrac{A}{4\pi \cdot r_1^2}; \qquad N_1 = \dfrac{A \cdot N_0}{4\pi \cdot r_1^2}; \qquad N_1 = 3{,}2 \cdot 10^6$

b) $N_1' = N_1 \cdot e^{-\alpha \cdot d}; \qquad \dfrac{N_1'}{N_1} = e^{-\alpha d}; \qquad \dfrac{N_1'}{N_1} = 0{,}25$

Ein Viertel der γ-Quanten durchdringt den Würfel.

c) $N' = \dfrac{3}{4} \cdot N_1 \approx 2{,}4 \cdot 10^6$

d) $D = \dfrac{\Delta E}{\Delta m} = \dfrac{N' \cdot E_\gamma}{m};\qquad D = 8{,}6 \cdot 10^{-8}\,\dfrac{\text{J}}{\text{kg}}$

e) Die Zahl der absorbierten Quanten muss auf $\frac{1}{20}$ zurückgehen. Dies ist der Fall, wenn N_1 auf $\frac{1}{20}$ zurückgeht. Wegen a) muss die Entfernung um den Faktor $\sqrt{20}$ vergrößert werden. $r_2 = r_1\sqrt{20} = 2{,}2\,\text{m}$

S. 91/1

$\dfrac{I(t)}{I_0} = e^{-\lambda t} \Rightarrow \lambda = -\dfrac{1}{t} \cdot \ln \dfrac{I(t)}{I_0}$

$\lambda = -\dfrac{1}{160\,\text{s}} \cdot \ln \dfrac{3{,}5}{30} = 1{,}3 \cdot 10^{-2}\,\text{s}^{-1}$

S. 93/3

$p_{\Delta t} = \lambda \cdot \Delta t;\qquad p_{0{,}5\text{s}} = 6{,}5 \cdot 10^{-3} = 0{,}65\,\%;\qquad p_{3\text{s}} = 3{,}9 \cdot 10^{-2} = 3{,}9\,\%$

S. 94/5

a) $N(T_{1/2}) = \dfrac{1}{2} N(0) \Rightarrow \dfrac{1}{2} N(0) = N(0) \cdot e^{-\lambda T_{1/2}} \Rightarrow \ln \dfrac{1}{2} = -\lambda T_{1/2};$

$T_{1/2} = -\dfrac{1}{\lambda} \ln \dfrac{1}{2} = \dfrac{1}{\lambda} \ln 2;$

b) aus dem Diagramm: $T_{1/2} \approx 55\,\text{s}$;

Berechnung aus λ (S. 91/1): $T_{1/2} = \dfrac{1}{0{,}013\,\text{s}^{-1}} \cdot \ln 2 = 53\,\text{s}$

S. 94/6

Bei biologischen Alterungsprozessen ist die »Sterberate« ebenfalls proportional zur Zahl der vorhandenen Individuen, die »Zerfallswahrscheinlichkeit« λ ist aber *nicht konstant*. Wenn sie z. B. mit dem Alter der Individuen monoton zunimmt, erfolgt der »Zerfall« rascher als nach einem Exponentialgesetz. Beispielsweise liegt die »Halbwertszeit« heutiger Mitteleuropäer bei ca. 60 Jahren, aber sicher überleben weit weniger als 25 % das 120. Lebensjahr.

S. 95/7

Teilchenzahl $N(0)$ in 1 g ^{226}Ra:

$\dfrac{N(0)}{N_A} = \dfrac{1\,\text{g}}{226\,\text{kg}} \Rightarrow N(0) = 2{,}65 \cdot 10^{21}$

$A(0) = \lambda \cdot N(0) = \dfrac{\ln 2}{T_{1/2}} \cdot N(0);\quad T_{1/2} = 1600 \cdot 365 \cdot 24 \cdot 3600\,\text{s} = 5{,}0 \cdot 10^{10}\,\text{s};$

$\Rightarrow A(0) = 3{,}7 \cdot 10^{10}\,\text{s}^{-1}$

Anhang 1: Lösungen zu den Aufgaben

S. 95/8

a) Beim β^--Zerfall von $^{60}_{27}$Co entsteht $^{60}_{28}$Ni.

b) $A(t) = A(0) \cdot e^{-\frac{\ln 2 \cdot t}{T}}$; $A(2a) = 50\,\text{Ci} \cdot e^{-\frac{2 \cdot \ln 2}{5,3}} = \underline{38\,\text{Ci}}$.

S. 95/9

a) $\lambda = \dfrac{\ln 2}{T_{1/2}} = \underline{5{,}02 \cdot 10^{-3}\,\text{d}^{-1}}$;   Tochterkern: $\underline{^{206}_{\ 82}\text{Pb}}$.

b) Anfangsaktivität: $A(0) = 2 \cdot (430 - 30)\,\text{min}^{-1} = 800\,\text{min}^{-1}$.

$A(0) = \lambda \cdot N(0)$; $N(0) = \dfrac{A(0)}{\lambda} = 2{,}3 \cdot 10^8$;

$\dfrac{m}{A_r \cdot \text{kg}} = \dfrac{N(0)}{N_A}$; $\Rightarrow m = \dfrac{N(0)}{N_A} \cdot A_r\,\text{kg} = \underline{8{,}1 \cdot 10^{-14}\,\text{g}}$.

c) $A(3a) = A(0) \cdot e^{-\lambda \cdot 3a} = 800\,\text{min}^{-1} \cdot e^{-5{,}5} = 3{,}3\,\text{min}^{-1}$.
Da nur die Hälfte nachgewiesen wird, ergibt sich vom Präparat eine Zählrate von $1{,}6\,\text{min}^{-1}$, die bei einem Nulleffekt von $30\,\text{min}^{-1}$ nicht mehr messbar ist.

S. 95/10

a) Zerfallsrate: $A(t) = \left|\dfrac{dN(t)}{dt}\right| = \lambda \cdot N(0) \cdot e^{-\lambda t} = A(0) \cdot e^{-\lambda t}$

Zählrate: $Z(t) = p \cdot A(t)$

p: Nachweiswahrscheinlichkeit des Zählgeräts ($p = \text{const.} \leqq 0{,}5$)
$\Rightarrow Z(t) = p \cdot A(0) \cdot e^{-\lambda t} = \underline{Z(0) \cdot e^{-\lambda t}}$

b) Die Zählrate $Z(t)$ ändert sich in gleichen Zeitabständen Δt um jeweils den gleichen *Faktor*:

für $\Delta t = 0{,}50\,\text{h}$: $\dfrac{Z_1}{Z_2} = \dfrac{Z_2}{Z_3} = \dfrac{Z_3}{Z_4} = 1{,}15$; $\Rightarrow Z_0 = 1{,}15\,Z_1 = \underline{3860\,\text{s}^{-1}}$.

c) Berechnung von λ aus den Zählraten bei $t_1 = 0{,}50\,\text{h}$ und $t_4 = 2{,}00\,\text{h}$:

$Z_1 = Z_0\,e^{-\lambda t_1}$; $Z_4 = Z_0\,e^{-\lambda t_4}$; $\Rightarrow \dfrac{Z_1}{Z_4} = \dfrac{e^{-\lambda t_1}}{e^{-\lambda t_4}} = e^{\lambda(t_4 - t_1)}$;

$\Rightarrow \lambda = \dfrac{1}{t_4 - t_1} \cdot \ln\dfrac{Z_1}{Z_4} = \dfrac{1}{1{,}50\,\text{h}} \cdot \ln\dfrac{3355}{2200} = \underline{0{,}281\,\text{h}^{-1}}$

$T_{1/2} = \dfrac{\ln 2}{\lambda} = \underline{2{,}47\,\text{h}}$

S. 96/12

$A = \lambda \cdot N$; $\lambda = \dfrac{A}{N}$; $A = 8{,}1 \cdot 10^{-10} \cdot 3{,}7 \cdot 10^{10}\,\text{s}^{-1} = 30\,\text{s}^{-1}$;

Berechnung von N (Zahl der ^{40}K-Atome):

$\dfrac{N}{N_A} = \dfrac{10^{-4} \cdot m}{A_r \cdot \text{kg}}$; $N = \dfrac{N_A \cdot 10^{-4} \cdot 1{,}0\,\text{g}}{40\,\text{kg}} = \underline{1{,}5 \cdot 10^{18}}$

$$\lambda = \frac{30 \text{ s}^{-1}}{1{,}5 \cdot 10^{18}} = 2{,}0 \cdot 10^{-17} \text{ s}^{-1} ;$$

$$T_{1/2} = \frac{\ln 2}{\lambda} = 3{,}5 \cdot 10^{16} \text{ s} = \frac{3{,}5 \cdot 10^{16}}{3600 \cdot 24 \cdot 365} \text{ a} = \underline{1{,}1 \cdot 10^9 \text{ a}}$$

S. 97/13

a) β) $J = \dfrac{dQ}{dt} \sim \dfrac{dN}{dt}$; also $J(t) \sim A(t) = \lambda \cdot N(t)$

b) α) Nach A → B findet B → C praktisch »prompt« (innerhalb einiger s) statt. Dagegen zerfällt C innerhalb der Messzeit nicht ($T_2 \gg 1$ h).
β) Wenn α_1 auftritt, dann fast gleichzeitig auch α_2.

c) $T_H = \underline{55 \text{ s}}$.

d) pro Zerfallsakt (2 α-Teilchen!): $3{,}68 \cdot 10^5$ El.-Ion-Paare
$N(0) = 4{,}04 \cdot 10^4$; $m(0) = \underline{1{,}48 \cdot 10^{-20} \text{ kg}}$

S. 98/14

a) $^3_1\text{H} \rightarrow {^3_2}\text{He} + {^{\ 0}_{-1}}e + {^0_0}\bar{\nu}$;
b) $t = \underline{22{,}5 \text{ a}}$;

S. 99/1

a) Siehe Abschnitt 9.1.

b) Aus dem Zerfallsgesetz folgt: $A(t) = \left|\dfrac{dN(t)}{dt}\right| = N_0 \lambda e^{-\lambda t} = A_0 e^{-\lambda t}$.

Zur Bestimmung von λ genügen Aktivitätsmessungen für zwei Zeitpunkte t_1 und t_2:

$$A_1 = A_0 e^{-\lambda t_1} ;\quad A_2 = A_0 e^{-\lambda t_2} ;\quad \frac{A_1}{A_2} = \frac{e^{-\lambda t_1}}{e^{-\lambda t_2}} = e^{\lambda(t_2 - t_1)} ;\quad \Rightarrow \lambda = \underline{\frac{1}{t_2 - t_1} \cdot \ln \frac{A_1}{A_2}} ;$$

c) Nach b): $A(t) = \lambda \cdot N(t) \Rightarrow \lambda = \dfrac{A(t)}{N(t)}$

Man benötigt für einen beliebigen Zeitpunkt t:
1. eine Messung der Aktivität $A(t)$.
2. eine Absolutbestimmung der Zahl $N(t)$ der radioaktiven Atome in der Probe (z.B. massenspektroskopisch)

d) *Zeit 0:* ^{238}U-Kerne: N_0
Zeit t: ^{238}U-Kerne: $N_0 e^{-\lambda t}$
^{206}Pb-Kerne: $N_0 - N_0 \cdot e^{-\lambda t} = N_0 \cdot (1 - e^{-\lambda t})$
^{238}U-Masse: $N_0 \cdot e^{-\lambda t} \cdot 238 \text{ u}$
^{206}Pb-Masse: $N_0 \cdot (1 - e^{-\lambda t}) \cdot 206 \text{ u}$

$$\Rightarrow \frac{m_{\text{Pb}}}{m_{\text{U}}} = \frac{N_0 \cdot (1 - e^{-\lambda t}) \cdot 206 \text{ u}}{N_0 \cdot e^{-\lambda t} \cdot 238 \text{ u}} = \frac{206}{238} \cdot (e^{\lambda t} - 1) =$$

$$= \frac{206}{238} \cdot \left(e^{\frac{\ln 2 \cdot 1{,}20}{4{,}5}} - 1\right) = \underline{0{,}175}$$

S. 100/2

a) $A(t) = \lambda \cdot N(t)$; $\quad N(t) = \dfrac{A(t)}{\lambda} = \dfrac{A(t) \cdot T}{\ln 2}$;

$N(t) = \dfrac{1}{\ln 2} \cdot 480 \text{ min}^{-1} \cdot 5{,}74 \cdot 10^3 \cdot 365 \cdot 24 \cdot 60 \text{ min} = \underline{2{,}1 \cdot 10^{12}}$

b) C-Atome in 50 g: $\quad \dfrac{N_C}{N_A} = \dfrac{50 \text{ g}}{12 \text{ kg}} \Rightarrow N_C = 2{,}5 \cdot 10^{24}$.

^{14}C-Atome zur Zeit $t = 0$: $\quad N(0) = \dfrac{N_C}{1{,}0 \cdot 10^{12}} = 2{,}5 \cdot 10^{12}$

$\dfrac{N(t)}{N(0)} = e^{-\frac{t \cdot \ln 2}{T}}; \quad \Rightarrow t = -\dfrac{T}{\ln 2} \cdot \ln \dfrac{N(t)}{N(0)}$;

$t = -\dfrac{5740\text{a}}{\ln 2} \cdot \ln \dfrac{2{,}1}{2{,}5} = \underline{1400\text{a}}$

S. 107/1

a) vgl. Text S. 106:

Gl. (1): $\quad v_K = \dfrac{2 m_n v_n}{m_n + m_K}$

$\Rightarrow E_K = \dfrac{m_K}{2} v_K^2 = 2 m_K \cdot \left(\dfrac{m_n v_n}{m_n + m_K}\right)^2$

(kinetische Energie des Kerns nach dem Stoß)

Energieverlust des Neutrons: $\Delta E = E_K$

$\Rightarrow \dfrac{\Delta E}{E_{\text{kin vor}}} = \dfrac{E_K}{\dfrac{m_n}{2} v_n^2} = \dfrac{4 m_K m_n}{(m_n + m_K)^2}$;

b) $q = \dfrac{m_K}{m_n}$; $\quad \dfrac{\Delta E}{E_{\text{kin vor}}} = \dfrac{4}{q + 2 + \dfrac{1}{q}}$;

Der relative Energieverlust wird maximal, wenn der *Nenner* $f(q) = q + 2 + \dfrac{1}{q}$ ein *Minimum* hat.

$f'(q) = 1 - \dfrac{1}{q^2}$; $\quad f''(q) = +\dfrac{2}{q^3}$;

$f'(q) = 0$ für $\underline{q = 1}$; $\quad f''(1) = +2$ (*Minimum* des Nenners)

d.h. maximaler Energieverlust für $\dfrac{m_K}{m_n} = 1$, d.h. für $\underline{m_K = m_n}$.

S. 108/2

a) Annahme: Bei jedem Stoß ändert sich die Energie um einen *Faktor* $\tfrac{1}{2}$.
Anfangsenergie: E_0. Energie nach n Stößen: E_n

$E_n = E_0 \cdot (\tfrac{1}{2})^n$; $\quad 2^n = \dfrac{E_0}{E_n}$; $\quad 2^n = \dfrac{1 \text{ MeV}}{0{,}025 \text{ eV}} = 4 \cdot 10^7$;

$$\ln 2^n = \ln(4 \cdot 10^7); \qquad n \cdot \ln 2 = \ln(4 \cdot 10^7); \qquad n = \frac{\ln(4 \cdot 10^7)}{\ln 2} = \underline{25};$$

b) n = 17; Annahme: Bei jedem Stoß ändert sich die Energie um einen Faktor k.

$$k^{17} = \frac{E_n}{E_0}; \qquad \left(\frac{1}{k}\right)^{17} = \frac{E_0}{E_n} = 4 \cdot 10^7;$$

$$\frac{1}{k} = \sqrt[17]{4 \cdot 10^7} = (4 \cdot 10^7)^{\frac{1}{17}} = 2{,}8; \qquad \underline{k = 0{,}36}.$$

Das Neutron verliert im Mittel pro Stoß 64 % seiner Energie.

c) Die bei der Moderation entstehenden Neutronen besitzen eine *Geschwindigkeitsverteilung*, ebenso wie die Moderatoratome thermische Bewegung. Ist die Energie des Neutrons in der Größenordnung der thermischen Energie der Moderatoratome ($\approx \frac{3}{2}kT$), so kann es bei weiteren Stößen mit diesen Energie *gewinnen oder verlieren*, abhängig von der jeweiligen Geschwindigkeit des Stoßpartners. Dadurch bleibt die kinetische Energie im *statistischen Mittel* (d. h. für viele Neutronen) unverändert. Am Ende werden die Neutronen durch Kernreaktionen im Moderator absorbiert (z. B. Neutroneneinfang in H:
$^1_1\text{H} + n \rightarrow {}^2_1\text{D} + \gamma$).

S. 109/3

Ra bzw. Pu: α-Strahler
Be: Reaktionspartner der α-Teilchen in der Neutronen erzeugenden Reaktion.
Paraffin: Moderator und zugleich Abschirmung.
Das Ra bzw. Pu und das Be liegen wegen der kurzen Reichweite der α-Strahlung in Pulverform (durchmischt) vor.

S. 110/4

c) vgl. Abschnitt **10.1**.

d) Ein Neutron mit der Geschwindigkeit v hat nach der De-Broglie-Beziehung eine Materiewellenlänge $\lambda = \frac{h}{p} = \frac{h}{mv}$; vgl. 3. Bd. Für thermische Neutronen ist $v \approx 2000 \, \frac{\text{m}}{\text{s}}$ und $\lambda \approx 1{,}5 \cdot 10^{-10}$ m. Ein Strahl thermischer Neutronen enthält – wegen der Geschwindigkeitsverteilung – Teilchen mit *unterschiedlichen* Materiewellenlängen. Trifft ein solcher Strahl auf einen *Polykristall* (vgl. Debye-Scherrer-Methode, 3. Bd, S. 137) hinreichender Dicke, so werden in diesem alle Neutronen gestreut, für welche die Bragg'sche Beziehung: $2d \cdot \sin \alpha = k \cdot \lambda$, bzw.

$$\lambda = \frac{2d \sin \alpha}{k},$$

erfüllt ist. Hierin ist: k = 1, 2, 3, ...; d fest (Gitterkonstante); α kann wegen der unterschiedlichen Orientierungen der Kristallite im Polykristall alle Werte von 0° bis 90° annehmen. Folglich werden alle Neutronen mit $0 \leq \lambda \leq 2d$ gestreut. Ein Polykristall mit der Gitterkonstanten d wirkt also als *Filter*, welches nur Neutronen mit $\lambda > 2d$, d. h. aber $v < \frac{h}{2md}$, durchlässt.

S. 110/5

Impulsdiagramm: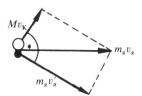

Impulserhaltung: $(m_\alpha v_\alpha)^2 = (M v_K)^2 + (m_\alpha v'_\alpha)^2$ I

Energieerhaltung: $\dfrac{m_\alpha}{2} v_\alpha^2 = \dfrac{M}{2} v_K^2 + \dfrac{m_\alpha}{2} v'^2_\alpha$ II

I': $m_\alpha^2 (v_\alpha^2 - v'^2_\alpha) = M^2 v_K^2$;

II': $m_\alpha^2 (v_\alpha^2 - v'^2_\alpha) = M v_K^2$;

$\dfrac{\text{I}'}{\text{II}'}:$ $\underline{m_\alpha = M}$; $\underline{\dfrac{M}{m_\alpha} = 1}$

S. 112/1

a) Ablenkung im 1. Sektorfeld (Bahnradius $r = 0{,}20$ m):

$\dfrac{mv_\alpha^2}{r} = e v_a B \Rightarrow B = \dfrac{m v_a}{er}$;

mit $\dfrac{m}{2} v_a^2 = e \cdot U_a$; $v_a = \sqrt{\dfrac{2 e U_a}{m}} \Rightarrow \underline{B = \sqrt{\dfrac{2 m U_a}{e}} \cdot \dfrac{1}{r}}$;

$B = \sqrt{\dfrac{2 \cdot 12 \text{ kg} \cdot 4 \cdot 10^4 \text{ V}}{6{,}02 \cdot 10^{26} \cdot 1{,}6 \cdot 10^{-19} \text{ As}}} \cdot \dfrac{1}{0{,}20 \text{ m}} = \underline{0{,}50 \dfrac{\text{V s}}{\text{m}^2}}$

b) im Punkt B: $E_\text{kin} = 40 \text{ keV} + 6{,}3 \text{ MeV} = \underline{6{,}34 \text{ MeV}}$

$v_B = \sqrt{\dfrac{2 E_\text{kin}}{m}} = \sqrt{\dfrac{2 \cdot 6{,}34 \cdot 10^6 \cdot 1{,}60 \cdot 10^{-19} \text{ J}}{12 \cdot 1{,}66 \cdot 10^{-27} \text{ kg}}} = \underline{1{,}0 \cdot 10^7 \dfrac{\text{m}}{\text{s}}}$

c) Die Ionen werden auch auf [CD] beschleunigt, da dort das Feld entgegengesetzt wie auf [AB] gerichtet ist und sie dort entgegengesetztes Ladungsvorzeichen haben.

d) im Punkt D: $E'_\text{kin} = e \cdot U_a + e \cdot U_b + z \cdot e \cdot U_b$;
wobei: $U_b = |U_{AB}| = 6{,}3 \text{ MeV}$; $z \cdot e =$ neue Ladung der Ionen:

$U_a \ll U_b \Rightarrow e \cdot (z+1) \cdot U_b \approx \dfrac{m}{2} v'^2$;   (I)

Bedingung für Passieren des 90°-Sektorfelds:

$\dfrac{m v'^2}{r_1} = z e B_1 v' \Rightarrow m v' = z e B_1 r_1$;   (II)

Quadrieren von II: $2m \cdot E'_\text{kin} = (z e B_1 r_1)^2$;

Einsetzen von I: $2m \cdot e \cdot (z+1) U_b = z^2 \cdot (e B_1 r_1)^2$;

$\Rightarrow z^2 - (z+1) \cdot \underbrace{\dfrac{2 m e U_b}{(e B_1 r_1)^2}}_{k} = 0$;   (III)

Berechnung von k aus den bekannten Größen: $k = 3{,}20$
Lösung der quadratischen Gleichung III:

$$z^2 - kz - k = 0\,; \quad \left(z - \frac{k}{2}\right)^2 = k + \frac{k^2}{4}\,; \quad z_{1/2} = \frac{k}{2} \pm \sqrt{k + \frac{k^2}{4}}\,;$$

$$z = \frac{k}{2} + \sqrt{k + \frac{k^2}{4}}\ (z > 0!)\,; \quad z = 1{,}60 + \sqrt{3{,}20 + 2{,}56}\,;$$

$$\underline{z = 4}\,; \quad v' = \sqrt{\frac{2e(z+1)U_b}{m}} = \sqrt{5} \cdot v_B \quad \text{(vgl. b)!)}$$

$$\underline{v' = 2{,}24 \cdot 10^7 \frac{\text{m}}{\text{s}}}\,;$$

S. 114/2

a) E_n: kin. Energie *in* der n-ten Röhre.
$E_1 = E_a = 0{,}04\ \text{MeV}\,; \quad E_n = E_a + (n-1) \cdot eU_0\,;$
$E_{\text{Ziel}} = E_a + n \cdot e \cdot U_0 = 0{,}04\ \text{MeV} + 30 \cdot 42\ \text{keV} = \underline{1{,}30\ \text{MeV}}$

b) Bedingung für l_n: $v_n \cdot \frac{T}{2} = l_n\,;$

$$\Rightarrow l_n = \frac{1}{2f} \cdot \sqrt{\frac{2E_n}{m_0}} = \frac{c}{2f} \cdot \sqrt{\frac{2E_n}{m_0 c^2}}\,;$$

$$l_1 = \frac{3 \cdot 10^8\ \text{ms}^{-1}}{2 \cdot 5 \cdot 10^6 \cdot \text{s}^{-1}} \cdot \sqrt{\frac{2 \cdot 0{,}04}{938}} = \underline{0{,}277\ \text{m}}\,;$$

$$l_{30} = 30\ \text{m} \cdot \sqrt{\frac{2 \cdot 1{,}26}{938}} = \underline{1{,}56\ \text{m}}\,;$$

c) $l_n \approx 30\ \text{m} \cdot \sqrt{\frac{n \cdot e \cdot U_0}{m_0 c^2}} \approx 30\ \text{m} \cdot \sqrt{\frac{0{,}042}{938}} \cdot \sqrt{n} \approx \underline{0{,}28\ \text{m} \cdot \sqrt{n}}$

d) Bei gleichem U_0 bedeutet gleiche Endenergie auch gleiche *Zahl* der Triftröhren. Für alle Röhren gilt $l_n \sim \frac{1}{f}$, also folgt: $l_{\text{ges}} \sim \frac{1}{f}$.

S. 115/4

1a) $U_B = \underline{5{,}2 \cdot 10^5\ \text{V}}\,;$

b) $l_2 = \underline{0{,}133\ \text{m}}\,;$

c) $v_n = \sqrt{\frac{2e(U_B + (n-1)U_0)}{m_p}}$

d) α) $E_{\text{kin}} = \frac{Z_1 Z_2 e^2}{4\pi\varepsilon_0 a} \Rightarrow a = 8{,}6 \cdot 10^{-17}\ \text{m}$

β) $r_k \approx 1{,}4 \cdot 10^{-15}\ \text{m} \cdot \sqrt[3]{7} \approx 2{,}7 \cdot 10^{-15}\ \text{m} \gg a\,;$
Kernreaktion ist möglich.

2 a) Im $\vec{B}$-Feld ist stets $\vec{F} \perp \vec{v}$.

b) $\sin\alpha = \dfrac{d}{r}$ und $\dfrac{mv_0^2}{r} = qv_0 B \Rightarrow \sin\alpha = \dfrac{qBd}{mv_0}$

c) $v_0 = 1{,}4 \cdot 10^7 \,\dfrac{\text{m}}{\text{s}}$; $\alpha = \underline{\underline{7{,}5°}}$;

d) aus α: $\dfrac{q}{m} = \dfrac{v_0 \sin 72°}{Bd} = 1{,}7 \cdot 10^{11} \,\dfrac{\text{As}}{\text{kg}} \approx \dfrac{e}{m_{e0}}$

(bei 2,0 keV gilt für Elektronen noch $m_e \approx m_{e0}$)

c) $p_{\max} = mv_{\max} = \dfrac{eBd}{\sin 20°} = \underline{\underline{6{,}3 \cdot 10^{-22} \,\text{Ns}}}$

$E_{\text{kin max}} = \underline{\underline{0{,}77 \,\text{MeV}}}$

S. 116/5

b) $E_{\text{kin}} = \tfrac{1}{2} mv_0^2 + 6 \cdot eU_0 = \underline{\underline{3{,}93 \,\text{MeV}}}$;

$E_{\text{ges}} = E_{p0} + E_{\text{kin}} = \underline{\underline{942{,}21 \,\text{MeV}}}$;

c) $v_5 = 2{,}53 \cdot 10^7 \,\dfrac{\text{m}}{\text{s}}$; $l_5 = \underline{\underline{16{,}9 \,\text{cm}}}$;

d) Geschwindigkeitsfokussierung!

S. 117/6

a) Kreisbahnbedingung: $\dfrac{m_0 v^2}{r} = qvB$; $\Rightarrow \dfrac{r}{v} = \dfrac{m_0}{qB}$; $T = \dfrac{2\pi r}{v} = \underline{\underline{\dfrac{2\pi m_0}{qB}}}$

T ist unabhängig von r bzw. v, solange $m = m_0 = $ const. ($v < 0{,}1\,c$).

b) $v_{\max} = \dfrac{qBr_{\max}}{m_0}$;

für Protonen (nichtrelativistisch):

$v_{\max} = \dfrac{1{,}60 \cdot 10^{-19} \,\text{As} \cdot 0{,}40 \,\text{Vsm}^{-2} \cdot 0{,}50 \,\text{m}}{1{,}66 \cdot 10^{-27} \,\text{kg}} = \underline{\underline{1{,}9 \cdot 10^7 \,\dfrac{\text{m}}{\text{s}}}}$;

c) $E_{\text{kin}} = \dfrac{m_0}{2} v_{\max}^2 = \underline{\underline{1{,}94 \,\text{MeV}}}$;

Pro Umlauf: $\Delta E_{\text{kin}} = 2 \cdot (eU_0) = 20 \,\text{keV}$;

$n = \dfrac{E_{\text{kin}}}{\Delta E_{\text{kin}}} = \underline{\underline{92}}$;

d) relativistisch: $m = \dfrac{m_0}{\sqrt{1 - \dfrac{v^2}{c^2}}}$; $T = \dfrac{2\pi m_0}{qB\sqrt{1 - \dfrac{v^2}{c^2}}}$;

T nimmt während der Beschleunigung zu. Das beschleunigte Teilchen kommt »außer Takt«, wenn die Frequenz der Wechselspannung konstant ist.

S. 118/7

b) $v_{max} = \dfrac{qBr_{max}}{m}$; $\quad E_{max} = \dfrac{m}{2}v_{max}^2 = \dfrac{1}{2m}(qBr_{max})^2$

$E_{max} = \underline{3{,}0\text{ MeV}}$

c) $\underline{f = 7{,}7\text{ MHz}}$

S. 118/8

c) $T = \dfrac{2\pi r}{v}$; $\quad qvB = \dfrac{m_0 v^2}{r}$ (für $v < 0{,}1\,c$)

$\Rightarrow T = \dfrac{2\pi m_0}{qB} = \text{const.}$, solange $v < 0{,}1\,c$.

S. 119/10

b) $B = \dfrac{mv_0}{qr_0}$; $\quad T_\alpha = \dfrac{r_0 \alpha}{v_0}$ (α im Bogenmaß)

B wächst mit m, T_α ist unabhängig von m.

c) $\underline{B = 0{,}98\text{ T}}$

d) $\underline{v = 0{,}32\,c}$

e) $U_d = \dfrac{dv_0^2}{2er_0}(m_\alpha - 2m_p) \approx \underline{\dfrac{dv_0^2 m_p}{er_0}}$

S. 120/11

2b) $\tau = \dfrac{2\pi m}{eB}$;

c) $v_{max} = 0{,}1\,c \Rightarrow \underline{E_{kin} = 2{,}6\text{ keV}}$;

3a) $\underline{U = 0{,}511\text{ MV}}$;

b) $v_1 = \dfrac{\sqrt{3}}{2}c$;

c) $\underline{r_1 = 5{,}9\text{ cm}}$; $\quad \underline{\tau_1 = 1{,}4\text{ ns}}$;

d) $m = (n+1)m_0$; $\quad \tau_n = \dfrac{2\pi m_0}{eB}(n+1)$;

e) $\underline{58}$ Umläufe; $\quad \underline{v = 0{,}9999\,c}$;

f) $r_n = \dfrac{m_0 v \cdot 59}{eB}$; $\quad \underline{a = 4{,}02\text{ m}}$.

S. 123/1

a) vgl. Abschnitt **1.6**!

b) $^{12}_{6}\text{C} + ^{0}_{0}\gamma \rightarrow ^{11}_{5}\text{B} + ^{1}_{1}\text{p}$;

c) $E_{Coul} = \dfrac{5e \cdot e}{4\pi\varepsilon_0 r} = 4{,}0 \cdot 10^{-13}\text{ J} = \underline{2{,}5\text{ MeV}}$;

S. 123/2

a) $^{16}\text{O}(n;n)^{16}\text{O}$;

b) $^{16}\text{O}(n;n')^{16}\text{O}^*$;

c) $^{31}\text{P}(\gamma;n)^{30}\text{P}$; $\quad$ $^{31}\text{P}(\gamma;p)^{30}\text{Si}$;

d) $^{59}\text{Co}(n;\gamma)^{60}\text{Co}$; $\quad$ $^{197}\text{Au}(n;\gamma)^{198}\text{Au}$; $\quad$ $^{30}\text{P}(p;\alpha)^{28}\text{Si}$;
$^{65}\text{Cu}(n;2n)^{64}\text{Cu}$; $\quad$ $^{24}\text{Mg}(n;p)^{24}\text{Na}$;

e) $^{51}\text{V}(p;n)^{51}\text{Cr}$; $\quad$ $^{24}\text{Mg}(d;p)^{25}\text{Mg}$;

S. 124/3

$^{233}\text{Th} + {}^{1}\text{n} \rightarrow {}^{234}\text{Th}^* \rightarrow {}^{141}\text{Cs}^* + {}^{91}\text{Br}^* + 2 \cdot {}^{1}\text{n}$

S. 124/4

a) $E_C = \dfrac{Z_1 Z_2 e^2}{4\pi\varepsilon_0 (r_1 + r_2)}$; $\quad Z_1 = 37$; $\quad Z_2 = 55$;

$r_1 = 6{,}4 \cdot 10^{-15}$ m ; $\quad r_2 = 7{,}3 \cdot 10^{-15}$ m ; $\quad \Rightarrow \underline{E_C = 210 \text{ MeV}}$

c) $mv = m_0 v_0 + mv'$;

$\dfrac{m}{2} v^2 = \dfrac{m_0}{2} v_0^2 + \dfrac{m}{2} v'^2$; $\quad \Rightarrow v_0 = \dfrac{2mv}{m + m_0}$;

$\Delta W = \dfrac{1}{2} m_0 v_0^2 = \dfrac{2 m_0 m^2 v^2}{(m + m_0)^2}$

S. 129/1

Unter der Reaktionsenergie ($= Q$-Wert) versteht man die Differenz der kinetischen Energie der Reaktionsprodukte (einschließlich eventueller Anregungsenergien) und der kinetischen Energie der Ausgangsnuklide, vgl. Text Gl. 3! – Berechnung für den angegebenen Prozess:

$Q = [(m_{^{14}\text{N}} + m_\alpha) - (m_{^{17}\text{O}} + m_p)] \cdot c^2$;

$Q = -1{,}28 \cdot 10^{-3} \text{u} \cdot c^2 = \underline{-1{,}19 \text{ MeV}}$

Da $Q < 0$, ist die Reaktion *endotherm*. Die Reaktion ist also energetisch nur möglich, wenn $E_\alpha > 1{,}19$ MeV ist.

S. 129/2

a) Reaktionsgleichung: $^{10}_{5}\text{B} + {}^{1}_{0}\text{n} \rightarrow {}^{7}_{3}\text{Li} + {}^{4}_{2}\text{He}$.
Neben $^{7}_{3}\text{Li}$ entstehen α-Teilchen.

b) Annahme: $E_{\text{kin}}(^{10}_{5}\text{B}) = E_{\text{kin}}(^{1}_{0}\text{n}) = 0$.
Aus der Impulserhaltung folgt dann (vgl. Beispiel im Text):

$m_{\text{Li}} v_{\text{Li}} = m_\alpha v_\alpha$; $\quad v_\alpha = \dfrac{m_{\text{Li}}}{m_\alpha} v_{\text{Li}}$;

$\Rightarrow E_\alpha = \dfrac{1}{2} m_\alpha v_\alpha^2 = \dfrac{m_{\text{Li}}}{m_\alpha} \cdot E_{\text{Li}} = \dfrac{7}{4} E_{\text{Li}}$;

Energieerhaltung: $E_\alpha + E_{\text{Li}} = Q$;

$$\Rightarrow \frac{11}{4} E_{Li} = Q; \qquad E_{Li} = \frac{4}{11} Q; \qquad E_\alpha = \frac{7}{11} Q;$$
$$Q = [(m_{{}^{10}B} + m_n) - (m_{{}^7Li} + m_\alpha)] \cdot c^2 = 2{,}99 \cdot 10^{-3} \, u \cdot c^2 = \underline{2{,}79 \text{ MeV}}$$
$$\Rightarrow \underline{E_{Li} = 1{,}01 \text{ MeV}}; \qquad \underline{E_\alpha = 1{,}78 \text{ MeV}}$$

S. 129/3

a) ${}^1_0n + {}^1_1p \to {}^2_1d + {}^0_0\gamma$

$$Q = E_{d \, kin} + E_\gamma = \frac{E_\gamma^2}{2 E_{d0}} + E_\gamma = \underline{2{,}23 \text{ MeV}}$$

b) Außerdem: $Q = (m_{n0} + m_{p0} - m_{d0})c^2$

$$\Rightarrow m_{n0} = m_{d0} - m_{p0} + \frac{Q}{c^2}$$

c) aus **a)** und **b)**: $m_{n0} = \underline{1{,}00867 \, u}$.

S. 130/4

a) ${}^{226}_{88}\text{Ra} \to {}^{222}_{86}\text{Rn} + {}^4_2\text{He}$
${}^9_4\text{Be} + {}^4_2\text{He} \to {}^{12}_6\text{C} + {}^1_0\text{n}$

b) $E_{n \, kin} \leq \underline{13{,}4 \text{ MeV}}$

c) $A(0) = \underline{3{,}7 \cdot 10^{10} \text{ Bq}}$

d) Pro Ra-Zerfall treten effektiv 5 α-Teilchen auf (Zerfallsreihe!)
$\Rightarrow 5 \cdot 10^{-4} \cdot A(0) = \underline{1{,}9 \cdot 10^7 \text{ Neutronen/s}}$

e) n_{therm}: $\bar{E}_{kin} \approx \frac{3}{2} kT; \quad T \approx 300 \text{ K}$
$\Rightarrow \bar{E}_{kin} \approx \underline{0{,}04 \text{ eV}}$

Entstehung: Moderation von schnellen Neutronen in Materialien mit leichten Kernen (z. B. H$_2$O, Paraffin).

S. 130/5

a) vgl. Abschnitt **3.2**!
$Q = B({}^{140}\text{X}) + B({}^{94}\text{Y}) - B({}^{236}\text{U})$;
nach dem Diagramm in **3.2**:
$Q \approx 140 \cdot 8{,}3 \text{ MeV} + 94 \cdot 8{,}7 \text{ MeV} - 236 \cdot 7{,}5 \text{ MeV}$;
$Q \approx 1980 \text{ MeV} - 1770 \text{ MeV} \approx \underline{+ 210 \text{ MeV}}$

b) $A(\text{Restkern X}) = (209 + 1) - (5 \cdot 4 + 20 \cdot 1) = \underline{170}$
nach dem Diagramm in **3.2**:
$Q \approx 170 \cdot 8{,}1 \text{ MeV} + 5 \cdot 4 \cdot 7{,}0 \text{ MeV} - 209 \cdot 7{,}8 \text{ MeV}$;
$Q \approx 1520 \text{ MeV} - 1630 \text{ MeV} \approx \underline{-110 \text{ MeV}}$

Der *Betrag* des Q-Werts für Spaltung bzw. Spallation eines schweren Kerns ist von derselben Größenordnung (100–200 MeV), jedoch ist die Spaltung *exotherm* während die Spallation *endotherm* ist. Eine Kern-Spaltung kann deshalb bereits durch thermische Neutronen ausgelöst werden. Für das obige Beispiel der Spallation muss dagegen die kinetische Energie des eingeschlossenen Protons größer als ca. 110 MeV sein.

S. 131/7

a) Keine Abstoßung im Coulombfeld!
$$E_{min} = \frac{Ze^2}{4\pi\varepsilon_0 r_K}; \quad r_K = r_0\sqrt[3]{A} \Rightarrow E_{min} = \underline{7{,}7 \text{ MeV}}$$

b) $^{64}_{30}\text{Zn} + ^1_0\text{n} \rightarrow ^{64}_{29}\text{Cu} + ^1_1\text{p}$

c) $Q > 0$, also exotherme Reaktion, Auslösung durch therm. Neutronen ist möglich.

S. 131/8

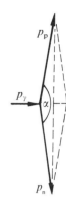

a) $\lambda = \underline{4{,}74 \cdot 10^{-12} \text{ m}}$

b) $E_{n\,kin} + E_{p\,kin} = (m_d - m_p - m_n)c^2 + E_\gamma = \underline{404 \text{ keV}}$

c) Für $p_p = p_n$ ist
$$p_\gamma = 2p_p \cos\frac{\alpha}{2}$$

Mit $p_p = \sqrt{2m_p E_{p\,kin}}$

$E_{p\,kin} = 202 \text{ keV}; \quad p_\gamma = \frac{E_\gamma}{c}$

folgt $\underline{\alpha = 172°}$

S. 131/9

a) $^3_1\text{T} + ^2_1\text{D} \rightarrow ^5_2\text{He}^* \rightarrow ^4_2\text{He} + ^1_0\text{n}$

b) $Q = (m_T + m_D - m_\alpha - m_n)c^2 + 400 \text{ keV} = 18 \text{ MeV}$
$Q = E_{\alpha\,kin} + E_{n\,kin} \Rightarrow \underline{E_{n\,kin} < 18 \text{ MeV}}$

S. 132/10

a) $p_\alpha = \sqrt{2m_\alpha E_{\alpha\,kin}} = \underline{10{,}3 \cdot 10^{-20} \text{ Ns}}$

$v_\alpha = \frac{p_\alpha}{m_\alpha} < 0{,}1\,c\,!$

b) $p_{1/2}$ vgl. Aufgabentext!

c) Annahme: (1) $\hat{=}$ α; \quad (2) $\hat{=}$ ^{14}N
$$\Rightarrow \frac{p_1^2}{2m_\alpha} + \frac{p_2^2}{2m_N} = \underline{2{,}6 \text{ MeV}} < 5{,}0 \text{ MeV},$$
also kein elastischer Stoß.

d) $E_{H\,kin} + E_{O\,kin} = (m_\alpha + m_N - m_H - m_0)c^2 + 5{,}00 \text{ MeV}$
$= \underline{3{,}81 \text{ MeV}}$

e) Annahme: (1) $\hat{=}$ H; \quad (2) $\hat{=}$ O
$$\Rightarrow \frac{p_1^2}{2m_H} + \frac{p_2^2}{2m_O} = \underline{3{,}8 \text{ MeV}};$$

S. 134/1

a) γ-Strahlen zeigen nur außerordentlich geringe Ionisation. Es handelt sich hier um »Bahnen« von α-Teilchen. Die beobachtete α-Strahlung besteht aus zwei Komponenten unterschiedlicher Energie und Reichweite.

b) Ist der Deckel nahe beim Präparat, so erreichen die α-Teilchen beider Komponenten den Deckel, bevor sie ihre ganze Energie zur Erzeugung von Ionenpaaren verloren haben. Der Ionisationsstrom, der von der Zahl der gebildeten Ionenpaare pro Zeit abhängt, ist klein. Je weiter der Deckel entfernt wird, desto größer werden die Laufstrecken der α-Teilchen und desto größer die Zahl der gebildeten Ionenpaare und damit der Strom. Mit der Entfernung d_1 ist die Reichweite der niederenergetischen α-Teilchen erreicht. Sie fällt ab dieser Entfernung für eine weitere Steigung des Ionisationsstroms aus. Die folgende Steigung des Stromes wird durch die höherenergetische Komponente erreicht.

Bei d_2 ist auch deren Reichweite erreicht. Eine weitere Entfernung des Deckels bringt keine Zunahme der in der Zeiteinheit gebildeten Ionenpaare mit sich (waagrechter Verlauf der Kurve).

Die Zahl der pro α-Teilchen auf 2 cm Länge gebildeten Ionenpaare ist 80000. Da Z α-Teilchen je Sekunde gebildet werden, treffen $Z \cdot 80000$ Elektronen und Ionen an den Elektroden auf. Dies hat einen Strom von $I = 4{,}7 \cdot 10^{-9}$ A zur Folge.

$Q = I \cdot 1\,\text{s} = 4{,}7 \cdot 10^{-9}\,\text{As}$; außerdem gilt: $Q = Z \cdot 80000 \cdot 1{,}6 \cdot 10^{-19}\,\text{As}$

$$Z = \frac{4{,}7 \cdot 10^{-9}\,\text{As}}{80000 \cdot 1{,}6 \cdot 10^{-19}\,\text{As}} = 3{,}6 \cdot 10^5$$

Das Präparat sendet im Mittel $3{,}6 \cdot 10^5$ α-Teilchen pro Sekunde aus.

S. 136/2

Berechnung der Q-Werte mit den angegebenen *Atom*-Massen und den *Atom*-Massen von ^{1}H bzw. ^{4}He (die Elektronenmassen fallen bei der Differenzbildung heraus):

a) $Q = [m_{^{232}\text{U}} - (m_{^1\text{H}} + m_{^{231}\text{Pa}})] \cdot c^2 = -6{,}62 \cdot 10^{-3}\,\text{u} \cdot c^2 =$
  $= -6{,}62 \cdot 10^{-3} \cdot 931\,\text{MeV} = \underline{-6{,}2\,\text{MeV}}$

b) $Q = [m_{^{232}\text{U}} - (m_{^4\text{He}} + m_{^{228}\text{Th}})] \cdot c^2 = +5{,}79 \cdot 10^{-3}\,\text{u} \cdot c^2 = +5{,}79 \cdot 10^{-3} \cdot 931\,\text{MeV} =$
  $= \underline{+5{,}4\,\text{MeV}}$

S. 136/3

Die Abweichung kommt durch die auf den Restkern übertragene Rückstoßenergie zustande.
$Q = 5{,}4\,\text{MeV}$;

Impulserhaltung: $\vec{0} = \vec{p}_\alpha + \vec{p}_K$; (K: Tochterkern ^{228}Th).

$\Rightarrow |\vec{p}_\alpha| = |\vec{p}_K|$; $m_\alpha v_\alpha = m_K v_K$; $v_K = \dfrac{m_\alpha}{m_K} \cdot v_\alpha$;

$E_K = \dfrac{m_K}{2} v_K^2 = \dfrac{m_\alpha}{m_K} \cdot E_\alpha = \dfrac{4}{228} E_\alpha$;

Energieerhaltung: $Q = E_K + E_\alpha$;

$\Rightarrow Q = \dfrac{232}{228} E_\alpha$; $\underline{E_\alpha = \dfrac{228}{232} Q} = \dfrac{228}{232} \cdot 5{,}4\,\text{MeV} = \underline{5{,}3\,\text{MeV}}$;

$\underline{E_K = \dfrac{4}{232} Q} = \dfrac{4}{232} \cdot 5{,}4\,\text{MeV} = \underline{0{,}093\,\text{MeV}}$

Allgemeiner Zusammenhang (m_K: Masse des Tochterkerns):

$\underline{E_\alpha = \dfrac{m_K}{m_K + m_\alpha} \cdot Q}$; $E_K = \dfrac{m_\alpha}{m_K + m_\alpha} \cdot Q$;

Anhang 1: Lösungen zu den Aufgaben 223

S. 138/4

Die relativen Atommassen der Nuklide der natürlichen Zerfallsreihen unterscheiden sich nur relativ wenig. Daher besitzen alle diese Nuklide ähnliche Radien und Ladungen und folglich auch einen ähnlichen Verlauf des Kern- und des Coulomb-Potentials. Die Zerfallswahrscheinlichkeit ist deshalb hauptsächlich durch die α-*Energie* bestimmt. Je größer E_α ist, desto »dünner« wird der zu »durch-tunnelnde« Coulomb-Wall und desto größer ist folglich die Wahrscheinlichkeit des Durchtunnelns, d. h. aber auch die Zerfallswahrscheinlichkeit λ. Einer großen α-Energie entspricht also eine kleine Halbwertszeit und umgekehrt. Von dieser Geiger-Nutall'schen Regel, die den Haupttrend der α-Zerfallsdaten gut beschreibt, gibt es allerdings Ausnahmen, vgl. z. B. die zwei hochenergetischen α-Teilchengruppen im Zerfall von ^{212}Bi (12.1.a)). Die Begründung dafür (Drehimpuls-Auswahlregeln) ist mit schulischen Mitteln nicht möglich.

S. 139/5

a) vgl. Abschnitt **1.6**!

b) $^{152}_{62}\text{Sm} \rightarrow {}^{148}_{60}\text{Nd} + {}^{4}_{2}\text{He}$;

$E_\text{pot} = \dfrac{60\,e \cdot 2e}{4\pi\varepsilon_0 r_\text{K}} \approx \underline{23 \text{ MeV}}$;

c) Tunnel-Effekt, vgl. Text **12.1.d**).

S. 139/6

2 a) $r > r_\text{K}$: $E_\text{pot} = \dfrac{(Z-2)e \cdot 2e}{4\pi\varepsilon_0 \cdot r}$;

b) c) siehe Text.

3 a) $E_\alpha = \dfrac{m_\text{K}}{m_\text{K} + m_\alpha} \cdot E_0$;

b) $\dfrac{E_\alpha}{E_0} = \dfrac{m_\text{K}}{m_\text{K} + m_\alpha} = \dfrac{208}{212} = \dfrac{52}{53}$;

4 a) Es finden α-Zerfälle vom Grundzustand von ^{212}Po und von einem angeregten Zustand ^{212}Po* aus statt, die beide zu ^{208}Pb führen.

$E_{\alpha 1} = 8{,}9 \text{ MeV}$; $E_{\alpha 2} = 10{,}7 \text{ MeV}$.

b) alternativer Zerfall von ^{212}Po* aus:

$^{212}\text{Po*} \xrightarrow{\gamma} {}^{212}\text{Po} \xrightarrow{\alpha_1} {}^{208}\text{Pb}$.

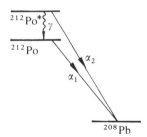

c) vgl. Abschnitt 4.3.2!

S. 139/7

a)

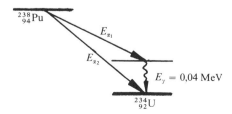

b) $E_\gamma = 0,04$ MeV.

$$E_\gamma = \frac{hc}{\lambda}; \quad \lambda = \frac{hc}{E_\gamma} = \frac{6,6 \cdot 10^{-34} \cdot 3,0 \cdot 10^8}{4 \cdot 10^4 \cdot 1,6 \cdot 10^{-19}} \text{ m} = \underline{3 \cdot 10^{-11} \text{ m}};$$

c) Q-Wert der Reaktion $^2_1\text{d} + ^0_0\gamma \to ^1_1\text{p} + ^1_0\text{n}$:
$Q = [(m_\text{d} + 0) - (m_\text{p} + m_\text{n})] \cdot c^2$;
$Q = -2,39 \cdot 10^{-3} \text{u} \cdot c^2 = -2,22$ MeV.

Die *endotherme* Reaktion kann durch die γ-Quanten von Aufg. b) nicht ausgelöst werden, da eine γ-Energie von mindestens 2,22 MeV erforderlich ist.

S. 140/8

1a) b) vgl. Abschnitt **10.1** und **10.3**!

c) $m_\text{n} = m_\text{d} - m_\text{p} + \dfrac{E_\gamma}{c^2} = \underline{1,0086657 \text{ u}}$

d) α) $^3_1\text{T} + ^2_1\text{D} \to ^4_2\text{He} + ^1_0\text{n}$;
$Q = 17,58$ MeV;
$\Rightarrow E_{\alpha\,\text{kin}} + E_{\text{n kin}} = Q + E_{\text{d kin}} = \underline{17,8 \text{ MeV}}$

d) β) $E_\text{n} = \tfrac{4}{5} \cdot 17,8$ MeV $= \underline{14,2 \text{ MeV}}$;
$E_\alpha = \tfrac{1}{5} \cdot 17,8$ MeV $= \underline{3,6 \text{ MeV}}$

2a) $^{212}_{83}\text{Bi} \to ^{212}_{84}\text{Po} + ^{0}_{-1}\text{e}^- + ^0_0\bar{\nu}$;
$^{212}_{84}\text{Po} \to ^{208}_{82}\text{Pb} + ^4_2\alpha$

b) $Q = E_{\alpha\,\text{kin}} + E_{\text{Pb kin}} = 8,95$ MeV;
$E_\alpha = \tfrac{52}{53} Q = \underline{8,78 \text{ MeV}}$ (Impuls!)

c) vgl. vorhergehende **6. Aufgabe**, Teil **4a, b**.

3a) $A_0 = \lambda N_0 = \underline{1,5 \cdot 10^5 \text{ Bq}}$

b) $N_0 - N(t) = N_0(1 - e^{-\lambda t}) = \underline{6,1 \cdot 10^{13}}$

c) Weil $T_2 \ll T_1$, findet der 2. Zerfall fast »prompt« nach dem 1. Zerfall statt:
$A(\text{Sr}) \approx A(\text{Y}) \Rightarrow A_\text{ges} \approx 2 A(\text{Sr})$

d) $\lambda_\text{Sr} N_\text{Sr} = \lambda_\text{Y} N_\text{Y} \Rightarrow N_\text{Y} = N_0 e^{-\lambda_\text{Sr} t}$
$\underline{N_\text{Y} = 3,6 \cdot 10^{10}}$

S. 144/1

$F_\text{Z} = F_\text{L}$
$\dfrac{m \cdot v^2}{r} = e \cdot B \cdot v; \quad m \cdot v = e \cdot B \cdot r; \quad p = e \cdot B \cdot r;$

$$E = \sqrt{(p \cdot c)^2 + E_0^2}; \quad E_\text{max} = \sqrt{\left(\frac{1,6 \cdot 10^{-19} \cdot 37,3 \cdot 10^{-4} \cdot 3 \cdot 10^8}{1,6 \cdot 10^{-19}}\right)^2 + (0,51 \cdot 10^6)^2} \text{ eV};$$

$E_\text{max} = 1,23 \cdot 10^6$ eV; $\quad E_{\text{kin max}} = E_\text{max} - E_0; \quad \underline{E_{\text{kin,max}} = 0,72 \text{ MeV}}$

analog: häufigste kinet. Energie: $\underline{E'_\text{kin} = 0,20 \text{ MeV}}$

Anhang 1: Lösungen zu den Aufgaben 225

S. 144/2

a) $E_{kin,max} = 0{,}54\text{ MeV}$; $E_0 = 0{,}51\text{ MeV}$; $E = E_{kin} + E_0 = 1{,}05\text{ MeV}$

$$\frac{E_0}{E} = \frac{m_0}{m} = \sqrt{1-\left(\frac{v}{c}\right)^2}\,; \qquad v = c\cdot\sqrt{1-\left(\frac{E_0}{E}\right)^2}\,; \qquad \underline{v = 0{,}87\,c = 2{,}6\cdot 10^8\,\frac{m}{s}}$$

b) $e\cdot B\cdot v = \dfrac{m_0\cdot v^2}{\sqrt{1-\left(\frac{v}{c}\right)^2}\cdot r}$; $\quad e\cdot B\cdot r = \dfrac{m_0\cdot v}{\sqrt{1-\left(\frac{v}{c}\right)^2}}$; $\qquad \underline{v = 1{,}35\cdot 10^8\,\frac{m}{s}}$

S. 144/3

1 a) $y = \dfrac{E}{4U}\cdot x^2$; $\quad 0 \leqq x \leqq l$

b) $\tan\varphi = \dfrac{El}{2U} \Rightarrow \underline{\varphi = 30{,}0°}$

c) $v' = \dfrac{v}{\cos\varphi}$; $\quad v = \sqrt{\dfrac{2eU}{m}}$; $\quad \underline{v' = 1{,}42\cdot 10^7\,\frac{m}{s}}$

2 a) α) $\vec{v}\perp\vec{B}$ $\quad$ β) $\vec{v}\parallel\vec{B}$ $\quad$ γ) $\sphericalangle(\vec{v},\vec{B})\neq k\cdot\dfrac{\pi}{2}$

b) $\vec{B}$ senkrecht aus der Zeichenebene heraus.

c) α) B variieren und Zählraten messen.

β) $2r^2 = l^2 \Rightarrow \underline{r = \dfrac{l}{\sqrt{2}}}$;

$evB = \dfrac{mv^2}{r} \Rightarrow p = mv = \dfrac{Bel}{\sqrt{2}}$

$E = \sqrt{E_0^2 + (pc)^2} = E_0 + E_{kin}$

$\Rightarrow \underline{E_{kin} = \sqrt{E_0^2 + (Belc)^2/2} - E_0}$

d) $E_{kin} = 2{,}66\cdot 10^{-13}\,J$; $\quad \underline{v = 0{,}972\,c}$

3 a) vgl. 1. Semester: Hall-Effekt

b) $evB = eE = e\cdot\dfrac{U_H}{b} \Rightarrow \underline{U_H = bvB}$

S. 145/4

a) $\tan\dfrac{\alpha}{2} = \dfrac{a}{r}$; $\quad r = \dfrac{a}{\tan\dfrac{\alpha}{2}}$; $\quad \underline{r = 9{,}9\text{ cm}}$

$\dfrac{m\cdot v^2}{r} = e\cdot v\cdot B$; $\quad \dfrac{e}{m} = \dfrac{v}{B\cdot r}$; $\quad \underline{\dfrac{e}{m} = 1{,}3\cdot 10^{11}\,\dfrac{As}{kg}}$

b) $m = \dfrac{m_0}{\sqrt{1-\left(\frac{v}{c}\right)^2}}$; $\quad \dfrac{e}{m_e} = \dfrac{e}{m_{e0}}\cdot\sqrt{1-\left(\frac{v}{c}\right)^2}$; $\quad \underline{\dfrac{e}{m_e} = 1{,}3\cdot 10^{11}\,\dfrac{As}{kg}}$

S. 146/5

$Q = [m_{Tl} - (m_{Pb} + m_e)] \cdot c^2 = 8{,}1 \cdot 10^{-4} \, u \cdot c^2 = \underline{0{,}76 \, \text{MeV}}$;

S. 146/6

Nach dieser Annahme wäre
1. die Energie des β-Teilchens stets kleiner als Q, und zwar immer um den *gleichen Betrag* (bestimmt durch das Massenverhältnis von Elektron und Restkern).
2. die Energiedifferenz $Q - E_\beta = E_{\text{Restkern}}$ *sehr* viel kleiner als Q; größenordnungsmäßig:

$Q - E_\beta \approx \dfrac{m_e}{m_K + m_e} \cdot Q \approx 10^{-5} \, Q$!

(vgl. **12.1, 3. Aufg.**!). Im kontinuierlichen β-Spektrum treten aber *alle* β-Energien von 0 bis etwa Q auf.

S. 147/7

a) Weil Z um 1 zunimmt, handelt es sich um einen β^--Zerfall. Modellvorstellung: Umwandlung eines Kernneutrons in ein Kernproton unter Emission eines Elektrons und eines Antineutrinos.
Zerfallsgleichung: $^{104}_{45}\text{Rh} \rightarrow \, ^{104}_{46}\text{Pd} + \, ^{0}_{-1}e + \, ^{0}_{0}\bar{\nu}$.

b) 1. Bestimmung des Ladungsvorzeichens durch Ablenkung im B-Feld.
2. Untersuchung der Absorption (Reichweite) der Strahlung in Luft oder anderen Materialien.

c) Die halblogarithmische Darstellung zeigt, dass die Probe *zwei* radioaktive Substanzen mit sehr verschiedenen Halbwertszeiten enthält.
Kurzlebige Komponente (steiler Ast): $A(t) = A_0 \cdot e^{-\lambda_1 t}$

$\dfrac{A(20\,s)}{A_0} \approx \dfrac{A(40\,s)}{A(20\,s)} \approx \dfrac{A(60\,s)}{A(40\,s)} \approx 0{,}72 = e^{-\lambda_1 \cdot 20\,s}$;

$\Rightarrow \lambda_1 = -\dfrac{1}{20\,s} \cdot \ln 0{,}72 = \underline{0{,}016\,s^{-1}}$; $T_1 = \dfrac{\ln 2}{\lambda_1} = \underline{43\,s}$;

langlebige Komponente (flacher Ast): $A(t) = A_0 \cdot e^{-\lambda_2 t}$;

$\dfrac{A(10\,\text{min})}{A(5\,\text{min})} \approx \dfrac{A(15\,\text{min})}{A(10\,\text{min})} \approx \dfrac{A(20\,\text{min})}{A(15\,\text{min})} \approx 0{,}45 = e^{-\lambda_2 \cdot 5\,\text{min}}$;

$\Rightarrow \lambda_2 = -\dfrac{1}{5\,\text{min}} \cdot \ln 0{,}45 = \underline{0{,}16\,\text{min}^{-1}}$; $T_2 = \dfrac{\ln 2}{\lambda_2} = \underline{4{,}3\,\text{min}}$;

S. 148/8

a) Q-Wert für $n \rightarrow p + e^- + \bar{\nu}$ (Annahme: $m_{\bar{\nu}} = 0$):
$Q = [m_n - (m_p + m_e + 0)] \cdot c^2 = 8{,}39 \cdot 10^{-4} \, u \cdot c^2 = \underline{+0{,}78 \, \text{MeV}}$.

b) Annahmen: $E_n = E_{\bar{\nu}} = 0$; $\Rightarrow E_e \approx Q$;
Für das Elektron muss relativistisch gerechnet werden!
1. $|\vec{p}_p| = |\vec{p}_e|$;   (Impulserhaltung)

Anhang 1: Lösungen zu den Aufgaben 227

2. $E_\text{p} + E_\text{e} = Q$; (Energieerhaltung; E_p, E_e: kin. Energien)
3. $E_\text{p} = \frac{m_\text{p}}{2} v_\text{p}^2 = \frac{p_\text{p}^2}{2m_\text{p}}$
4. $(E_\text{e} + E_\text{eo})^2 = p_\text{e}^2 c^2 + E_\text{eo}^2$; (relativistische Energie-Impuls-Beziehung)

aus 3.: $E_\text{p} \stackrel{(1)}{=} \frac{p_\text{e}^2}{2m_\text{p}} \stackrel{(4)}{=} \frac{(E_\text{e} + E_\text{eo})^2 - E_\text{eo}^2}{2m_\text{p} c^2}$;

$E_\text{p} = \frac{E_\text{e}^2 + 2 E_\text{e} E_\text{eo}}{2 m_\text{p} c^2} \approx \frac{Q^2 + 2 Q E_\text{eo}}{2 E_\text{po}}$;

$E_\text{p} \approx \frac{0{,}78^2 + 2 \cdot 0{,}78 \cdot 0{,}51}{2 \cdot 938}$ MeV $= \underline{0{,}75 \text{ keV}}$

c) Annahmen: $E_\text{n} = E_\text{e} = 0$;

1. $|\vec{p}_\text{p}| = |\vec{p}_{\bar{\nu}}|$;
2. $E_\text{p} + E_{\bar{\nu}} = Q$;
3. $E_\text{p} = \frac{m_\text{p}}{2} v_\text{p}^2 = \frac{p_\text{p}^2}{2m_\text{p}}$;
4. $E_{\bar{\nu}} = c \cdot p_{\bar{\nu}}$;

aus 3.: $\quad E_\text{p} \stackrel{(1)}{=} \frac{p_{\bar{\nu}}^2}{2m_\text{p}} \stackrel{(4)}{=} \frac{E_{\bar{\nu}}^2}{2m_\text{p} c^2} \stackrel{(2)}{=} \frac{(Q - E_\text{p})^2}{2 E_\text{po}}$;

daraus: $\quad 2 E_\text{p} E_\text{po} = Q^2 - 2 Q E_\text{p} + E_\text{p}^2$;

$2 E_\text{p} E_\text{po} + 2 Q E_\text{p} - E_\text{p}^2 = Q^2$;

$2 E_\text{p} \cdot \underbrace{\left(E_\text{po} + Q - \frac{E_\text{p}}{2}\right)}_{\approx E_\text{po}} = Q^2$;

$\left(\text{weil } E_\text{po} = 938 \text{ MeV} ;\ Q - \frac{E_\text{p}}{2} < 0{,}78 \text{ MeV}\right)$

$\Rightarrow 2 E_\text{p} E_\text{po} \approx Q^2$;

$E_\text{p} \approx \frac{Q^2}{2 E_\text{po}} = \frac{0{,}78^2}{2 \cdot 938}$ MeV $= \underline{0{,}32 \text{ keV}}$

S. 149/9

Q-Wert für p → n + e$^+$ + ν (Annahme $m_\nu = 0$):
$Q = [m_\text{p} - (m_\text{n} + m_\text{e} + 0)] \cdot c^2 = -1{,}94 \cdot 10^{-3} \text{u} \cdot c^2 = \underline{-1{,}80 \text{ MeV}}$
(*endothermer* Prozess!)

S. 149/10

a) $Q = [(m_\text{Be} + m_\text{e}) - (m_\text{Li} + 0)] \cdot c^2 = \underline{2{,}90 \text{ MeV}}$

b) Annahmen: $E_\text{Be} = E_\text{e} = 0$

1. $|\vec{p}_\text{Li}| = |\vec{p}_\nu|$;
2. $E_\text{Li} + E_\nu = Q$;   Rechnung analog zu Aufg. **8.c.**
3. $E_\text{Li} = \frac{p_\text{Li}^2}{2 m_\text{Li}}$;   Ergebnis:
4. $E_\nu = c \cdot p_\nu$; $E_\text{Li} = \frac{Q^2}{2 E_\text{Lio}} = \underline{0{,}65 \text{ keV}}$

S. 149/11

1a) vgl. Abschnitt **12.2.1**; **b) c)** vgl. **12.2.2**;   **d)** vgl. 2. Sem.;

2a) $^{14}_{6}\text{C} \rightarrow {}^{14}_{7}\text{N} + {}^{0}_{-1}\text{e} + {}^{0}_{0}\bar{\nu}$;

b) Ohne Berücksichtigung der Rückstoßenergie:
$W_m \approx Q = [m_C - (m_N + m_e + 0)] \cdot c^2 = \underline{0{,}156 \text{ MeV}}$

S. 150/14

a) Der β^+-Zerfall: ${}^{A}_{Z}\text{X} \rightarrow {}^{A}_{Z-1}\text{Y} + {}^{0}_{1}\text{e}^+ + {}^{0}_{0}\nu$
kann auftreten, wenn für diesen Prozess $Q > 0$ ist.
$Q = [m_X - (m_Y + m_e + 0)] \cdot c^2 > 0$;
$\Rightarrow m_X > m_Y + m_e$; $| + Z \cdot m_e$
$m_X + Z \cdot m_e > m_Y + (Z-1) \cdot m_e + 2m_e$; $\underline{M_X > M_Y + 2m_e}$
Dabei bezeichnen m_X, m_Y die Kernmassen und M_X, M_Y die Atommassen. Dem Massenüberschuss $2m_e$ entspricht eine Energie von $2 m_e c^2 = 2 \cdot 0{,}51 \text{ MeV} = \underline{1{,}02 \text{ MeV}}$.

b) Beim K-Einfang wird ein Elektron der K-Schale vom Kern eingefangen, wodurch ein »Loch« in dieser Schale entsteht. Beim Wiederauffüllen des Lochs durch ein Elektron aus einer höheren Schale tritt die charakteristische Röntgenstrahlung des Tochteratoms auf. Für ${}^{49}_{23}\text{V}$: Tochteratom ${}^{49}_{22}\text{Ti}$.
Berechnung von $\lambda_{K\alpha}$ mit dem Moseley'schen Gesetz:
$$\frac{1}{\lambda_{K\alpha}} = \frac{3}{4} R \cdot (Z_{Ti} - 1)^2;$$
$$\lambda_{K\alpha} = \frac{4}{3 R \cdot 21^2} = \underline{2{,}76 \cdot 10^{-10} \text{ m}}.$$

S. 151/15

a) Zerfall: ${}^{60}_{27}\text{Co} \rightarrow {}^{60}_{28}\text{Ni} + {}^{0}_{-1}\text{e} + {}^{0}_{0}\bar{\nu}$;
Die beim Zerfall frei werdende Energie ist (ohne Berücksichtigung der Rückstoßenergie): $Q = W_{\beta_2} + W_{\gamma_2} = \underline{2{,}818 \text{ MeV}}$
und: $Q = [m_{Co} - (m_{Ni} + m_e)] \cdot c^2$;
$$\Rightarrow m_{Ni} = m_{Co} - \frac{Q}{c^2} - m_e;$$
$$m_{Ni} = 59{,}918997 \text{ u} - \frac{2{,}818}{931} \text{u} - 0{,}000549 \text{ u};$$
$$\underline{m_{Ni} = 59{,}915422 \text{ u}}$$

b) $W_{\gamma_1} = W_{\beta_2} - W_{\beta_1} = \underline{1{,}173 \text{ MeV}}$;
$W_{\gamma_1} = h f_{\gamma_1}$; $f_{\gamma_1} = \frac{W_{\gamma_1}}{h} = \underline{2{,}84 \cdot 10^{20} \text{ s}^{-1}}$

S. 151/16

a) ${}^{40}_{19}\text{K} \rightarrow {}^{40}_{20}\text{Ca} + {}^{0}_{-1}\text{e}^- + {}^{0}_{0}\bar{\nu}$;
${}^{40}_{19}\text{K} + {}^{0}_{-1}\text{e}^- \rightarrow {}^{40}_{18}\text{Ar}^* + {}^{0}_{0}\nu$; ${}^{40}_{18}\text{Ar}^* \rightarrow {}^{40}_{18}\text{Ar}^* + {}^{0}_{0}\gamma$;

b) $Q_{EC} = \underline{1{,}513 \text{ MeV}}$

c)

```
                    ⁴⁰K
                 EC╱      ╲β⁻    E_{βmax} = 1,32 MeV
                  ╱⁴⁰Ar*   ╲
   E_γ = 1,46 MeV⟨   γ
                  ╲⁴⁰Ar          ⁴⁰Ca
```

d) β^-: $E_{\bar{\nu}\max} = E_{\beta\max} = \underline{1{,}32 \text{ MeV}}$.
   EC: $E_\nu = Q_{EC} - E_\gamma = \underline{0{,}05 \text{ MeV}}$.
   (monoenergetische Neutrinos beim EC)

e) Nach EC »Loch« in der K-Schale des Tochteratoms $^{40}_{18}$Ar. Folge: K-Röntgenstrahlung. Moseley-Gesetz mit $Z = 18$: $\lambda_{K\alpha} = 4{,}21 \cdot 10^{-10}$ m.

f) $A = \lambda \cdot N(^{40}\text{K}) = \underline{1{,}7 \cdot 10^4 \text{ Bq}}$

S. 151/17

a) $^{137}_{55}\text{Cs} \rightarrow {}^{137}_{56}\text{Ba}^* + {}^{0}_{-1}e^- + {}^0_0\bar{\nu}$

b) $E_{\beta\max} = (m_{Cs} - m_{Ba} - m_e)c^2 - E_\gamma = \underline{0{,}512 \text{ MeV}}$.

c) d) vgl. Abschnitte **12.2.2** und **12.2.1**

e) $A_{Cs} \approx A_{Ba}$; $A_{Cs} = \lambda_{Cs} N_{Cs}$
   $\Rightarrow N_{Cs} = 3{,}44 \cdot 10^{12}$; $m_{Cs} = \underline{7{,}81 \cdot 10^{-13} \text{ kg}}$

S. 152/18

1 a) $^{56}_{26}\text{Fe} + {}^2_1 d \rightarrow {}^{57}_{27}\text{Co} + {}^1_0 n$

b) $E_{d\,kin} \geq \dfrac{26e^2}{4\pi\varepsilon_0 r_k} = \underline{7{,}0 \text{ MeV}}$.

c) $E_{kin\,ges} = (m_{Fe} + m_d - m_{Co} - m_n)c^2 + 7{,}0 \text{ MeV} = \underline{11{,}1 \text{ MeV}}$

2 a) vgl. 12.2.3, c): $^{57}_{27}\text{Co} + {}^{0}_{-1}e \rightarrow {}^{57}_{26}\text{Fe} + {}^0_0\nu$

b) $E_\nu = \underline{0{,}434 \text{ MeV}}$

c) vgl. **12.2.3, b)**. $Q_{\beta^+} < 0 \Rightarrow \beta^+$-Zerfall unmöglich.

d) K_α-Röntgenstrahlung: $E_{K\alpha} = \dfrac{hc}{\lambda_{K\alpha}} = \underline{6{,}4 \text{ keV}}$

e) Die Elektronenenergie ist um die Bindungsenergie der K-Schale geringer.
   Beim Auffüllen der K-Schale entsteht Röntgenstrahlung der gleichen Energie wie in d).

3 a) $m_0 = \underline{8{,}15 \cdot 10^{-11} \text{ kg}}$

b) $A_0 \cdot (1 + 0{,}1 + 2 \cdot 0{,}9) = \underline{7{,}8 \cdot 10^7}$ Strahlungsquanten/s.

c) $N_0 - N(t) = N_0(1 - e^{-\lambda t}) = \underline{5{,}4 \cdot 10^{14}}$

S. 153/19

3 a) $^{22}_{11}\text{Na} \rightarrow {}^{22}_{10}\text{Ne} + {}^{0}_{+1}e^+ + {}^0_0\nu$
   $^{22}_{11}\text{Na} + {}^{0}_{-1}e^- \rightarrow {}^{22}_{10}\text{Ne} + {}^0_0\nu$

b) c) vgl. **12.2.2** und **12.2.3**.

d) X: Mutternuklid; Y: Tochternuklid
$Q_{\beta^+} = (m_X - m_Y - m_e)c^2$
$Q_{EC} = (m_X + m_e - m_Y)c^2$
$\Rightarrow Q_{EC} - Q_{\beta^+} = 2 \cdot m_{eo}c^2 = \underline{1{,}022 \text{ MeV}}$.
Bei leichten Kernen: geringe Elektronendichte in Kernnähe!

e) f)

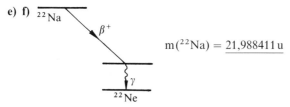

$m(^{22}\text{Na}) = \underline{21{,}988411 \text{ u}}$

4a) $p = eBr = \underline{3{,}2 \cdot 10^{-22} \text{ Ns}}$

b) $p \cdot c = 0{,}60 \text{ MeV} > E_{eo} \Rightarrow$ relativist. Rechnung

c) $E_{kin} = E - E_0 = \sqrt{E_0^2 + (pc)^2} - E_0 = \underline{0{,}277 \text{ MeV}}$

d) vgl. Abschnitt **4.3.2**, **5. Aufgabe**!

e) Impuls: $p = \dfrac{E_2}{c} - \dfrac{E_1}{c}$ (1)

Energie: $E_{kin} + 2E_0 = E_1 + E_2$ (2)

(1) in (2): $E_{1/2} = \frac{1}{2}[\sqrt{E_0^2 + (pc)^2} + E_0 \mp pc]$

$\underline{E_1 = 0{,}35 \text{ MeV}}$; $\underline{E_2 = 0{,}95 \text{ MeV}}$

S. 154/20

2a) $^{64}_{29}\text{Cu} \rightarrow {}^{64}_{30}\text{Zn} + {}^{0}_{-1}e^- + {}^{0}_{0}\bar{\nu}$

b) $m = \underline{72 \cdot 10^{-6} \text{ g}}$

3b) α) Neben β^+-Zerfall tritt *EC* auf.
Q_{EC} ist um $2m_{eo}c^2 = 1{,}022$ MeV höher als Q_{β^+}.
β) vgl. **19. Aufgabe, Teil 3d**!

c) α) *Bragg'sche Methode*: ^{64}Cu-Präparat – Blenden zum Kollimieren der Röntgenstrahlung
– drehbarer Einkristall unter d. Winkel α
– Zählrohr unter dem Winkel 2α.
β) $\lambda_{K\alpha} = \underline{1{,}66 \cdot 10^{-10} \text{ m}}$ (Moseley-Gesetz; Z = 28)

S. 155/21

1a) Übergang $^{57}\text{Co} \rightarrow {}^{57}\text{Fe}^*$ durch β^+ oder *EC*.

Anschließend: $^{57}\text{Fe}^* \xrightarrow{\gamma_1,\gamma_2} {}^{57}\text{Fe}$

b) $^{57}_{27}\text{Co} \rightarrow {}^{57}_{26}\text{Fe} + {}^{0}_{+1}e^+ + {}^{0}_{0}\nu$

c) $Q_{\beta^+} = -0{,}59 \text{ MeV} < 0 \Rightarrow \beta^+$ Zerfall unmöglich

d) $^{57}_{27}\text{Co} + ^{0}_{-1}e^- \rightarrow ^{57}_{26}\text{Fe} + ^{0}_{0}\nu$

$\underline{Q_{EC} = 0{,}43 \text{ MeV}} > 0{,}137 \text{ MeV}$

$\Rightarrow EC$ zum Zustand a_2 ist energetisch möglich.
bei kleinem Z: geringe Aufenthaltswahrscheinlichkeit für Elektronen in Kernnähe!

2 a) $p = \dfrac{E_\gamma}{c} = \underline{7{,}68 \cdot 10^{-22} \text{ Ns}}$

b) $E_{\text{Fekin}} = 2{,}0 \cdot 10^{-3} \text{ eV}$
$E_\gamma = E^* - E_{\text{Fekin}}$

c) Keine Resonanzabsorption, weil die Linienbreite $4{,}7 \cdot 10^{-9}\ eV$ viel kleiner als die Linienverschiebung ist.

3 a) $N_0 = \underline{1{,}68 \cdot 10^{14}}$

b) $m = \underline{0{,}406 \text{ mg}}$

c) $t' = \underline{87 \text{ d}}$

S. 156/22

Element	N	$m^* = Z \cdot m_p + N \cdot m_n$	m	$\dfrac{B}{A}$ in MeV	Zerfall
$^{72}_{34}\text{Se}$	38	$72{,}576688\,u$	$71{,}92934\,u$	$+8{,}37$	EC
$^{72}_{33}\text{As}$	39	$72{,}578076\,u$	$71{,}92643\,u$	$+8{,}43$	β^+
$^{72}_{32}\text{Ge}$	40	$72{,}579464\,u$	$71{,}92174\,u$	$+8{,}51$	—
$^{72}_{31}\text{Ga}$	41	$72{,}580852\,u$	$71{,}92603\,u$	$+8{,}47$	β^-
$^{72}_{30}\text{Zn}$	42	$72{,}58224\,u$	$71{,}92774\,u$	$+8{,}46$	β^-

S. 157/23

a) $^{22}_{11}\text{Na} \rightarrow ^{22}_{10}\text{Na} + ^{0}_{+1}e^+ + ^{0}_{0}\nu$

b) c) vgl. Abschnitt **12.2.1** und **12.2.2**

d) $E_{\max} = \underline{0{,}55 \text{ MeV}}$

S. 157/24

$E_{\min} = 2m_{po}c^2 = \underline{1{,}876 \text{ GeV}}$

S. 158/25

a) b) c) vgl. Abschnitt **12.2.1** und **12.2.2**

d) vgl. 1. und 2. Semester!

2 a) $^{14}_{6}\text{C} \rightarrow ^{14}_{7}\text{N} + ^{0}_{-1}e + ^{0}_{0}\bar{\nu}$

b) $W_{\max} = \underline{0{,}156 \text{ MeV}}$

3a) $N(t) = \underline{2{,}1 \cdot 10^{12}}$
b) $t = \underline{1{,}5 \cdot 10^3\,\text{a}}$

4a) $m(^{60}\text{Ni}) = \underline{59{,}915423\,u}$
b) $W_{\gamma_1} = 1{,}173\,\text{MeV}$; $f_{\gamma_1} = \underline{2{,}84 \cdot 10^{20}\,\text{Hz}}$

S. 163/1

$E_{sp} = (m_u - 2m_{Pd}) \cdot c^2$;
$E_{sp} = 0{,}239\,u \cdot c^2 = \underline{222\,\text{MeV}}$

S. 163/2

$E_B = [(m_{235_U} + m_n) - m_{236_U}] \cdot c^2$;
$E_B = 6{,}87 \cdot 10^{-3}\,u \cdot c^2 = \underline{6{,}4\,\text{MeV}}$

S. 166/3   vgl. Ergebnis von Aufg. 1 in 10.1:

$\dfrac{\Delta E}{E_{\text{kin vorh}}} = \dfrac{4 m_n m_K}{(m_n + m_K)^2}$; ^{238}U: $\dfrac{\Delta E}{E_{\text{kin vorh}}} = \dfrac{4 \cdot 1 \cdot 238}{239^2} = 0{,}0166 = \underline{1{,}66\,\%}$

S. 169/4

Natururan hat einen zu geringen Spaltungswirkungsquerschnitt für schnelle Neutronen. Der Moderator soll Atome mit möglichst geringer Teilchenmasse enthalten, damit die Moderation der schnellen Neutronen auf thermische Energie durch möglichst wenige Stöße erfolgt. Außerdem soll der Wirkungsquerschnitt des Moderators für neutronenabsorbierende Kernreaktionen wie (n; γ), (n; α), (n; p) usw., möglichst klein sein im Verhältnis zum Wirkungsquerschnitt für elastische Stoßprozesse.

S. 174/6

a) $E_{ges} = \dfrac{P_{el} \cdot t}{\eta} = 1{,}1 \cdot 10^{17}\,\text{J}$;
$\Delta m = E_{ges}/c^2 = \underline{1{,}2\,\text{kg}}$

b) $m = \dfrac{E_{ges}}{200\,\text{MeV}} \cdot 235\,u = \underline{1{,}3 \cdot 10^3\,\text{kg}}$

S. 181/1

d(d; n)^{3}He: $Q = [2m_d - (m_{^3\text{He}} + m_n)] \cdot c^2 = 3{,}51 \cdot 10^{-3}\,u \cdot c^2 = \underline{3{,}27\,\text{MeV}}$;

t(d; n)α: $Q = [(m_t + m_d) - (m_n + m_\alpha)] \cdot c^2 = 0{,}0189\,u \cdot c^2 = \underline{17{,}6\,\text{MeV}}$;

S. 181/3

$r_d \approx 1{,}4 \cdot 10^{-15}\,\text{m} \cdot \sqrt[3]{2} \approx 1{,}8 \cdot 10^{-15}\,\text{m}$;

$E_{kin} \geqq E_{Coul} \approx \dfrac{e \cdot e}{4\pi\varepsilon_0 \cdot 2 r_d} \approx \underline{0{,}4\,\text{MeV}}$

S. 186/5

a) $\bar{E} \approx \frac{3}{2} kT$ (nur größenordnungsmäßig, weil ein Plasma kein ideales Gas ist)

$\bar{E} \approx \frac{3}{2} \cdot 1{,}4 \cdot 10^{-23} \frac{\text{J}}{\text{K}} \cdot 1 \cdot 10^8 \text{ K} = 2{,}1 \cdot 10^{-15} \text{ J} = \underline{13 \text{ keV}}$

b) Wegen der Geschwindigkeitsverteilung besitzt auch in einem Plasma mit $\bar{E} \approx 13$ keV ein gewisser (sehr kleiner) Bruchteil der Ionen die erforderliche Energie $E > 1$ MeV.

c) Rechnung analog wie im *Beispiel* in **11.4**:

$E_n + E_{^3\text{He}} = Q$ und $E_n = 3 E_{^3\text{He}}$

$\Rightarrow E_n = \frac{3}{4} Q = \underline{2{,}45 \text{ MeV}}; \quad E_{^3\text{He}} = \frac{1}{4} Q = \underline{0{,}82 \text{ MeV}};$

Anhang 2:

Referatsthemen für das 4. Semester Leistungskurs Physik

1. Die Entdeckung der Radioaktivität
a) Die Entdeckung der »Uranstrahlen« durch Becquerel
b) Die Arbeiten von Marie und Pierre Curie

Literatur:
– M. Curie: Untersuchungen über die radioaktiven Substanzen: Der Physikunterricht, Jahrgang 4, Heft 3, 1970; Klett-Verlag;
– G. Segré: »Die großen Physiker und ihre Entdeckungen«; Piper-Verlag, München 1981
– A. Herrmann: Weltreich der Physik, Seite 252; Ullstein-Verlag, Frankfurt 1983

2. Die Ionisationskammer
a) Aufnahme der U-I-Kennlinie einer Ionisationskammer bei konstanter α-Strahlung;
b) Deutung des in a) aufgenommenen Kurvenverlaufes;

Literatur: – Handbuch der experimentellen Schulphysik; Band 10, Seite 122; Aulis-Verlag, Köln, 1969

3. Bestimmung der Reichweite von α-Strahlung mit der Ionisationskammer
Verwendung einer Ionisationskammer, deren Stirnfläche als Drahtnetz ausgeführt ist. Verwendung eines Radiumpräparates.

Literatur: Gerätebeschreibung des stromempfindlichen Messverstärkers der Firma Leybold, Köln

4. Trennung von Isotopen
a) Das Zentrifugen-Verfahren
b) Das Diffusions-Verfahren

Literatur:
– Merz: Der Brennstoffkreislauf von Kernkraftwerken; Aufsatz im Heft »Nutzen und Risiko der Kernenergie« herausgegeben von der Kernforschungsanlage Jülich, 1983

5. Massenspektrographen
a) Wiederholung des Parabelspektrographen nach Thomson
b) Erläuterung der Begriffe »Geschwindigkeitsfokussierung« und »Richtungsfokussierung«
c) Massenspektrograph nach Aston
d) Anwendungsmöglichkeiten von Massenspektrographen

Literatur: – Pohl: Elektrizitätslehre; Seite 198 f.; Springer-Verlag, Berlin; 21. Auflage, 1976

6. Altersbestimmung nach der Radiocarbon-Methode
a) Darstellung des Prinzips
b) Eingehen auf die Schwierigkeiten der Methode
c) Bericht über einige Datierungen
d) Ausblick auf neuere – massenspektrographische – Verfahren

Literatur: – K. Luchner: Erforschung der Vergangenheit; Mildenberger-Verlag, Offenburg; 1982

7. Grafische Darstellung von Potenz- und Exponentialfunktionen in verschiedenen Maßstäben

a) Eingehen auf Vor- und Nachteile der logarithmischen Skala
b) Darstellung von Potenz- und Exponentialfunktionen im einfach logarithmischen Papier.
c) Darstellung von Potenz- und Exponentialfunktionen im doppelt-logarithmischen Papier.
d) Welche funktionale Abhängigkeit kann aus dem geraden Verlauf eines Graphen in den einzelnen Papieren erschlossen werden? Kurzer mathematischer Nachweis.

Literatur:
- Seite 70 in diesem Buch
- Baierlein, Barth, Greifenegger, Krumbacher: Anschauliche Analysis 2 Leistungskurs; R. Oldenbourg-Verlag, München

8. Belastung des Menschen durch radioaktive Strahlung

a) Erläuterung der Aktivitäts- und Dosiseinheiten
b) Überblick über die natürliche Strahlenbelastung des Menschen
c) Überblick über die künstliche Strahlenbelastung des Menschen

Literatur:
- A. Feldmann: Kernenergie und Strahlenrisiko: Aufsatz im Heft »Nutzen und Risiko der Kernenergie« herausgegeben von der Kernforschungsanlage Jülich, 1983
- Staatsinstitut für Schulpädagogik und Bildungsforschung München: Umwelt und Energie; Band I: Fachliche Grundlagen; 1987
- Bayerisches Staatsministerium für Landesentwicklung und Umweltfragen: Strahlenschutz, Radioaktivität und Gesundheit; München 1986

9. Biologische Wirkung radioaktiver Strahlung

a) Strahlenbiologische Wirkungskette
b) Somatische Schäden
c) Genetische Schäden
d) Schutzmaßnahmen

Literatur:
- A. Feldmann: Kernenergie und Strahlenrisiko; Aufsatz im Heft »Nutzen und Risiko der Kernenergie« herausgegeben von der Kernforschungsanlage Jülich, 1983
- Staatsinstitut für Schulpädagogik und Bildungsforschung München: Umwelt und Energie; Band I: Fachliche Grundlagen; 1987
- Bünemann: Vom Atomkern zum Kernkraftwerk; Karl Thiemig-Verlag, München 1980
- Bayerisches Staatsministerium für Landesentwicklung und Umweltfragen: Strahlenschutz, Radioaktivität und Gesundheit; München 1986

10. Teilchenbeschleuniger

a) Der Hochfrequenz-Linearbeschleuniger
b) Wiederholung des Prinzips des Normal-Zyklotrons
c) Knapper Ausblick auf modernere Prinzipien bei Kreisbeschleunigern

Literatur:
- Clausnitzer: Partikelbeschleuniger, Karl Thiemig-Verlag, München 1967
- Wilson: Die nächste Generation der Teilchenbeschleuniger; Spektrum der Wissenschaft März 1980

11. Anwendung künstlich radioaktiver Präparate

a) Darstellung der Prinzipien: z. B. Leitisotopenmethode; starke Strahlungsquelle usw.

b) Konkrete Beispiele für die Anwendung z. B. in Medizin, Technik, Biologie usw.

Literatur:
- Der Physikunterricht: Jahrgang 6, Heft 2, 1972
- Schriftenreihe des Deutschen Atomforums: Radioaktive Stoffe

12. Kernspaltung und Kettenreaktion

a) Entdeckung der Kernspaltung

b) Bedingungen für das Eintreten der Kernspaltung, Betrachtung der mittleren Bindungsenergien der Nukleonen

c) Kettenreaktion bei der Kernspaltung

Literatur:
- Gerlach: Otto Hahn, ein Forscherleben unserer Zeit
- Ziegelmann: Atom- und Kernphysik, Deutsches Institut für Fernstudien an der Universität Tübingen, 1986
- Bünemann: Vom Atomkern zum Kernkraftwerk; Karl Thiemig-Verlag, München 1980
- Varchmin, Radkau: Kraft, Energie und Arbeit: RoRoRo-Verlag, Hamburg, 1981

13. Der Brennstoffkreislauf bei Kernkraftwerken

a) Von der Erzgewinnung bis zur Endlagerung

b) Kurzes Eingehen auf die Wiederaufarbeitung von Kernbrennstoffen.

Literatur:
- Staatsinstitut für Schulpädagogik und Bildungsforschung München: Umwelt und Energie, Band I: Fachliche Grundlagen; 1987
- Bünemann: Vom Atomkern zum Kernkraftwerk; Karl Thiemig-Verlag, München 1980
- Merz: Der Brennstoffkreislauf von Kernkraftwerken; Aufsatz im Heft »Nutzen und Risiko der Kernenergie« herausgegeben von der Kernforschungsanlage Jülich, 1983

14. Kernfusion

a) Darstellung des Bethe-Weizsäcker-Zyklus

b) Einschluss- und Aufheizverfahren für Plasmen

c) Erklärung des Prinzips einer konkreten Anlage

d) Ausblick auf den Stand der momentanen Forschung (Diagramm in dem die Ionentemperatur über dem Produkt aus Einschlusszeit und Dichte dargestellt ist).

Literatur:
- Bünemann: Vom Atomkern zum Kernkraftwerk; Karl Thiemig-Verlag, München 1980
- Schriften des Instituts für Plasmaphysik, Garching bei München.

Register

Absorption von
  γ-Strahlung 54f., 75
  β-Strahlung 77
Absorptionskoeffizient 76
Abstandsgesetz 72
Aktivität 80, 94
Alphastrahlung 60, 63
Alphazerfall 133f.
  (Modell-Vorstellung)
Altersbestimmung 98
Antiteilchen 157, 193f.
Anwendung von Nukliden
− Altersbestimmung 98
− Geografie 103
− Medizin 101
− Pharmazie 104
− Technik 103
Äquivalentdosis 80
Aston 19
Asymmetrie der Spaltung 161
Auslösezählrohr 45
Austauschteilchen 188

Barkla 64
Baryonen 193f.
Becquerel 80
Betaspektrum 61, 141
Betastrahlung 61, 63
Betazerfälle 141f.
  β^-, β^+, EC-Zerfallsgleichungen 148f.
Bethe-Weizsäcker-Zyklus 182
Bewertungsfaktoren 81
Biologische Strahlenwirkung 84
Bindungsenergie 36
− pro Nukleon 36
Blasenkammer 48, 192
Bragg'sches Verfahren 52, 64
Brennelement 168
Brennstäbe 168
Bucherer 63

^{14}C-Methode 99
Compoundreaktion 122
Comptoneffekt 55, 64
Comptongebirge 55
Comptonkante 55
Curie (alte Einheit der Aktivität) 81, 94

Direkte Reaktion 122

Diskretes Energiespektrum 60, 133
Dosimeter 89
Dosimetrie 80
Druckwasserreaktor 173
D-T-Reaktion 183
Dynoden 50

Einteilchenmodell 25
Elastische Streuung 13f., 29, 121
Elektroneneinfang 125, 149
Elementarteilchen 190, 193
Endfensterzählrohr 44
Energiedosis 80
Energiemessung
− von α-Teilchen 133
− von γ-Strahlung 52
Energiestufen im Kern, diskrete 26
Entdeckung
− der Kernspaltung 159
− des Neutrons 105
− der Radioaktivität 39
Entsorgung 179
Exponentialfunktion 70

Farbladung 196
Flächenmasse 74
Fotoeffekt 54
Fotopeak 55
Fundamentale Wechselwirkungen 187
Fusionsreaktor 185

Gamma-Energiemessung 52
Gamma-Strahlung 52, 64
Gamma-Übergänge 31
Geiger-Müller-Zählrohr 45
Genetische Schäden 88
Gesetz des radioaktiven Zerfalls 90
− Theoretische Begründung 93
Gleichspannungs-Linearbeschleuniger 111
Glimmentladung 45
Gluonen 196
Gray 80

Hadronen 193f.
Halbkreisspektrometer 27, 133
Halbwertsdicke 76
Halbwertszeit 93

Heisenberg'sche Unschärferelation 22, 189
Hochfrequenz-Linearbeschleuniger 113
Höhenstrahlung 50, 81, 190
Hyperonen 193

Identifizierung der α-Strahlung 63
Indikatormethode 101
Inelastische Streuung 27, 122
Inkorporation 89
Ionisationskammer 41
Ionisationsstrom 42
Isotopentrennung 21
Isotopie 21

Kaufmann 63
Kernfusion 37, 181, 128
Kernkräfte (Eigenschaften) 23, 189f.
Kernladung 13
Kernniveauschema 30
Kernfotoeffekt 123
Kernradien 13f., 16
Kernreaktionen 121f.
− Energiebilanz bei K. 127
− Q-Wert von K. 127
− endotherme und exotherme K. 128
Kernreaktoren 165f.
Kernresonanz 34
Kernspaltung 37, 124, 159f.
Kettenreaktion 165
Komponenten der natürlich radioaktiven Strahlung 59
Kontinuierliches Spektrum 62, 143
Kühlmittel 168
Künstliche Strahlenbelastung 82

Leptonen 193, 199
Linienspektrum 133
Löschmechanismen beim Zählrohr 46
Logarithmische Darstellung 70

Massenabsorptionsgesetz 74
Massendefekt 35
Massenspektrometer 17
Mesonen 189f.

Mittelwert 51
Moderation von Neutronen 107, 166f.
Mössbauer-Effekt 34
Multiplikationsfaktor 169
Myonen 190, 193

Nachweismethoden radioaktiver Strahlung 41
Nebelkammer 47
Neutrino
– Hypothese 146
Neutronen 22, 105f.
– Entdeckung 105
– Abbremsung (Moderation) 107
– Energien (Bezeichnungen) 108
– Erzeugung (Quellen) 109
– Nachweis 109
– thermische 108
– prompte und verzögerte (bei der Spaltung) 162
Neutronenquellen 109
Nukleonenzahl 23
Nuklidkarte 125
Nulleffekt 50

Paarbildung 56, 157
Paarvernichtung 57, 157
Parabelmethode 17
Pauli-Prinzip 193
Pion (Pi-Meson) 188f.
Plasma 181
Positronenzerfall 148
Potentialtopf-Modell 24
Potenzfunktion 70
Primär-Ionisation 43
Proportionalzähler 45

Quarks 194
Q-Wert 127

Rad (alte Einheit der Energiedosis) 81
Radioaktiver Zerfall (Gesetz des) 92
Reaktorkern 168
Reaktorsicherheit 176
Regelstab 169
Reichweite radioaktiver Strahlung 73f.
Ritz'sches Kombinationsprinzip 32
Rem (alte Einheit der Äquivalentdosis) 81
Rutherford-Streuung 13

Schalenmodell 25
Schneller Brüter 176
Schutzmaßnahme gegen Strahlung 89
Sekundärelektronenvervielfacher 50, 52
Siedewasserreaktor 172
Sievert 80
Somatische Schäden 86
Spaltneutronen 162
Spektrograph 133
Spektrometer 133
Spintariskop 49
Standardabweichung 51
Synchrotron 118
Synchrozyklotron 118
Szintillationszähler 50, 52

Tandembeschleuniger 112
Terrestrische Strahlung 81
Teilchenbeschleuniger 111f.

Thorium-Emanation (Halbwertszeit) 90, 96
Tokamak-Prinzip 183
Toleranzdosis 83
Totzeit 46
Tracer-Technik 101
Tritium-Methode 100
Tunnel-Effekt 138

Übersättigung 47
Unelastische Protonenstreuung 27f., 30
Uran-Blei-Methode 99

Vakuumlichtgeschwindigkeit 65
Verschiebungssätze 66f.
Verstärkungsfaktor 45

Wechselwirkungen (fundamentale) 187
Wiederaufarbeitung 180
Wilson'sche Nebelkammer 47
Wirkung von Strahlung auf den Menschen 84
Wirkungsquerschnitt 123, 164
– für Absorption von γ-Strahlung 57

Zählrohr 44
Zählstatistik 50
Zerfallskonstante 91
Zerfallsreihen 67
Zirkularbeschleuniger 117
Zyklotron 117